SpringerWienNewYork

Helmut Pfützner

Angewandte Biophysik

2. erweiterte Auflage

SpringerWienNewYork

Univ.-Prof. Dr. Helmut Pfützner
Arbeitsgruppe Biosensorik
Institute of Electrodynamics, Microwave & Circuit Engineering
Technische Universität Wien, Österreich
pfutzner@tuwien.ac.at

© 2003, 2012 Springer-Verlag/Wien

SpringerWienNewYork ist ein Unternehmen von
Springer Science + Business Media
springer.at

Satz: le-tex publishing services GmbH, Leipzig, Deutschland

Gedruckt auf säurefreiem, chlorfrei gebleichtem Papier
SPIN 80043935

Mit 189 Abbildungen

Bibliografische Information der Deutschen Nationalbibliothek. Die Deutsche Nationalbibliothek verzeichnet diese Publikation in der Deutschen Nationalbibliografie; detaillierte bibliografische Daten sind im Internet über http://dnb.d-nb.de abrufbar.

ISBN 3-211-00876-4 [1. Auflage] SpringerWienNewYork
ISBN 978-3-7091-0829-1 [2. Auflage] SpringerWienNewYork

Vorwort

Definitionsgemäß handelt es sich bei der Biophysik um „die Lehre von physikalischen Vorgängen im lebenden System" bzw. auch um „die Anwendung physikalischer Verfahren und Vorstellungen auf biologische Objekte". A priori liegt damit ein interdisziplinärer Problemkreis vor, der Physiologen, Biologen und Physiker gleichermaßen beschäftigt. In zunehmendem Maße ergibt sich eine entsprechende Herausforderung aber auch für Techniker und Ingenieure, z.B. bezüglich der Entwicklung unmittelbarer Schnittstellen zwischen technischen und biologischen Systemen.

Die vorliegende, systematisch gestaltete Einführung widmet sich der *angewandten* Biophysik. Nach den obigen Definitionen konzentriert sich der Text damit auf zwei Schwerpunkte:

(1.) Die praktische Bedeutung biophysikalischer Mechanismen. Diskutiert wird, wie die Natur – im Sinne der Evolution – von diesen Mechanismen Gebrauch macht. Von besonderem Interesse ist dabei die Ausbildung von Ordnung – etwa im Sinne des Aufbaus zellulärer Systeme, aber auch die der Informationsverarbeitung – sei es genetisch oder neuronal.

(2.) Die praktische Relevanz biophysikalischer Analyseverfahren, aber auch jene von Wechselwirkungen zwischen Strahlen und Feldern auf der einen Seite und biologischen Systemen auf der anderen.

Die Gliederung des Stoffes orientiert sich an thematischen Katalogen umfassender Standardwerke der Biophysik. Der Bogen spannt sich damit von der Molekularen Biophysik hin zur Wechselwirkung zwischen Feldern bzw. Strahlen mit biologischen Systemen. Dazwischen liegen die biophysikalische Analytik und die viele Aspekte umfassende Physik des Nerven- und Muskelsystems.

Der Text entstand im Rahmen langjähriger Vorlesungen an der Technischen Universität Wien. Die Lehrtätigkeit betrifft dabei Studierende unterschiedlicher Fakultäten, sowie des Diplomstudiums „Biomedical Engineering". Die interdisziplinäre Hörerschaft bedeutet eine spezifische Aufbereitung des breiten Themenbereiches – sowohl hinsichtlich der gesetzten Voraussetzungen, als auch der Schwerpunktsetzung.

Der Umfang des Textes orientiert sich an einer einführenden Vorlesung von etwa drei Wochenstunden. Trotz der starken Begrenzung wird im Sinne eines Kompromisses ein breiter Überblick angestrebt. Manch wichtiger Bereich – wie jener der Biomechanik – bleibt allerdings auf kurze Darstellungen reduziert. Eher der Biochemie zuzurechnende Bereiche – wie energetische Betrachtungen chemischer Prozesse – bleiben ausgeklammert.

Im Sinne anwendungsorientierter Darstellung werden mathematische Beschreibungsmodelle auf grundlegende Zusammenhänge beschränkt. Andererseits wird in allen Fällen versucht, quantitative Größenordnungen zu vermitteln. Versuche exakter Modellierung unterbleiben alleine schon deshalb, weil sich biologische Systeme der genaueren Beschreibung von Randbedingungen a priori entziehen. Abgesehen von Ausnahmen, wie Resonanzeffekten, spiegelt die exakt durchgeführte Berechnung eine Determiniertheit vor, die tatsächlich nicht gegeben ist; Zahlenangaben auf mehrere Kommastellen zeugen nicht von präziser Aufarbeitung, sondern vom Verkennen biologischer Diversität.

Studierenden, welche die Biophysik als Hauptfach belegen, wird das vorliegende Buch anwendungsorientierte Aspekte ihres Fachgebietes nahe bringen, und auch die spezifische Denkensweise der Technischen Physik. Noch mehr aber wendet sich der Text an Studierende mit interdisziplinärem Ausbildungsprofil. Und er richtet sich an Kooperationspartner des Biophysikers, die er zu kompetenten Gesprächspartnern machen will.

Für eine erfolgreiche Behandlung interdisziplinärer Tätigkeit will das vorliegende Buch als kompakte Grundlage dienen, unter Zuhilfenahme einer beschränkten aber klar definierten biologisch/medizinischen und physikalischen Nomenklatur. Sehr spezifische Begriffe werden zum Teil vereinfacht ausgedrückt – bei näherer Beschäftigung mit der Originalliteratur sind die begrifflichen Entsprechungen aber rasch erkennbar. Zielsetzung ist es, grundlegendes Verständnis für physikalisches Verhalten lebender Systeme zu vermitteln, physikalische Mechanismen in geschlossener Weise plausibel zu machen, und Querverbindungen deutlich zu machen.

Letztlich richtet sich der Text auch an jene, welche die interdisziplinäre Tätigkeit nicht unmittelbar anstreben. Ihnen soll erleichtert werden, gesellschaftspolitisch relevante neue Disziplinen und Begriffe einzuordnen und kritisch zu diskutieren – Begriffe wie Gentechnologie, Kernresonanz, Neuronale Netze, DNA-Analyse, oder etwa auch die oft fehlinterpretierte biologische Wirkung von Feldern und Strahlen.

Abschließend sei das Faktum angesprochen, dass die Biophysik weite Teile der Physik als *Grundlage* hat. Einschlägig nur wenig Vorgebildete können damit auf Überlegungen stoßen, die sich dem einfachen Verständnis entziehen. Manche Bücher der Biophysik begegnen diesem Problem, indem relevante Teil der Physik in einem Anhang quasi nachgereicht werden (vgl. z.B. Cotterill, 2002 oder Schünemann, 2005). Im hier vorliegenden Text hingegen wird versucht, physikalische Grundlagen an der Stelle des Bedarfes einzuarbeiten, zum Teil in Form von Fußnoten. Textstellen, die trotzdem schwer verständlich bleiben, sollten das globale Verstehen der beschriebenen Mechanismen kaum behindern. Die wesentlichsten Kernaussagen sind dem jeweiligen Abschnitt in knapper Weise vorangestellt.

Sehr herzlich dankt der Autor Univ.Prof. Josef Fidler, Univ.Prof. Eugenijus Kaniusas, Univ.Prof. Wolfgang Marktl, Dr. Lars Mehnen, Ass.Prof. Eva Rapp, Univ.Prof. Frank Rattay und Univ.Prof. Norbert Vana für zahlreiche Anregungen und Korrekturen. Besonderer Dank gilt Ass.Prof. Karl Futschik, der darüber hinaus in langjähriger Zusammenarbeit wesentliche experimentelle und theoretische Beiträge zu diesem Buch geliefert hat – zu Inhalten beider Auflagen.

Wien, im Frühling 2011   Helmut Pfützner

Inhaltsverzeichnis

Einleitung

Soll ein kompaktes Buch zum großen Gebiet der Biophysik geschrieben werden, so bieten sich zwei Optionen an:

(A) bedeutsame, repräsentative Einzelbereiche auszuwählen, und sie stellvertretend für den Rest des Fachbereiches erschöpfend zu behandeln, oder

(B) den Gesamtbereich in spezifischer Übersicht darzustellen.

Hier wird die zweite Option gewählt. Behilflich ist dabei die a priori verfolgte Zielsetzung, die Biophysik im Hinblick auf anwendungsbezogene Aspekte darzustellen, was gewisse **Einschränkungen** erbringt. Von vornherein war aber evident, dass auf theoretische Grundlagen nicht verzichtet werden sollte. Und so entstand ein Text, der zwei Schwerpunkte setzt – (1.) grundlegende physikalische Mechanismen verständlich zu machen, und (2.) die jeweilige praktische Bedeutung anhand von anschaulichen Beispielen zu illustrieren. Weitere Anliegen des Textes sind die Vermittlung von globalen Zusammenhängen und jene von praktisch relevanten Größenordnungen. Eingespart werden detaillierte Beschreibungen und rechnerische Ausführungen. Auch auf das individuelle Wirken namhafter Vertreter des Wissensgebietes wird hier nicht eingegangen.

Vielfach wird die **Biophysik** als Teilbereich der Physik als Ganzem eingestuft. Viel eher aber sollte sie als **eine *Erweiterung*** der Physik gesehen werden, die sich ja vordergründlich als Beschreibung nichtlebender Systeme versteht. Für einen Text, der interdisziplinär lesbar sein soll, ergibt sich dabei eine Herausforderung aus dem Umstand, dass die Biophysik sehr unterschiedliche physikalische Bereiche tangiert. Biologische Systeme – mit dem menschlichen Organismus im Vordergrund – erweisen sich als im Besonderen elektro-mechanisch funktionierend, wobei auch chemische Prozesse mit Einschränkungen entsprechend gedeutet werden können, wie es der vorliegende Text verdeutlicht. Das Gebiet der Biophysik beschreibt aber auch Methoden zur Analyse biologischer Systeme – und die nutzen verschiedenartigste physikalische Mechanismen. Sie machen vom gesamten Spektrum elektromagnetischer Phänomene Gebrauch, wie es in Abb. 1 in einer Übersicht skizziert ist. Letztlich beschreibt die Biophysik auch Wechselwirkungen, die zwischen Feldern und Strahlen der einzelnen Spektralbereiche gegenüber biologischen Medien und Systemen beobachtbar sind.

Nach dem Obigen basiert die Biophysik auf einer breiten Vielfalt physikalischer Mechanismen und Theoreme. Der weitere Text versucht, in diese heterogene Gedankenwelt *schrittweise* einzuführen. Physikalisch wenig Vorgebildeten sei also zur kontinuierlichen Lektüre geraten. Doch sollten sie die Gesamtheit der Thematik von allem Beginn an vor Augen haben. Dazu seien die vier Kapitel des Textes schon an dieser Stelle kurz umrissen.

Interdisziplinäre Lesbarkeit bedeutet, dass der Text mit der **Beschreibung biologischer Systeme** zu beginnen hat. So startet das **Kapitel 1** mit einer Einführung in die Struktur von Zellen und die entsprechende stoffliche Zusammensetzung. Molekulare Betrachtungen beziehen sich kaum auf chemische Vorgänge. Vielmehr wird verdeutlicht, dass es die Konformation – d.h. die geometrische Anordnung der teilhabenden Atome – ist, die das physikalische Verhalten bestimmt, gemeinsam mit der Verteilung elektrischer Ladungen. Daraus resultieren sehr spezifische Eigenschaften des Wassers, als kleinstes Biomolekül. Das Zusammenspiel mit Lipiden und Proteinen erklärt das Entstehen von Membranen als Hüllen biologischer Zellen. Ebenso erklärt sich das Wirken von Botenstoffen im Rahmen der „langsamen" Informationsübertragung, etwa durch Hormone oder Enzyme. Und letztlich basieren auch die mannigfaltigen Mechanismen der genetischen Informationsverarbeitung auf molekularen Passungen, die sich gentechnologisch gezielt beeinflussen lassen.

Das **Kapitel 2** beschreibt **analytische Methoden der Biophysik**. Den Beginn machen die verschiedenen Varianten der Mikroskopie. Die Auflösung verbessert sich mit kleiner werdender Wellenlänge λ der eingesetzten Strahlung. Damit erklärt sich, dass weite Bereiche des in Abb. 1 gezeigten Spektrums von praktischer Bedeutung sind. Die traditionelle Mikroskopie verwendet sichtbares Licht. Die Wellenlänge

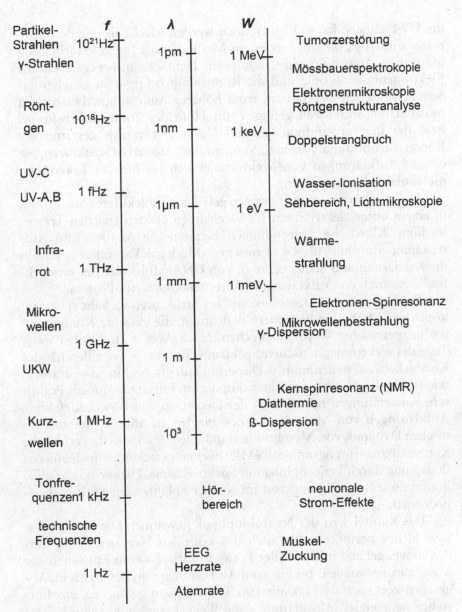

Abb. 1. Spektren bei Angabe von Beispielen der Relevanz einzelner Teilbereiche. Das Spektrum der Frequenz f erstreckt sich über mehr als zwanzig Größenordnungen. Die dazu proportionale Energie W wird zur Diskussion sehr hochfrequenter Mechanismen verwendet. Die verkehrt proportionale Wellenlänge λ hat vor allem dort Bedeutung, wo das interferierende Zusammenwirken von Teilstrahlen im Sinne ihrer Wellennatur interessiert

des UV-Lichts ist kaum kleiner, doch werden Mechanismen der Fluoreszenz nutzbar, die mit modernen Methoden der Signalverarbeitung innovative Anwendungen erschließen. Dem gegenüber geraten die Elektronenmikroskopie und die Röngenmikroskopie zu gleichermaßen „klassischen" Verfahren, trotz höherer Auflösung. Abtastungen molekularer Strukturen gelingen mit Hilfe der Tunnelmikroskopie, bzw. der ihr verwandten Kraftmikroskopie. Letztlich gestattet die Röntgenstrukturanalyse eine „Vermessung" atomarer Strukturen. Sie erlaubt Aufklärungen von Makromolekülen bis hin zur Erkennung molekularer Formänderung.

Elektrophorese ist das Bewegen geladener molekularer Strukturen in einem unter elektrischem Feld stehenden elektrolytischen Trägermedium. Klassische Anwendungen betrafen die Analyse und Auftrennung von molekularen Gemischen. Moderne Varianten gestatten die Kartierung und Sequenzierung von DNA-Molekülen, in verstärkter Weise auch die Aufklärung entsprechend codierter Proteine.

Der heterogene Aufbau biologischer Strukturen verleiht spektroskopischen Methoden besondere Bedeutung, die einzelne Komponenten in spezifischer Weise ansprechen. Nach Abb. 1 sind dabei weite Teile des elektromagnetischen Spektrums nutzbar – vom Bereich der Kurzwellen, wo so genannte ß-Disperion auftritt, bis hin zu γ-Strahlen, wie sie für die Mößbauerspektroskopie zum Einsatz kommen. Praktische Anwendungen reichen von der Detektion von Gewebedefekten, Aufklärungen von Makromolekülen hin bis zu Studien der mechanischen Dynamik von Membranbestandteilen. Im Speziellen erhält die Kernresonanz-Tomographie (NMR) weiter gesteigerte medizinische Bedeutung durch Verkopplung mit Spektroskopie. Dies ermöglicht die kontaktlose Registrierung von im Körper ablaufenden Stoffwechselprozessen.

Das **Kapitel 3** ist der **Neurobiophysik** gewidmet. Die Phänomene sowohl des peripheren als auch des zentralen Nervensystems werden in weitgehend umfassender Form diskutiert – vom Entstehen der Membranspannungen bis hin zum Aufkommen von Bewusstsein. Abgesehen von spezifisch chemischen Teilprozessen gelingt es, das Entstehen neuronaler Information, seine Weiterleitung und seine höhere Verarbeitung anhand einfacher Modelle rein physikalisch zu interpretieren.

Die physiologische Literatur interpretiert neuronale Signale als so genannte Aktionspotentiale, die „elektrotonisch" weitergeleitet werden. Physikalisch gesehen sind derartige Modelle nicht akzeptabel. An ihre Stelle rückt hier die Definition von Aktions*impulsen* in Form von sensorisch bzw. elektrisch ausgelösten Diffusionsströmen. Zu geschlossenen Stromkreisen ergänzen sie sich durch Ausgleichsströme, welche die Weiterleitung der Information mit hohen Geschwindigkeiten besorgen – hinweg über Synapsen, hin zum Gehirn und zu Muskeln als Aktuatoren gegenüber der Außenwelt. Das differenzierte Zusammenspiel von Synapsen erklärt höhere Hirnfunktionen. So genannte Engramme ermöglichen Interpretationen von Lernen und Gedächtnis, aber auch von Reflexen, Reaktionen und von determiniertem Handeln. Einzig für das Aufkommen von Bewusstsein liefern die Modelle der Physik keine Deutungsmöglichkeit. Hier ist ein – nicht weniger physischer – Faktor gefragt, welcher der hohen Konzentration bestimmter Neuronenarten vorenthalten ist.

Das abschließende **Kapitel 4** behandelt einen „klassischen" Bereich der Biophysik – jenen der vielfältigen elektromagnetisch-biologischen **Wechselwirkungen**. Sie betreffen das gesamte in Abb. 1 dargestellte Spektrum. Die Darstellung verfolgt dabei drei Ziele:

(i) die theoretische Deutung primärer Phänomene,

(ii) deren Anwendung für analytische Rückschlüsse mit Bezug auf das Kapitel 2, und

(iii) die biologische Wirkung von Strahlen und Feldern auf den menschlichen Organismus.

Über den Inhalt von Kapitel 2 hinausgehende analytische Anwendungen beziehen sich vor allem auf magnetische Verfahren. In Molekülen und Zellen a priori vorhandene oder durch Markierungen eingebrachte Momente lassen sich für Separationen und Identifikationen nutzen, die in Labors der Biologie und Hygiene breite Anwendung finden.

Die Relevanz biologischer Wirkungen steigt in unteren Spektralbereichen mit zunehmender Intensität des Feldes – bzw. der Strahlung – an. Für den Menschen bedrohliche Einwirkungen ergeben sich vor allem bei starken elektrischen Körperströmen, während Mikrowellen – oder gar Magnetfelder – nur selten gefährdend wirken. In oberen Spektralbereichen kommt der Quantenenergie W hohe Bedeutung zu. Die Wirksamkeit kann sich mit steigendem W erhöhen, aber auch verflachen. Steigende Intensität ionisierender Strahlung erhöht die bloße *Wahrscheinlichkeit* des Auftretens entsprechender biologischer Defekte – für die Biophysik eine Herausforderung zur Erstellung effektiver Modelle.

Die obige kurze Zusammenfassung des Inhalts dieses Textes verdeutlicht die hohe thematische **Vielfalt der Biophysik**. Sie macht eines klar: A priori können die nachfolgenden vier knappen Kapitel keine erschöpfende Abhandlung erbringen. Doch sollte es gelingen, die jeweiligen grundlegenden Mechanismen plausibel zu machen, und darüber hinaus in anwendungsbezogenen Beispielen aufzuzeigen, wodurch praktische Relevanz und Bedeutung gegeben sind.

1

Biophysik der Zelle

In diesem Kapitel wird zunächst auf den Aufbau und auf die morphologische Vielfalt biologischer Zellen eingegangen. Die Darstellung erfolgt in knapper Weise als einleitende Vorbereitung auf spätere, nähere Betrachtungen. Danach folgt eine Beschreibung der physikalischen Eigenschaften von Biomolekülen. Es wird gezeigt, dass es vor allem die elektrischen Eigenschaften sind, welche die Ausbildung molekularer und zellulärer Strukturen begründen. Eine besondere Rolle kommt der räumlichen Verteilung elektrisch aktiver Positionen zu. Sie ist der Träger molekularer Information. Bezüglich der Verarbeitung solcher Information wird die Rolle physikalischer Mechanismen u.a. am Beispiel des Hormonsystems erläutert. In ausführlicherer Weise wird die genetische Informationsverarbeitung behandelt, wobei auch Grundprinzipien gentechnologischer Verfahren dargestellt werden.

1.1 Aufbau von Zellen und Geweben

1.1 Struktur der Zelle

Für biologisch wenig Vorgebildete definiert dieser allererste Abschnitt Strukturelemente, die menschlich/tierischen Zellen weitgehend gemein sind. Das vor bzw. entsorgende Extrazelluläre kommuniziert mit dem Intrazellulären über Poren der Zellmembran. Das Cytoplasma enthält funktionell spezifizierte Organellen, der seinerseits membranumhüllte Zellkern den Großteil der genetischen Information.

Abb. 1.1 zeigt eine aus histologischen => Dünnschnitten rekonstruierte Skizze einer Zelle, der eine Gesamtgröße von einigen Mikrometern

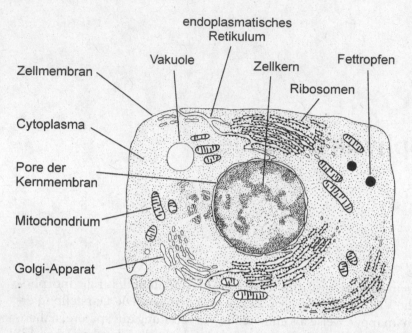

Abb. 1.1. Struktur einer etwa 10 μm großen tierischen Zelle bei Berücksichtigung verschiedener Arten von Organellen (graphische Aufbereitung von mikroskopischen Dünnschnittaufnahmen)

zukommen mag. Aus physikalischer Sicht zeigt sich als wesentlichste Komponente die **Zellmembran**, welche die Zelle umhüllt. Trotz einer mit etwa 8 nm sehr geringen Dicke garantiert die Membran aufgrund ihres sehr dichten molekularen Aufbaus eine mechanisch stabile Abgrenzung des Intrazellulären gegenüber der extrazellulären Flüssigkeit. Der Membran kommen dabei gleichermaßen Trennungs- und Verbindungsfunktionen zu. Die Membran übernimmt mannigfaltige Aufgaben des Stoffwechsels (Metabolismus; gr. für Wechsel), wobei der Stofftransport durch sie in sehr spezifischer Weise erfolgt. Daraus resultiert im Übrigen auch ein spezifisches *elektrisches* Membranverhalten, das in späteren Abschnitten eingehend besprochen wird.

Die Skizze lässt erkennen, dass die durch die Zellmembran gegebene Umhüllung in manchen Gebieten unterbrochen ist und in das – ebenfalls membranumkleidete – kanalartige, so genannte endoplasmatische Retikulum (EPR) einleitet. Dieses schafft eine Verbindung zwischen dem Extrazellulärraum hin zum Zellkern, indem es das Cytoplasma (gr. für Zellsubstanz) durchsetzt. Darunter versteht man das Intrazelluläre ohne Kern.

Der **Zellkern** ist von der, dem EPR zurechenbaren, **Kernmembran** umhüllt. Sie besteht aus zwei Membranschichten unregelmäßigen

Abstandes, weist „Löcher" reduzierter molekularer Dichte auf und ist somit gegenüber der Zellmembran für Stofftransporte leichter passierbar. Der Kern ist Sitz der in den Chromosomen verankerten => DNA, welche uns im Rahmen der genetischen Informationsverarbeitung (Abschnitt 1.4) näher interessieren wird. Wie dort gezeigt wird, erfolgt die molekulare Umsetzung der Gene außerhalb des Zellkerns an den Ribosomen. Entsprechend ihrer nur etwa 15 nm betragenden Größe erscheinen sie in Abb. 1.1 als das EPR besetzende kleine Punkte.

Ribosomen repräsentieren einen speziellen Typ so genannter **Organellen**. Letztere erfüllen – analog zu den Organen des Organismus – spezifische, für die Funktion der Zelle als Ganzes wesentliche Aufgaben. Abb. 1.1 zeigt z. B. so genannte **Mitochondrien**. Dabei handelt es sich um sehr große, häufig als Zellen-in-der-Zelle bezeichnete Organellen. Sie enthalten eigenes genetisches Material (DNA samt Ribosomen) zur Synthese des universellen Energieträgers => ATP aus Bestandteilen der Nahrung. Auch dienen sie zur Speicherung spezieller => Enzyme. Ferner angedeutet sind Golgi-Apparate mit für den Membranaufbau wesentlichen Depotfunktionen, Vakuolen – ebenfalls mit Depotfunktionen – und Fetttropfen, die bei Fettzellen dominieren.

Im Falle des gesunden Organismus stehen die oben genannten zellulären Strukturelemente in einem dynamisch ausgewogenen Zusammenspiel. Dieses umfasst komplexe Mechanismen, die in den nachfolgenden Abschnitten dieses Textes soweit diskutiert werden, als sie sich mit physikalischen Konzepten beschreiben lassen.

Bevor auf verschiedene Typen von Körperzellen eingegangen wird, sei auf gegenüber der Abb. 1.1 viel einfacher strukturierte Zellen hingewiesen. Abb. 1.2 skizziert ein Coli-Bakterium als Vertreter autonom lebender **Mikroorganismen**, die uns bezüglich => biotechnologischer Verfahren interessieren werden. Die Zellmembran (Cytoplasmamembran) ist zur Erzielung mechanischer Festigkeit durch eine Zellwand verstärkt. Ein Zellkern ist hier nicht gegeben, vielmehr schwimmt das Chromosom in freier Weise in der intrazellulären Flüssigkeit.

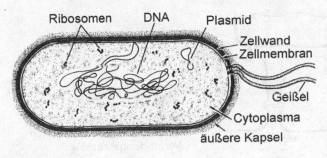

Ribosomen   DNA   Plasmid   Zellwand   Zellmembran   Geißel   Cytoplasma   äußere Kapsel

Abb. 1.2. Struktur einer Bakterienzelle (Escherichia coli, von ca. 2,5 μm Länge)

1.1.2   Spezifische Zelltypen der Gewebe

Gegenüber weitgehend einheitlicher biologischer Funktionalität der Zellen sind morphologische Eigenschaften äußerst unterschiedlich. Es resultiert spezifisches, physikalisches Verhalten, etwa mechanischer, elektrischer oder thermischer Art.

Hinsichtlich der **Zelltypen** des menschlichen oder tierischen Körpers ergibt sich eine große Mannigfaltigkeit bezüglich Größe, Struktur und Funktion. Die meisten Typen fungieren als Bausteine der **Gewebe**. Das heißt, dass eine betrachtete Zelle mit den sie umgebenden Nachbarzellen mechanisch verkoppelt ist. Dazu dienen in der Zellmembran verankerte **Verbindungsproteine** (Abb. 1.3), welche brückenartige Verkopplungen bilden und dem Gewebe somit Stabilität gegenüber Scher- und Zugkräften garantieren.

Abb. 1.4 zeigt Beispiele für zellulär **dicht gepackte Gewebe**. Ein Musterbeispiel einer geordneten Zellverkopplung ist durch **Epithelgewebe** gegeben (Abb. 1.4a). Extrazellulärspalte sind in der Skizze nicht angedeutet. In enger Form sind sie – als eine Voraussetzung für den zellulären Stoffwechsel – aber freilich auch hier vorhanden. Epithelschichten werden uns im Falle der Haut begegnen, wobei die dichte Struktur zu elektrisch isolierenden Eigenschaften führt. Abb. 1.4b zeigt als weiteres Beispiel glattes Muskelgewebe, das wir in der Wandung von Hohlorganen finden.

In Abb. 1.4c sehen wir einen Schnitt durch wasserarmes **Fettgewebe**. Der Fetttropfen füllt die Zelle hier weitgehend aus und verdrängt das Cytoplasma und den Zellkern an die Peripherie. Fettgewebe dient (i) der Energiespeicherung, (ii) der thermischen Isolation und (iii) dem mechanischen Schutz von Organen, wie dem Rückenmark, wobei die hohe Druckelastizität von spezifischem Vorteil ist.

Abb. 1.4d zeigt in den weiteren Abschnitten des Textes vielfach betrachtetes **quergestreiftes Muskelgewebe**. Es besteht aus 10 bis 100 µm dicken, zylinderförmigen Muskelfasern. Es handelt sich da-

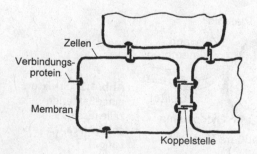

Abb. 1.3. Verknüpfung von Einzelzellen zu einem mechanisch stabilen Gewebe durch Verbindungsproteine

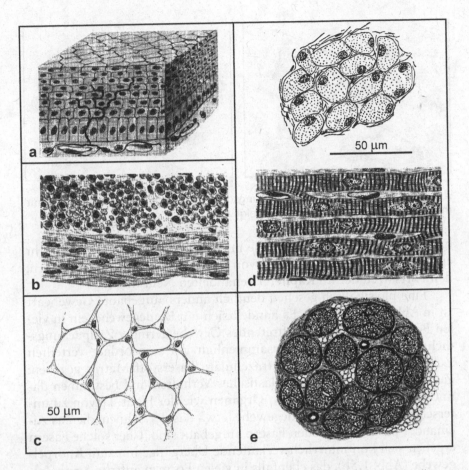

Abb. 1.4. Gewebe dicht gepackter Zellen in graphisch aufbereiteter Darstellung.
(a) Mehrschichtiges Epithelgewebe. (b) Glattes Muskelgewebe im Quer- und
Längsschnitt. (c) Wasserarmes Fettgewebe. (d) Quergestreiftes Muskelgewebe im
Quer- und Längsschnitt. (e) Nerv im Querschnitt. Im gezeigten Fall umfasst er
zwölf Faserbündel, die jeweils bis zu hundert Axone enthalten

bei um einen anomalen Zelltyp, indem jede Faser eine Vielzahl von
Zellkernen enthält. Aus physikalischer Sicht von großem Interesse ist
die spezifische Eigenschaft des neuronal gesteuerten mechanischen =>
Kontraktionsvermögens, aber auch das ausgeprägt anisotrope Verhalten bezüglich der elektrischen => Leitfähigkeit und => Permittivität
Wegen des Fehlens von trennenden Membranstrukturen in axialer
Richtung beträgt letztere für diese Richtung u.U. nur ein Hundertstel
des für die Normalenrichtung gültigen Wertes. Entscheidende Bedeutung haben diese Kennwerte für die Erregbarkeit der Muskelzelle, die
im Wesentlichen auf elektrischen Mechanismen beruht. Analoges Ver-

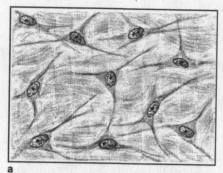
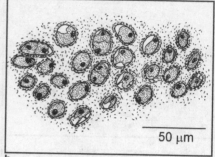

50 µm

a   b

Abb. 1.5. Gewebe geringer Zellpackungsdichte. (a) Gallertiges Bindegewebe mit interzellulären Faserstoffen. (b) Knorpelgewebe

halten zeigt sich bei **Nerven**. Wie in Abb. 1.4e dargestellt ist, besteht ein Nerv aus einer hohen Zahl von gebündelt verlaufenden Axonen, den Fortsätzen der im Kapitel 3 behandelten Neuronen.

Eine physikalisch gesehen deutlich anders aufgebaute Gewebeart ist in Abb. 1.5a skizziert. Es handelt sich um **Bindegewebe**, ein in vielen Erscheinungsformen auftretendes **Gewebe geringer Zellpackungsdichte**. Der mechanische Zusammenhalt der ungeordnet verteilten Zellen ist hier durch eine extrazelluläre Faserstoff-Matrix gegeben. Zum Teil zeigen die Fasern elastisches Verhalten und bestimmen damit die globale Elastizität von Organen wie der Haut. Davon zu unterscheiden ist straffes Bindegewebe, etwa das der Sehnen, die aus zueinander parallel laufenden Fasern aufgebaut sind. Über solche Fasern ergeben sich kontinuierlich verlaufende Übergänge hin zum **Knorpelgewebe** (Abb. 1.5b), das ebenfalls in vielen Formen auftritt. Seine Zellen besorgen ihren Stoffwechsel über Diffusionsvorgänge durch die weitgehend starre Grundsubstanz. Aus den genannten Gewebetypen resultiert ein geschlossener **Übertragungsweg mechanischer Kräfte**, vom Muskel über Bindegewebe und Knorpelgewebe hin bis zum Knochengewebe – eine Thematik der Biomechanik.

Als Gewebe geringer Zellpackungsdichte lässt sich strukturell gesehen auch das **Blut** einordnen. Physikalisch betrachtet handelt es sich um – der extrazellulären Flüssigkeit entsprechendes – Plasma, mit darin suspendierten roten Blutzellen (=> Erythrozyten). Gemeinsam mit dem geringen Anteil an weißen Blutzellen und Blutplättchen machen sie einen als => Hämatokrit bezeichneten Volumsanteil von etwa 45 % aus. Das sehr spezifische Verhalten der Erythrozyten ist Gegenstand der Bioströmungsmechanik. Unvollkommene „Füllung" der Zelle resultiert in amöboidem Verhalten als Voraussetzung des Passierens

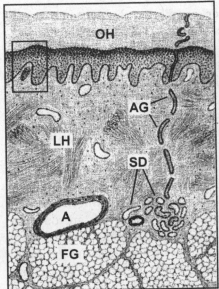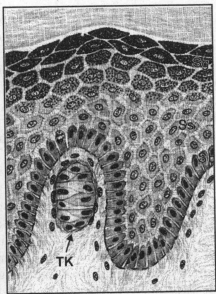

Abb. 1.6. Für die Körperumhüllung typische Gewebeschichtung. OH Oberhaut (im Wesentlichen bestehend aus Hornschicht und Epithelschicht), LH bindegewebsartige Lederhaut, FG Unterhaut-Fettgewebe. A Arterie, SD Schweißdrüse, AG Ausführungsgang. Rechts: Detail mit Berücksichtigung eines Tastkörperchens TK als mechanischen => Rezeptor

feinster Kapillaren. Gerinnung des Blutes resultiert in einer Fasermatrix und damit in gewebeartigen mechanischen Eigenschaften.

Letztlich zeigt Abb. 1.6 die für die Körperumhüllung typische **Gewebeschichtung**. Unter der Haut im engeren Sinne findet sich Bindegewebe, gefolgt von Fettgewebe und – sehr häufig – Muskelgewebe. Aus dem Zusammenspiel der beteiligten Gewebetypen resultiert optimiertes elasto-mechanisches und thermisches Verhalten. Für das Letztere sind dynamisch aktivierbare Schweißdrüsen von Bedeutung, die in Abb. 1.6 ebenfalls berücksichtigt sind.

1.3 Aufbaustoffe zellulärer Strukturen

Zelluläre Strukturen bestehen aus nur vier Hauptelementen. Zur Beschreibung biophysikalischer Funktionen sind einige wenige weitere Elemente von Bedeutung. Eine entscheidende Rolle ist durch ionales Verhalten gegeben – es resultiert elektrische Aktivität.

Im Folgenden sei ein knapper – nähere Betrachtungen vorbereitender – Überblick zu biologisch relevanten Elementen und Molekülen gegeben. Die Beschreibung der äußerst vielfältigen und komplexen chemischen Vorgänge biologischer Systeme ist Aufgabe der so genannten **Biochemie** und somit nicht Gegenstand der vorliegenden Schrift. Dabei sei aber festgestellt, dass die Disziplin der **Biophysik** hinsichtlich ihrer historischen Entwicklung in zunehmendem Maße auf molekulare Vorgänge und somit auch auf chemische Strukturen ausgerichtet ist.

Entsprechend der allgemeinen Abgrenzung zwischen Physik und Chemie lässt sich auch hinsichtlich des biologischen Bereiches eine **Grenzlinie** ziehen: Beinhaltet die Biochemie *Umwandlungen* der molekularen Strukturen, so beschränkt sich die Biophysik auf das Zusammenspiel quasi starrer Moleküle. Der vorliegende Text geht auf chemische Veränderungen kaum ein, er beschränkt sich auf geringfügige. Damit gemeint sind Änderungen, welche die chemische Grundstruktur nicht – oder nur wenig – betreffen, dabei aber gravierende physikalische Auswirkungen haben können. Als konkretes Beispiel sei die Aufnahme bzw. Abgabe von Elektronen oder Protonen genannt.

Mit der obigen Abgrenzung beschränken sich alle weiteren Diskussionen auf nur fünf verschiedene **Typen von Biomolekülen**, die in Tabelle 1.1 dem typischen Molekulargewicht nach gereiht sind.

Die Spalte der jeweils wesentlichsten Elemente verdeutlicht, dass sich die Gruppe der **Hauptelemente** auf vier sehr leichte (s. Ordnungszahl[1] Z gemäß Anhang 4) beschränkt:

H Wasserstoff (Z = 1) – in allen Molekülen peripher vorhanden, im Wasser sogar doppelt, und damit mit Abstand das häufigste Element

O Sauerstoff (8) – überall vorhanden, somit das zweithäufigste Element

C Kohlenstoff (6) – zentrales Element der Makromoleküle

N Stickstoff (7) – in allen großen Molekülen vorhandenes, vierthäufigstes Element

Alle anderen Elemente kommen in nur geringen Konzentrationen vor. Für die Biophysik bedeutet dies, dass bei biologischen Strukturen – mit Ausnahmen wie Knochen- oder Zahngewebe – sehr homogener und **leichter Aufbau** gegeben ist. Das äußert sich darin, dass mit Strahlen

---

[1] Die Ordnungszahl gibt die Zahl der im Atom vorhandenen Protonen an, und somit auch die Kernladungszahl. Im Übrigen bezeichnet sie die Position des entsprechenden Elementes im Periodensystem.

Tabelle 1.1. Wichtigste Arten von Biomolekülen (+ mineralische Partikeln) des menschlichen Organismus mit Angabe der Größenordnungen von Massenanteilen (Summe = 100%) und Abmessungen. Die Größenangaben für Makromoleküle beziehen sich auf die Länge der Primärstruktur. Die entsprechende Dicke bleibt in der Größenordnung 1 nm (gleich 10^{-9} m bzw. 10^{-3} μm)

Molekül / Partikel-Art	Anteil	wesentlichste Elemente	Größe
Wasser	65%	O, H	0,2 nm
Mineralien	5%	Na, K, Cl	0,2 nm
Kohlenhydrate		O, H, C	nm (bis μm)
Lipide	10%	O, H, C	einige nm
Proteine	18%	O, H, C, N, S	bis 100 nm
Nucleinsäuren	2%	O, H, C, N, P	nm bis cm

oft nur unspezifisch schwache Wechselwirkungen auftreten. Daraus resultieren Probleme der Kontrastbildung bei verschiedenen Verfahren der => Mikroskopie.

Außer den genannten Hauptelementen werden wir in Molekülen – gereiht nach Z – den folgenden **selteneren Elementen** begegnen:

P Phosphor (15) – zentrales Element in Nukleinsäuren und Lipiden (ferner im Knochen)
S Schwefel (16) – in Proteinen als Bindeglied

Von besonderer biophysikalischer Bedeutung sind auch einige in Form von **Ionen**[2] vorkommende Elemente. In **Zellflüssigkeiten** finden sich die folgenden funktionell sehr wesentlichen Ionenarten:

Na$^+$ Natrium (11) – vor allem im Extrazellulären
Cl$^-$ Chlorid (17) – vor allem im Extrazellulären
(Anmerkung: auch als Chlor bezeichnet)

---

[2] Ionen im hier zunächst angesprochenen engeren Sinn sind Atome, deren Elektronenzahl von der Protonenzahl abweicht, womit sie elektrisch geladen sind. Fehlen wie beim Kalzium-Ion Ca^{2+} die zwei – negativ geladenen – Elektronen der äußersten Schale, so resultiert ein zweifach geladenes positives Ion. Die Ladung beträgt $z\,e = 2\,e$, mit z als der Anzahl nicht kompensierter Elementarladungen e. Vervollständigt wie beim Chlorid Cl$^-$ ein zusätzliches Elektron die äußerste Schale, so resultiert ein negatives Ion der Ladung $-e$. Später werden wir sehen, dass für biologische Systeme auch Ionen im weiteren Sinn bedeutsam sind, nämlich Partikeln, die sowohl positive als auch negative Positionen aufweisen. In Summe kann ein derartiges „Zwitterion" ungeladen sein entsprechend $z = 0$, vor allem kann sich die Ladung auch zeitlich verändern.

K+ Kalium (19) – vor allem im Intrazellulären
Ca²⁺ Kalzium (20) – vor allem im Extrazellulären
(ferner im Knochen)

Hinsichtlich der Konzentrationen der zuletzt angeführten Ionen fällt
auf, dass sie große, offensichtlich **evolutionsbedingte Unterschiede**
aufweisen können. So zeigt die extrazelluläre Flüssigkeit niedrig entwickelter Meeresbewohner Konzentrationen von Na⁺ und Cl⁻, wie
wir sie auch im Meerwasser finden (d.h. annähernd 0,5 Mol/l entspr.
$0{,}5 \cdot 6 \ 10^{23}$ Partikeln pro Liter). Beim Menschen zeigt sich nur ein Drittel dieser Konzentrationen. Und deutlich andere Zusammensetzungen
ergeben sich bei Insekten, die dem Meer noch weiter entrückt sind.

Von ionaler Natur sind letztlich auch die **schwersten Bestandteile**
biologischer Strukturen. So finden wir in Proteinkomplexen u.a.:

Fe²⁺, Fe³⁺ Eisen (26) – im Hämoglobin, Myoglobin und in Enzymen
Co²⁺, Co³⁺ Kobalt (27) – in Enzymen und Vitaminen
Cu²⁺ Kupfer (29) – in Enzymen

Diese Ionenarten liefern spezifische Wechselwirkungen. Als physikalisch
bedeutungsvolle Eigenschaft kommt paramagnetisches Verhalten auf,
was hohe analytische Relevanz erbringt (s. Abschnitte 2.3 und 4.2).

Auf die schon erwähnte spezifische biologische **Bedeutung von
Ionen** sei schon hier etwas näher eingegangen. Sie resultiert aus zwei
Mechanismen, jenem von Kraftwirkungen und jenem elektrischer Ak-
tivität im Sinne der Einwirkung auf andere Partikeln.

Zunächst zur **Kraftwirkung**. Wirkt auf ein Ion der Ladung $Q = z \cdot e$
(mit z als der Anzahl von Elementarladungen e) ein elektrisches Feld
der Stärke E ein, so erfährt es eine Kraft

$$F = z \cdot e \cdot E, \tag{1.1}$$

eine Beziehung, die im Übrigen zur **Definition der elektrischen Feldstärke** dient (Abb. 1.7a). Beispielsweise wird ein in einer zellulären
Flüssigkeit befindliches Ca²⁺-Ion wegen positivem $z = 2$ eine Kraft in
Richtung des Feldvektors E erfahren, ein Cl⁻-Ion mit $z = -1$ eine nur
halb so starke in Gegenrichtung. In wässrigen Zellflüssigkeiten sind
derartige Ionen gut beweglich, womit das Natriumion im Bild nach
rechts beschleunigt wird, das Chloridion nach links. Aus dieser Beschleunigung ergibt sich die praktische Bedeutung der Kraftwirkung:
Die Ionen bewegen sich. Es resultieren gezielte Stromflüsse, die z.B.
den grundlegenden Mechanismus neuronaler Kommunikation aus-
machen (s. Abschnitt 3.1.4).

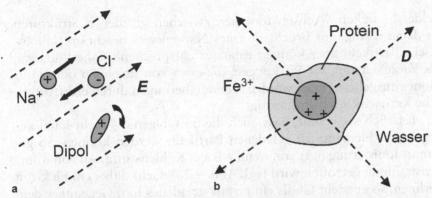

Abb. 1.7. Bedeutung von elektrischer Feldstärke bzw. Flussdichte. (a) Die Feldstärke **E** definiert sich aus der auf eine geladene Partikel ausgeübten Kraft. Positiv geladene Ionen (z.B. Na^+) werden in Feldrichtung verdrängt, negative (z.B. Cl^-) in Gegenrichtung. Polare Partikeln (z.B. Zwitterionen) werden am Vektor **E** orientiert. Ist das Feld inhomogen, so werden sie zusätzlich in Richtung erhöhter Feldstärke verdrängt. Die entsprechenden Kräfte sind vom Medium unabhängig. (b) Eine geladene Partikel (z.B. ein dreifach geladenes Eisenion Fe^{3+} eines Proteinkomplexes) generiert selbst ein Feld, wobei die Ladung die erzeugte Flussdichte **D** bestimmt – unabhängig vom Medium. Die entsprechende Feldstärke **E** hingegen fällt in Wasser geringer aus als in Luft, und somit auch eine Kraftwirkung auf allfällige andere Partikeln der Umgebung

Abb. 1.7b illustriert die Bedeutung des ionalen Charakters für die **elektrische Aktivität** einer Partikel. Ein kugelsymmetrisches Ion der Ladung $z\,e$ erzeugt im umliegenden, homogen aufgebauten Raum seinerseits ein elektrisches Feld der **Flussdichte D**. Sie nimmt mit zunehmendem Abstand r quadratisch ab entsprechend

$$D = z \cdot e \,/\, (4\,r^2 \cdot \pi) = \varepsilon_0 \cdot \varepsilon \cdot E. \tag{1.2}$$

Die Stärke des von der Partikel generierten Flusses ist somit vom Medium unabhängig, in zellulärer Flüssigkeit also gleich wie im leeren Raum. Die entsprechende Feldstärke E hingegen fällt stark geschwächt aus. In der Gleichung beschreibt ε_0 die Permittivität des leeren Raumes als Konstante. Praktisch bedeutsamer aber ist die Größe ε als die (relative) Permittivität schlechthin.[3] Zelluläre Flüssigkeiten zeigen wegen hohem Wassergehalt sehr hohe Werte von ε um 80. Die Relevanz des

---

[3] Die Permittivität ist ein Maß für im Medium enthaltene polare (bzw. polarisierbare) Partikeln, die im Weiteren noch näher diskutiert werden. Die insgesamt feldschwächende Wirkung lässt sich damit veranschaulichen, dass im Inneren jeder polaren Partikel ein „Gegenfeld" auftritt – als inneres Feld, wie im Abschnitt 1.2.1 näher diskutiert.

Feldes bezüglich Wechselwirkungen zwischen geladenen Strukturen ist damit i. Allg. auf Bruchteile eines Nanometers beschränkt. Biologische Partikeln aber können einander entsprechend nahe kommen, als Voraussetzung für Wirkungen, die etwa von Enzymen oder Hormonen ausgehen. Dabei werden die Annäherungen durch elektrostatische Kraftwirkungen begünstigt.

Letztlich sei betont, dass auch die im Obigen als nicht-ional angegebenen Elemente zu geladenen Partikeln werden können. So genannte **Ionisierung** liegt vor, wenn z. B. ein Kohlenstoffatom von Röntgenstrahlung getroffen wird (vgl. Abb. 4.28). Geht dabei ein Elektron verloren, so entsteht C^+ als ein positiv geladenes Ion. Gegenüber dem C-Atom hat es völlig veränderte Eigenschaften – es ist elektrisch aktiv, und von Fremdfeldern erfährt es mechanische Kräfte.

Noch eine weitere Form der Ionisierung wird uns im Folgenden stark beschäftigen: Etwa können Atome in zellulärer Flüssigkeit ohne periphere Elektronen auftreten. Beispielsweise wird ungeladener Wasserstoff H zum geladenen H^+-Ion, das aus nichts anderem als einem einzigen Proton besteht. Desgleichen können Moleküle geladene Bestandteile verlieren, woraus ionale Restteile resultieren.

Die obigen Überlegungen bedeuten, dass den Aufbaustoffen biologischer Medien nicht nur chemische Relevanz zukommt. Vor allem **physikalische Eigenschaften** sind es, welche die spezifische Funktionalität bestimmen. Im Übrigen verdeutlicht die obige Übersicht, dass die von der Natur getroffene Auswahl an Aufbaustoffen sehr beschränkt ausfällt. Dies erleichtert dem chemisch wenig Vorgebildeten den Zugang zur so genannten **Molekularen Biophysik** in erheblichem Maße.

1.2 Molekulare Strukturbildung

1.2.1 Wasser – als Faktor molekularer Ordnung

Wesentliche physikalische Eigenschaften des Wassermoleküls resultieren aus seinem polaren Moment. Elektrische Wechselwirkungen lassen dreidimensionale Strukturen entstehen, die durch ein Minimum des Energieinhalts charakterisiert sind. Andererseits folgt daraus auch eine auflösende Wirkung des Wassers im Sinne der Dissoziation.

Wie wir gesehen haben, ist das **Wassermolekül** das mit großem Abstand häufigste Molekül des menschlichen Organismus. Das Gesamtvolumen des Wassers entfällt dabei zu etwa gleichen Teilen auf das Innere der Zellen bzw. auf die Extrazellulärräume und das Blut. Die Aufgaben des Wassers sind vielfältig. Zunächst einmal dient es als

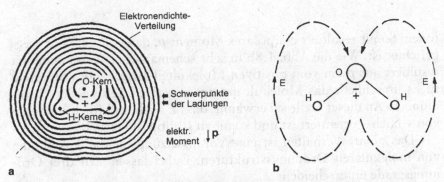

Abb. 1.8. Wassermolekül bei stark schematisierter Angabe der Ladungsschwerpunkte. (a) Elektonendichteverteilung, aus der ein nach unten gerichtetes polares Moment **p** resultiert. (b) Andeutung des entsprechenden elektrischen Streufeldes **E**

Transportmittel – aktiv im Sinne des dynamisch strömenden Blutes oder auch der Lymphe, passiv im Sinne der zur Diffusionsbewegung genutzten zellulären Flüssigkeiten. Zwei ebenso bedeutsame Aufgaben sind die Funktion als Lösungsmittel und jene als Strukturmittel. Sie basieren aus den polaren Eigenschaften des Wassermoleküls. Ihnen kommt also höchste praktische Bedeutung zu, weshalb sie im Folgenden näher beschrieben werden. Dazu sei angemerkt, dass die Physik des Wassermoleküls auch für den spezifisch damit beschäftigten Wissenschaftler Herausforderungen anbietet. Zahlreiche Aspekte der Wassereigenschaften gelten als ungenügend erforscht.

Die **polare Natur**[4] des Wassers ist eine Folge seiner molekularen Konformation, d.h. seines geometrischen Aufbaus. Wie in Abb. 1.8a skizziert zeigt die Elektronendichteverteilung deutliche Asymmetrie. Die Ursache ist, dass die Atombindung H-O-H nicht in einer Geraden vorliegt, sondern in einem Dreieck mit einem Öffnungswinkel von 105°. Hier tritt das Phänomen der so genannten **Elektronegativität** in Erscheinung. Generell äußert sie sich darin, dass sich die Elektronen eines Moleküls zeitlich gesehen umverteilen können. Als Tendenz konzentrieren sie sich im Zeitmittel überproportional um schwere Atomkerne, die ja erhöhte elektrostatische Anziehung erbringen.

Für den Fall des Wassermoleküls bewirkt der schwere Sauerstoffkern einen „Heranzug" des negativen Ladungsschwerpunktes der Elektronen gegenüber dem positiven Ladungsschwerpunkt der Pro-

---

4   Polare Strukturen sind Partikeln mit einer positiv geladenen Position, der eine negativ geladene gegenüber steht. Somit liegt ein elektrischer Dipol vor, analog zum allgemein besser bekannten Fall des magnetischen Dipols. Das Dipolmoment kann durch einen Pfeil dargestellt werden, dessen Spitze die positive Position markiert, wie im Fall von Abb.1.8a.

tonen. Somit resultiert ein polares Moment p, das vom O-Kern weg-gerichtet ist. Wie die Abb. 1.8b in sehr schematischer Weise andeutet resultiert aus p ein vom positiven Molekülteil ausgehendes **Streufeld** E. Es umschließt das Molekül, um am negativen Teil wieder einzu-münden. An dieser Stelle sei erwähnt, dass E auch im Molekülinneren von + nach – orientiert ist und somit zu p antiparallel steht.

Das polare Verhalten ist eine Voraussetzung für die Ausbildung von molekularen Ordnungsstrukturen. Dabei lassen sich **drei Ord-nungsgrade** unterscheiden:

(i) fehlende Ordnung, wie sie in den überwiegenden Bereichen flüssigen Wassers vorliegt, als so genanntes „freies Wasser",

(ii) so genannte Clusterordnung, wie in beschränkten Orts- und Zeitbereichen von „gebundenem Wasser", und

(iii) hohe kristalline Ordnung, wie im Falle des festen Aggregatzu-standes von Eis.

Betrachten wir dazu zunächst die in Abb. 1.9a angedeutete kristalline Struktur von Eis. Die Moleküle sind hier so angeordnet, dass jeder „Pol" eines Wassermoleküls mit einem oder zwei Polen eines Nach-barmoleküls in elektrostatischer Wechselwirkung steht. Die Biologie verwendet dabei den Begriff der – strichliert angedeutеten – **Wasser-stoffbrückenbindung**.

Zur Interpretation molekularer Ordnung finden sich in der Li-teratur viele physikalische Ansätze. Ihnen gemein ist, dass der wahr-scheinlichsten Anordnung eines betrachteten Molekülensembles ein **Minimum des Energieinhaltes** W zugeschrieben wird. Hinsichtlich der Definition der Größe W finden sich zahlreiche Varianten, vom klassi-schen Satz von Thomson bis hin zu quantenmechanischen Ansätzen, wie dem Theorem von Hellman-Feynman (vgl. die einschlägige Lite-ratur).

Hier wollen wir uns auf eine **Plausibilisierung** molekularer Ord-nung beschränken. Dafür bietet sich ein einfacher Ansatz an, der anschauliche Deutungen elektrostatischer, aber auch magnetostati-scher Systeme erlaubt. Die polaren oder auch ionalen Moleküle inter-pretieren wir als elektrisch geladene Partikeln, die über elektrostatische Kräfte in Wechselwirkung stehen. Die Energie W des Systems ergibt sich aus der Arbeit, die erforderlich ist, um die Partikeln aus dem Un-endlichen herbeizuholen und zur betrachteten Struktur zu ordnen. W lässt sich aus den dabei zu überwindenden Kräften berechnen. Zum

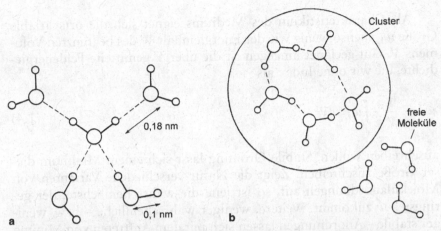

Abb. 1.9. Über Wasserstoffbrücken gebundene Wassermoleküle. (a) Struktur des Eises, wobei die Wechselwirkung eines Moleküls mit vier Nachbarmolekülen angegeben ist. (b) Mischstruktur biologischer Flüssigkeiten. Gerahmt: quasi-kristalliner Cluster kurzer Lebensdauer. Rechts unten: freie Moleküle ohne definierte Ordnung

gleichen Resultat führt aber auch der Energieinhalt des letztlich im Raum resultierenden elektrischen Feldes, wozu wir den Begriff der Feldenergie verwenden wollen.

Die **Feldenergie** eines repräsentativen Teilvolumens V, das für eine Charakterisierung des Mediums ausreichend viele wechselwirkende Partikeln enthält, berechnet sich zu

$$W = \int_V w_L \cdot dV = \int_V \frac{D \cdot E}{2} dV = \int_V \frac{D^2}{2\,\varepsilon_0 \cdot \varepsilon} dV. \tag{1.3}$$

D und E sind die im Raum zwischen den Partikeln auftretende elektrische Flussdichte bzw. Feldstärke, welche ja über die skalare Beziehung

$$(1.2) \quad D = \varepsilon_0 \cdot \varepsilon \cdot E$$

verknüpft sind. Wie schon definiert ist ε_0 die Permittivität des leeren Raumes, ε die (relative) Permittivität schlechthin, wobei hier zunächst $\varepsilon = 1$ gilt. $w_L = D \cdot E / 2$ ist die **lokale Feldenergiedichte**. Der Fall stabiler Ordnung ist nun dadurch gekennzeichnet, dass die von den Partikeln generierten Felder in optimaler gegenseitiger Absättigung stehen. Dass dem ein Minimum von W entspricht, erklärt sich damit, dass hohe Werte w_L auf die wechselwirkenden intermolekularen Bereiche beschränkt sind. Zur Illustration sei auf Abb. 1.22 des Abschnitts 1.3.1 verwiesen.

Als **Charakteristikum des Mediums** eignet sich die ortsvariable Größe w_L ebenso wenig wie der Energieinhalt W des begrenzten Volumens V. Gut geeignet hingegen ist die über V **gemittelte Feldenergiedichte**, die wir ohne Index als

$$w = \frac{1}{V} \cdot \int_V w_L \cdot dV \tag{1.4}$$

anschreiben wollen. Stabile Ordnung lässt sich einem Minimum dieser Größe zuschreiben. Zeigt die Natur verschiedene Varianten von Molekülanordnungen auf, so ist jene die wahrscheinlichste, der geringstes w zukommt. Weitere, weniger wahrscheinliche – bzw. weniger stabile – Anordnungen lassen sich mit dem Auftreten von Minima relativer Art interpretieren.

Kehren wir nun zum in Abb. 1.9 skizzierten **Fall der Wassermoleküle** zurück. Hier ist es auch ohne mathematischen Beweis evident, dass die ungeordnete Molekülverteilung hohe Energiedichte w erbringt, da die von den Molekülen gemäß Abb. 1.8b generierten Streufelder ohne gegenseitige Absättigung bleiben. Die Struktur des Eises hingegen zeigt hochgradige Ordnung. Die Moleküle sind einander so zugewandt, dass die Absättigung in optimaler Weise gegeben ist; positive geladene Molekülpositionen stehen negativen gegenüber, und umgekehrt.

Nun liegt der feste Aggregatzustand von Wasser im lebenden biologischen System freilich niemals vor. Jedoch findet sich die geordnete Struktur in rudimentärer Weise auch bei Körpertemperatur in Form von schon erwähnten **Clustern** (Abb. 1.9b). Trotz einer Lebensdauer von nur etwa 100 ps (1 ps = 10^{-12} s) wird davon ausgegangen, dass ein vorgegebenes Volumen zellulärer Flüssigkeit zu einem beträchtlichen Teil – der 50 % betragen kann – durch elektrostatisch **gebundenes Wasser** ausgemacht ist. Einerseits tragen dazu Cluster bei, die kurzzeitig, mit statistisch ausfallendem Ortswechsel, entstehen und sogleich wieder zerfallen. Andererseits sind Wassermoleküle auch an polare bzw. ionale Positionen anderer Molekülarten gebunden. Und sie umgeben Ionen, wie in Abschnitt 1.1.3 aufgelistet, als so genannter Hydratmantel. Die Folge sind veränderte physikalische Eigenschaften, wie erhöhte Viskosität und somit reduzierte Ionenbeweglichkeit.

Eine Folge des polaren Momentes ist die pauschale Eigenschaft des Wassers, starke => Orientierungspolarisation aufzuweisen, woraus eine **hohe pauschale Permittivität** $\varepsilon \approx 80$ resultiert. Gegenüber dem leeren Raum mit $\varepsilon = 1$ liegt somit Erhöhung um zwei Größenordnungen vor, gegenüber technischen Materialien, wie Glas oder Kunststoffen, um zumindest eine Größenordnung.

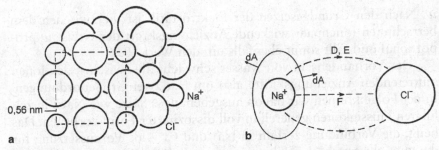

Abb. 1.10. Plausibilisierung der dissoziierenden Wirkung von Wasser. (a) Flächenzentriertes Kristallgitter von Kochsalz. (b) Feldkonfiguration im Nahbereich zweier Ionen (s. Text)

Im Rahmen der Biophysik hat das hohe ε von Wasser (als Kontinuum!) eine geradezu universelle Bedeutung, weshalb hier eine Plausibilisierung versucht werden soll. Dazu wollen wir uns durch das Wasser einen elektrischen Fluss hoher Dichte D vorstellen. Analog zur Orientierung einer Kompassnadel besteht die Tendenz zu einer Ausrichtung der elektrischen Momente p der Wassermoleküle. Aus Abb. 1.8 haben wir geschlossen, dass das lokale Feld E im Molekülinneren zu p antiparallel steht. Über hinreichend viele hintereinander befindliche Wassermoleküle gemittelt ergibt sich damit ein kleines, gemitteltes Gesamtfeld E trotz hohem D. Nach Glg. 1.2 gilt $\varepsilon = D / (\varepsilon_0 E)$, womit der hohe Wert ε resultiert.

Aus der hohen Permittivität des Wassers ergibt sich seine schon erwähnte Funktion als Lösungsmittel im Sinne der so genannten **dissoziierenden Wirkung**. Sie lässt sich plausibel machen, indem wir neuerlich Grundgesetze der Elektrostatik auf die atomare Ebene anwenden. Im Gedankenexperiment wollen wir dazu einen Kochsalzkristall (Abb. 1.10a) in Wasser einbringen. Die Kristallionen Na^+ und Cl^- fassen wir als geladene Partikeln auf, deren Umgebung durch ein Streufeld E erfüllt ist. Für Ionen im freien Raum ergibt sich für den Letzteren die lokale Energiedichte gemäß Glg. 1.3 zu $w_L = D \cdot E / 2 = D^2 / (2 \varepsilon_0)$. Nehmen wir nun aber an, dass zwischen die Ionen Wasser „eindringt", das hier als Kontinuum aufgefasst sei. Damit ergibt sich keine Veränderung von D, das ja gemäß $_A\!\int D \cdot dA = e$ aus der Elementarladung, unabhängig von der Permittivität ε des Mediums resultiert (nach Abb. 1.10b mit A als beliebig ansetzbare, geschlossene Hüllfläche um Na^+).[5] Andererseits aber sinkt die Feldstärke gemäß $E = D / (\varepsilon_0 \cdot \varepsilon)$ um den Faktor $\varepsilon = 80$ und mit ihr auch die Energiedichte

---

[5] Die Gleichung entspricht in verallgemeinerter Weise der Glg. 1.2., welche den Fall eines kugelsymmetrischen Feldes beschreibt. Gemäß Abb. 1.10b liegt hier der kompliziertere Fall einer Achsensymmetrie vor.

w. Nach den Grundgesetzen der Elektrostatik ist die zwischen dem betrachteten Ionenpaar wirkende Anziehungskraft der Größe *w* proportional und fällt somit ebenfalls um den Wert 80.

Das Vorhandensein von Wasser schwächt die zwischen den Ionen auftretenden Anziehungskräfte also um fast zwei Größenordnungen. In der Folge können wir davon ausgehen, dass Salze wie NaCl in zellulären Flüssigkeiten generell in **voll dissoziierter Form** vorliegen. Das heißt, die Verbindung zerfällt in Na$^+$ und Cl$^-$ – als Voraussetzung für die gute elektrische Leitfähigkeit von zellulären Flüssigkeiten. Ohne diesen Effekt hätte sich im Besonderen das Nervensystem in seiner gegebenen Form evolutionär nicht ausbilden können, da die entsprechend rasche Kommunikation auf elektrolytischen Stromflüssen basiert (s. Abschnitt 3.1.4).

1.2.2 Lipide

Der Kopfteil des Lipidmoleküls hat polare Eigenschaften und ist somit hydrophil. Der symmetrische Aufbau der Schwanzteile ergibt hydrophobes Verhalten. Eine energetisch günstige Anordnung in Wasser entspricht einer Zusammenballung der Moleküle zur Kugelform.

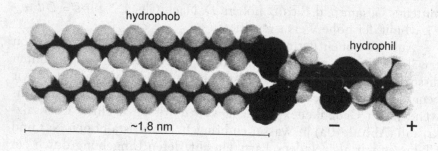

Abb. 1.11. Kalottenmodell und chemische Struktur eines Membranlipidmoleküls. Der Schwanzteil zeigt hydrophobes Verhalten, der Kopfteil hydrophiles, entsprechend einem nach rechts gerichteten polaren Moment *p*

Lipide sind fettähnliche, in Wasser unlösliche Substanzen, die für den Aufbau von zellulären Strukturen von fundamentaler Bedeutung sind. Im speziellen interessieren uns dabei jene der Membranen, wobei es sich vorwiegend um so genannte Phospholipide handelt. Abb. 1.11 zeigt ein entsprechendes Kalottenmodell und ein Beispiel zur chemischen Struktur des aus mehreren Fragmenten zusammengesetzten Moleküls. Von physikalischem Interesse ist, dass das Molekül zwei deutlich unterschiedlich strukturierte Teile aufweist, einen Kopfteil und einen Schwanzteil.

Der **Schwanzteil** besteht aus zwei annähernd 2 nm langen **Kohlenwasserstoffketten**. Der Aufbau ist durch hochgradige Symmetrie gekennzeichnet, womit a priori plausibel ist, dass – anders als beim Wassermolekül – die Schwerpunkte von Protonen und Elektronen zusammenfallen. Das bedeutet, dass kein polares Verhalten vorliegt. Daraus resultiert das – für Strukturbildungen sehr wesentliche – **hydrophobe Verhalten** (gr. „wasserfürchtend"). Es äußert sich darin, dass sich derartige Molekülketten in Wasser zu einer Einheit „zusammenrotten".

Zur **Erklärung des hydrophoben Verhaltens** sei ein Gedankenexperiment angesetzt. Nehmen wir zunächst an, dass Kohlenwasserstoffketten in Wasser homogen verteilt seien (Abb. 1.12a). Aufgrund ihres nichtpolaren und ungeladenen Verhaltens können sie mit

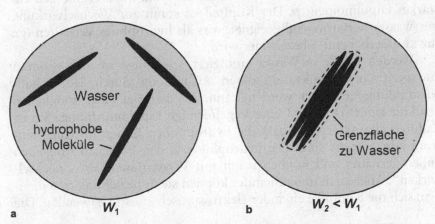

a W_1 b $W_2 < W_1$

Abb. 1.12. Veranschaulichung zum Mechanismus der Hydrophobie. (a) Drei symmetrisch und ungeladen aufgebaute – und somit hydrophobe – Moleküle bei ungeordneter Verteilung in Wasser. Die integrale Grenzfläche zum Wasser ist groß, womit viele (potentielle) Wechselwirkungen zwischen Wassermolekülen entfallen. (b) Zu einer Einheit „zusammengerottete" Moleküle. Die strichliert angedeutete Grenzfläche fällt reduziert aus – mit ihr die Anzahl verhinderter Wechselwirkungen und somit auch der Energieinhalt des Gesamtsystems

Wassermolekülen keine elektrostatische Wechselwirkung eingehen und zur Streufeldabsättigung nicht beitragen. Vielmehr repräsentieren sie Fremdkörper, welche die Energie reduzierende Wechselwirkung zwischen Wassermolekülen stören und somit die Energiedichte w (Glg. 1.4) *anheben*. Sind die Ketten hingegen zu einer Einheit minimaler Hüllfläche vereinigt (Abb. 1.12b), so fällt die Anzahl der gestörten Wasserwechselwirkungen reduziert aus, und damit auch das Ausmaß der Energieanhebung. Die Zusammenrottung erbringt also eine **indirekte Reduktion der gemittelten Energiedichte** des Gesamtsystems Ketten + Wasser.

Betrachten wir nun den **Kopfteil** des Lipids. Ungeachtet der chemischen Details ist klar erkennbar, dass hier keine volle Symmetrie vorliegt. Das heißt, dass wir – analog zum Wassermolekül – **polares Verhalten** erwarten können, das aufgrund der komplexen Konformation aber nicht einem Dipol, sondern einem – mathematisch schwerer beschreibbaren – Multipol entspricht.

Noch deutlich stärkere elektrische Aktivität des Kopfteils ergibt sich aber daraus, dass ein so genanntes **Zwitterion** vorliegen kann, d.h. ein Ionenpaar unterschiedlichen Ladungsvorzeichens. Abb. 1.11 zeigt eine negative Dissoziationsstelle im Kopfzentrum; an einer O-Position fehlt ein Proton im Sinne eines abgegebenen Wasserstoffions H^+. Hingegen findet sich am Kopfende ein zusätzliches, adsorbiertes Proton. Die Gesamtladung ist zwar gleich Null, doch ergibt sich ein starkes Dipolmoment p. Der Kopfteil ist somit zur Wechselwirkung mit Wasser hervorragend geeignet, was als **hydrophiles Verhalten** (gr. für „wasserliebend") bezeichnet wird.

Werden Lipide **in Wasser** emulgiert, so ordnen sie sich spontan zu spezifischen Strukturen, deren Ausbildung durch Ultraschalleinstrahlung gefördert werden kann. Als Beispiel einer möglichen Struktur zeigt Abb. 1.13 eine **kugelförmige Lipidanordnung**. Sie ist dadurch charakterisiert, dass die hydrophoben Enden im Kugelzentrum konzentriert sind. Die hydrophilen Enden hingegen sind nach außen gerichtet und können somit mit Wassermolekülen „wechselwirken". Aber auch untereinander können sie in Beziehung treten, indem sich die Kopfteile einander elektrostatisch günstig zuwenden. Die

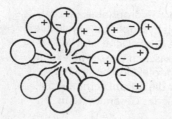

Abb. 1.13. Beispiel einer energetisch günstigen Kugelanordnung von Lipiden in Wasser. Die hydrophilen Kopfenden zeigen Wechselwirkung mit Wassermolekülen, aber auch untereinander. Wie angedeutet, können Kopfenden auch negativ geladen sein

Anordnung entspricht in überzeugender Weise einem Minimum der über alles gemittelten Energiedichte w gemäß Glg. 1.4. Eine biologisch viel wichtigere Lipidanordnung werden wir in Abschnitt 1.2.4 kennen lernen – nämlich die ebenfalls spontane Ausbildung einer **Lipiddoppelschicht**, als Grundgerüst zellulärer Membranen.

2.3 Proteine

Die Beteiligung von zwanzig verschiedenen Aminosäuren macht Proteine zu den mannigfaltigsten Komponenten biologischer Systeme. Polare, ionale und auch hydrophile Wechselwirkungen stabilisieren intrazelluläre Ordnungszustände in Form von Sekundär- und Tertiärstrukturen. Die entsprechenden Prozesse von Faltung und Denaturierung verlaufen weitgehend reversibel im Sinne von Abnahme bzw. Zunahme der Entropie.

Proteine (= Eiweiße) sind universelle Bestandteile aller Zellstrukturen. Sie sind an Membranen ebenso beteiligt wie an Organellen, Chromosomen, Enzymen oder auch Hormonen. Strukturell zeigen sie unbegrenzte Mannigfaltigkeit. Unter Einschluss sehr kurzer Proteine, den so genannten Peptiden, schwankt die Moleküllänge im Bereich 1 – 100 nm.

Die **Primärstruktur** (Grundstruktur) ist durch eine kettenförmige Aneinanderreihung von **Aminosäuren** gegeben, deren chemischer Aufbau in Abb. 1.14a angegeben ist. Das Symbol R steht hier für den so genannten Aminosäurerest. Abb. 1.14b zeigt den polymerisierten Fall für vier Positionen.

Der Aminosäurerest tritt beim Menschen in zwanzig verschiedenen Varianten auf, die physikalisch gesehen unterschiedlichste Eigenschaften aufweisen. Grundsätzlich lassen sich **drei Typen von Resten** unterscheiden:

(1) **Elektrisch inaktive Reste** – Sie sind symmetrisch aufgebaut, somit nicht polar, und zeigen hydrophobes Verhalten (siehe R1 in Abb. 1.14b).

(2) **Polare Reste** – Sie sind unsymmetrisch aufgebaut (siehe R3) und zeigen aufgrund ihres lokalen Momentes p_L hydrophiles Verhalten.

(3) **Geladene (ionale) Reste** – Sie beinhalten geladene (z. B. dissoziierte) Positionen mit Ionencharakter (im Falle von R2 ein überschüssiges Elektron, bei R4 ein Proton) und zeigen somit starke Bereitschaft zu elektrostatischen Wechselwirkungen.

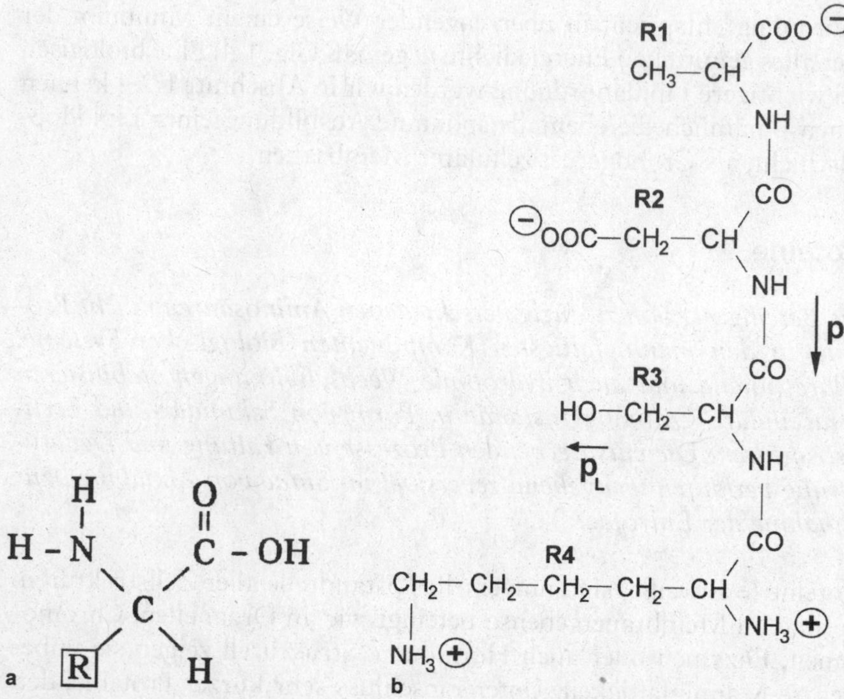

$$R1 \quad COO^{\ominus}$$
$$CH_3-CH$$
$$\backslash$$
$$NH$$
$$|$$
$$R2 \quad CO$$
$$^{\ominus}OOC-CH_2-CH$$
$$\backslash$$
$$NH$$
$$|$$
$$R3 \quad CO \quad \downarrow p$$
$$HO-CH_2-CH$$
$$\overleftarrow{p_L} \quad \backslash$$
$$NH$$
$$|$$
$$R4 \quad CO$$
$$CH_2-CH_2-CH_2-CH_2-CH$$
$$| \qquad\qquad \backslash$$
$$NH_3 \oplus \qquad NH_3 \oplus$$

$$H \qquad O$$
$$| \qquad\qquad \parallel$$
$$H-N \qquad C-OH$$
$$\backslash \quad /$$
$$C$$
$$/ \quad \backslash$$
$$\boxed{R} \qquad H$$

a   b

Abb. 1.14. Aufbau von Proteinen. (a) Aminosäure als Grundelement. (b) Aus vier polymerisierten Aminosäuren bestehendes Peptid mit jeweils anderem Rest; R1 Ala (Kurzbezeichnung für Alanin), R2 Asp, R3 Ser, R4 Lys. Neben vier geladenen (ionalen) Positionen, die ein pauschales Moment p aufbauen, enthält R3 eine polare Position des lokalen Moments p_L

Im Rahmen der => Elektrophorese werden wir sehen, dass das Ladungsverhalten vom pH-Wert des Milieus abhängig ist.[6] Ein Rest des Typs 1 kann damit zum Typ 3 werden, und umgekehrt.

Wie in Abb. 1.14b angedeutet, zeigt auch die **Basiskette** – das „Rückgrat" des Proteins – elektrisch aktives Verhalten. So können die Enden ional ausfallen. Darüber hinaus zeigt die Kette generell unsymmetrischen Aufbau und damit polares Verhalten. Für die Gesamtheit

---

[6] Wie im Abschnitt 2.2.3 näher diskutiert wird, führt ein hoher pH-Wert des Milieus – d.h. *geringe* Konzentration von Protonen (= H⁺-Ionen) – zur Tendenz der Verringerung positiver Ladung, einschließlich des Übergangs zu negativer. Dies erklärt sich damit, dass das Molekül ein positiv geladenes Proton an das an Protonen arme zelluläre Wasser verliert – quasi als ausgleichender Diffusionsprozess. Umgekehrtes passiert für kleine pH-Werte: *Hohe* Protonenkonzentration begünstigt die Anlagerung von Protonen an das Molekül. Wie immer seine a priori vorhandene Ladung ausfällt, ihr Wert steigt mit jedem aufgenommenen Proton um eine Elementarladung e an.

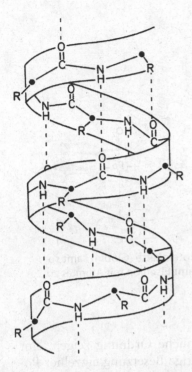

Abb. 1.15. Helixstruktur als Beispiel einer Sekundärstruktur von Proteinen. Polare Bindungen (Wasserstoffbrücken) sind strichliert dargestellt

des Moleküls resultiert im skizzierten Fall negative Ladung der oberen Hälfte und positive der unteren. Analog zu Abb. 1.8 ergibt dies ein nach unten gerichtetes globales Moment p. Als Ganzes gesehen liegt ein Zwitterion der pauschalen Ladung Null vor.

Die periodisch aufeinander folgenden Positionen der Basiskette können zu intramolekularen Wechselwirkungen führen, wie zu der in Abb. 1.15 gezeigten **Helixstruktur** als Beispiel einer so genannten **Sekundärstruktur**. Stabilisiert wird sie durch Wasserstoffbrücken zwischen periodisch auftretenden H- und O-Positionen. Damit fällt auch hier die gemittelte Energiedichte reduziert aus, und zwar im Vergleich zum gestreckten Zustand. Eine weitere, auch intramolekular auftretende Strukturvariante – nämlich die => Faltblattstruktur – werden wir in Bezug auf Membranausbildungen kennen lernen.

Abb. 1.16 zeigt ein konkretes Beispiel zum Auftreten helikaler Strukturen. Es handelt sich um **Myoglobin.**[7] Es enthält eine Proteinkomponente, das Globin, welches 153 Aminosäuren umfasst. Wir erkennen sieben Helixabschnitte, die ihrerseits im Sinne einer

---

[7] Myoglobin des Muskels und Hämoglobin des Blutes verstehen sich als Träger von Sauerstoff. Für diese Aufgabe beinhalten sie ein Eisenion und repräsentieren somit molekulare Komplexe.

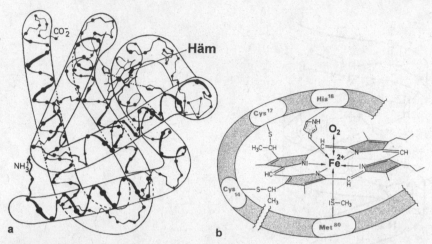

Abb. 1.16. Tertiärstruktur des Myoglobins. (a) Proteinkette (Globin) samt so genanntem Häm. (b) Ebene Struktur des Häms samt Eisenion mit Affinität zu Sauerstoff

Tertiärstruktur in definierter Weise räumliche Ordnung zeigen. Zur Funktion solcher Moleküle kann die richtige Besetzung einzelner Positionen ebenso Voraussetzung sein wie einzelne Elemente der Tertiärstruktur.

Im speziellen Fall des Myoglobins, als auch dem des eng verwandten Hämoglobins, ist die **biophysikalische Funktion** aber erst durch ergänzende molekulare Komponenten des vorliegenden Komplexes sichergestellt. Abb. 1.16b lässt erkennen, dass das Protein eine als **Häm** bezeichnete ebene Molekülstruktur beinhaltet. Im Zentrum sitzt ein im Abschnitt 4.2.1 näher diskutiertes Eisenion. Dieses zeigt die Eigenschaft der Bindung von Sauerstoff – die eigentliche biologische Aufgabe des Myoglobins. Die Bindung erfolgt spezifisch für O_2, was sich mit dem Mechanismus des in Abschnitt 1.3.1 behandelten KLK-Prinzips erklärt.

Als weiteres konkretes Beispiel für die hohe Bedeutung von Tertiärstrukturen seinen die so genannten **Prionen** erwähnt. Sie werden für das Auftreten des BSE-Syndroms (bovine spongiform encephalopathy) verantwortlich gemacht, das sich in einer schwammigen Degeneration des Gehirns bemerkbar macht. Gegenüber der Normalstruktur des fast 300 Aminosäuren umfassenden Moleküls zeigt das pathologische Prion-Protein bezüglich der Primärstruktur keine Abweichungen. Physikalische Analysen der räumlichen Struktur zeigen aber signifikante Unterschiede der Faltung hinsichtlich der Verteilung von Helix- bzw. Faltblattabschnitten auf. Damit lässt sich eine veränderte Wechselwirkung mit anderen molekularen Strukturen prinzipiell erklären.

Für die **Stabilisierung von Sekundär- und Tertiärstrukturen** macht die Natur von mehreren Mechanismen Gebrauch. Abb. 1.17 veranschaulicht dies am Beispiel einer N-förmigen Proteinstruktur, welche durch die folgenden **fünf Bindungsarten** (geordnet nach ihrer Stärke) stabilisiert ist:

(i) **Kovalente Bindung** – durch von den Bindungspartnern gemeinsam genutzten Elektronen im Sinne einer festen chemischen Verknüpfung (meist als Doppelschwefelbrücke über den Aminosäurerest Cystein CH_2-HS, wofür der Begriff Disulfidbrücke steht).

(ii) **Ionale Bindung** – durch ein Paar in Nachbarschaft geratende geladene Positionen (meist ein überschüssiges Proton oder Elektron).

(iii) **Polare Bindung** – durch ein Paar von Dipolpositionen (wie im Falle von Wasserstoffbrücken) bzw. – mit verstärkter Wirkung – durch eine Dipolposition und eine geladene Position.

(iv) **Hydrophobe Bindung** – durch ein Paar symmetrisch aufgebauter und damit elektrisch inaktiver Positionen (z. B. Kohlenwasserstoffketten).

(v) **Van der Waalssche Bindung** – durch ein Paar im Zeitmittel elektrisch inaktiver Positionen mit fluktuierendem Dipolcharakter (als einer von mehreren Mechanismen).

Die Gesamtstabilität einer Struktur gemäß Abb. 1.17 wird umso größer sein, je mehr bzw. je stärkere Bindungen beitragen. Sie ist we-

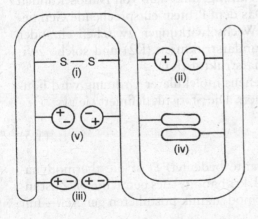

Abb. 1.17. Schematische Darstellung der Stabilisierung einer N-förmigen Proteinstruktur, wobei (i) die stärkste Bindung und (v) die schwächste Bindung repräsentiert (s. Text)

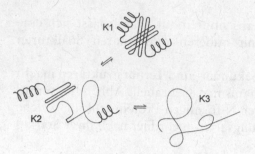

Abb. 1.18. Schematische Darstellung der schrittweisen Denaturierung einer Tertiärstruktur (Konformationsübergang K1 → K3), bzw. – auf umgekehrtem Wege – auch zur Herstellung molekularer Ordnung (K3 → K1) im Sinne der Faltung

sentlich bezüglich des Auftretens von so genannten **Denaturierungen**. Damit gemeint sind Fehler der dreidimensionalen atomaren Struktur – der globalen **Konformation** – im Sinne eines Ordnungsverlustes. Eine mögliche Ursache ist durch Überhitzung gegeben, d.h. bei Anstieg der thermischen Energie, eine andere bei Veränderung des => pH-Wertes des Mediums. Bei seinem Anstieg – d.h. bei sinkender Protonenkonzentration – kann z.B. die positive Position der ionalen Bindung (ii) verloren gehen, was eine Destabilisierung des rechten N-Teils bedeuten würde. Ein derartiger Defekt kann dazu führen, dass das Molekül seine spezifische Funktionsfähigkeit verliert – z.B. weil die => KLK-Passung zu möglichen Partnern verloren geht. Im erwähnten Fall aber kann mit Reversibilität gerechnet werden; d.h. eine Wiederherstellung des pH-Normalwertes führt zu einem **Reparaturprozess**.

Abb. 1.18 veranschaulicht den Mechanismus der Denaturierung am Beispiel eines Proteins, das zwei Helixsegmente und zwei => Faltblattsegmente umfasst (Konformation K1). Ein erster gezeigter Defektschritt führt zur Auflösung eines Faltblattes (K2), ein zweiter zur Destabilisierung der Helixsegmente (K3). Auch dieser Prozess ist bedingt reversibel. Sein umgekehrter Ablauf erklärt das schrittweise Zustandekommen der Ordnungsstruktur (hier also K1). Im lebenden System erfolgt sie im Sinne der **Faltung,** innerhalb von Nanosekunden nach der folgenden Sequenz: Das dem Protein entsprechende Gen liefert die Primärstruktur (K3), Wechselwirkungen zwischen einander nahen Positionen ergeben Sekundärstrukturen (K2) und solche zwischen ferneren die globale Tertiärstruktur (K1).

Die Problematik des Entstehens molekularer Ordnung wird häufig anhand der **Entropie** diskutiert. Die Statistik definiert sie als

$$S = k \cdot \ln P, \tag{1.5}$$

wobei k die Boltzmann-Konstante bedeutet. P ist die thermodynamische Wahrscheinlichkeit (engl. Probability) des betrachteten Zustandes. Die Grundgesetze der Thermodynamik postulieren generell – mit hier nicht zur Diskussion stehenden Bedingungen – eine Zunahme von S, und damit auch von P. Letzteres deckt den Vorgang der Denaturierung ab, da ja K3 gegenüber K1 *geringere* Ordnung aufweist und somit einen Zustand höherer Wahrscheinlichkeit repräsentiert.

Die **Zunahme der Ordnung** hingegen entspricht einer Abnahme von S, die sich nur mit Schwierigkeiten deuten lässt. Erwin Schrödinger argumentiert in seiner Schrift „Was ist Leben" damit, dass der Organismus von ihm produzierte Entropie mit Hilfe des Metabolismus laufend nach außen *abgibt*. Er nimmt Sauerstoff und (teils) durch niedriges S gekennzeichnete Nahrung auf, während er Kohlendioxid, Wärme und durch hohes S gekennzeichnete Exkrete abgibt. In der Summe ergibt sich damit erhöhte Entropie der Umgebung des Organismus. Dies würde bedeuten, dass die Gesamtheit beider Teilsysteme Organismus + Umgebung *keine* Abnahme von S zeigt, womit sich der Widerspruch zur Physik als ein nur scheinbarer erweist.

Im **Gedankenexperiment** können wir uns den Aufbau von Ordnung damit plausibel machen, dass die zunächst fadenförmige Molekülkette ihre Konformation (K3) im Sinne fluktuierender Brownscher Bewegung statistisch verändert. Durch zunächst zufällige Annäherung von potentiellen Partnerpositionen können sich damit sinnvolle Bindungen ergeben, die in schrittweiser Vermehrung letztlich zur „natürlichen", funktionsfähigen dreidimensionalen Molekülgestalt (K1) hinführen. Dies steht in Analogie zu Höherentwicklungen von Organismen im Zuge der Evolution u. a. auf der Basis von => Strahlenschädigungen.

2.4 Membranstrukturbildung

Aus Wechselwirkungen polarer bzw. hydrophober Natur ergeben sich im wässrigen Milieu zur Kugelform geschlossene Doppellipidschichten als Grundstruktur einer Zelle. Funktionelle Eigenschaften erhält die Zellmembran durch an- oder eingelagerte Makromoleküle, wobei zentral hydrophobe Proteine als spezifisch arbeitende Membranporen fungieren können.

Die oben beschriebenen Mechanismen molekularer Strukturbildung übernehmen auch die sehr wesentliche Aufgabe der Ausbildung von Membranen. Eine einfache Variante einer Membranstruktur wurde bereits im Zusammenhang der Ordnung K1 von Abb. 1.18 erwähnt. Es handelt sich um die in Abb. 1.19 im Detail dargestellte **Faltblattstruktur**. Sie besteht aus zueinander parallel vernetzten Proteinfäden, wobei die Stabilisierung analog zur Helixstruktur nach Abb. 1.15

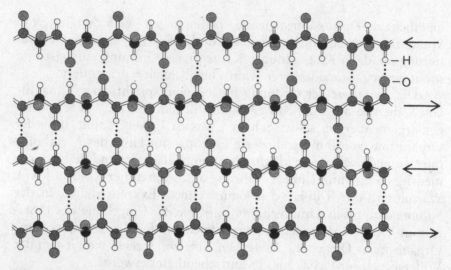

$-$ H
$-$ O

Abb. 1.19. Faltblattstruktur durch ebene Vernetzung von Proteinen, bzw. intramolekular durch aufeinander folgende Proteinabschnitte gemäß Abb. 1.18. Die Pfeile markieren die Richtung der Atomabfolge

durch Wasserstoffbrücken zwischen H- und O-Positionen gegeben ist. Die Passung ist durch die periodische Aufeinanderfolge von Aminosäurepositionen definierter Länge (0,35 nm) gegeben. Derartige membranähnliche Strukturen dienen als Bauelemente extrazellulärer Faserstoffe.

In Abb. 1.13 haben wir eine energetisch günstige Anordnung von Lipidmolekülen in Form einer wasserlosen Kugel kennen gelernt. Eine physikalisch ebenso überzeugende Anordnung ergibt sich im Sinne

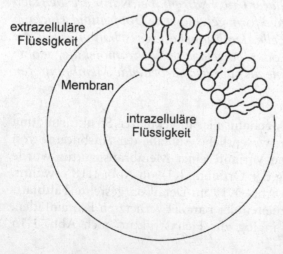

extrazelluläre Flüssigkeit

Membran

intrazelluläre Flüssigkeit

Abb. 1.20. Von Lipiden in Wasser ausgebildete Doppelschicht, woraus die Grundstruktur einer Zelle resultiert

der in Abb. 1.20 skizzierten, entsprechend größeren, wassergefüllten Kugel, die von einer membranartigen **Lipiddoppelschicht** umhüllt ist. Im Wesentlichen entspricht dies bereits der **Grundstruktur einer Zelle**, bei intralululärer Flüssigkeit im Kugelinneren und extrazellulärer Flüssigkeit im Außenraum.

Entsprechend einer Lipidlänge von etwa 3 nm resultiert eine Schichtdicke von ca. 6 nm. Die inneren, polaren Lipidköpfe kommunizieren hier über elektrostatische **Wechselwirkungen** mit den eingeschlossenen, ebenfalls polaren Wassermolekülen, aber auch untereinander. Die Streufelder der äußeren Köpfe werden durch die Moleküle des umgebenden Wassers abgesättigt. Die Schwanzenden sind in hydrophober Wechselwirkung konzentriert und somit störungsfrei.

Gegenüber der homogenen Lipiddoppelschicht sind **Zellmembranen** – also Membranen im engeren Sinn – durch **Ein- und Anlagerung von Proteinen** gekennzeichnet. Entsprechend Abb. 1.21 lassen sich dabei aus physikalischer Sicht **drei Tendenzen** unterscheiden:

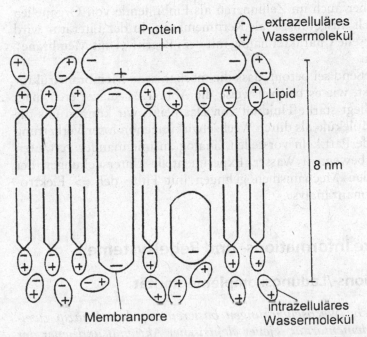

Abb. 1.21. Schematische Darstellung des molekularen Membranaufbaus als Querschnitt durch die Doppelschicht der Lipide. Mitberücksichtigt sind durch elektrische Wechselwirkung angebundene Proteine sowie extrazelluläre und intrazelluläre Wassermoleküle. Die Membran durchsetzende Proteine können die Rolle von spezifisch passierbaren „Membranporen" übernehmen

(i) **Global elektrisch aktive**, d.h. polare bzw. geladene Proteine
Sie werden an die Membranoberfläche angelagert und können damit sowohl mit Lipidköpfen als auch mit peripheren
Wassermolekülen wechselwirken. Die Membrangesamtdicke
erhöht sich mit ihnen auf etwa 8 bis 10 nm.

(ii) Im Wesentlichen nur **an einem Ende aktive**, d.h. hier polare
bzw. geladene Proteine – Sie werden bis zum Membranzentrum
eingelagert. Physikalisch gesehen ersetzen sie mehrere (dün-
nere) Lipidmoleküle.

(iii) **An beiden Enden aktive**, im zentralen Bereich aber inaktive
(lokal hydrophobe) Proteine – Sie durchdringen die gesamte
Membran und bilden die Grundlage für spezifisch arbeitende
=> **Membranporen**, wie sie z.T. bereits erwähnt wurden.

Insgesamt liegt eine Ordnungsstruktur vor, die das in Abschnitt 1.2.1
gesetzte Postulat minimaler Feldenergiedichte w in allen Details befriedigt.

Bemerkenswert ist, dass diese Membran-Grundstruktur innerhalb
eines Organismus an allen Zelltypen auftritt, als einhüllende Zellmembran, aber auch im Zellinneren als Einhüllende von Organellen
und – doppelt ausgeführt – als Kernmembran. In der Literatur wird
dieser universelle Charakter häufig mit dem Begriff „**Unit Membrane**"
umschrieben.

Abschließend sei betont, dass die mechanische **Membranstruktur**
nicht starr ist, wie es beispielsweise die Abb. 1.21 suggerieren mag.
Tatsächlich liegt starke **Fluidität** vor. Das heißt, wir können uns die
beteiligten Moleküle als durch Wechselwirkungen in loser Verkettung
schwimmende Partikeln vorstellen, analog zu miteinander vertäuten
Booten auf bewegtem Wasser. Experimentelle Untersuchungen der
entsprechenden Mechanismen gelingen mit Hilfe der => **Elektro-
nenspin-Resonanzanalyse**.

1.3   Molekulare Informations- und Regelsysteme

1.3.1   Konformations-/Ladungskomplementarität

*Hochspezifische Wechselwirkungen basieren auf dem Prinzip zwei-
facher Komplementarität – jener elektrischer Aktivität und jener der
räumlichen Atomanordnung, der so genannten Konformation.*

Im letzten Abschnitt wurde gezeigt, dass sich räumliche Strukturbildungen in wirkungsvoller Weise durch einfache Modelle der

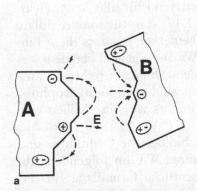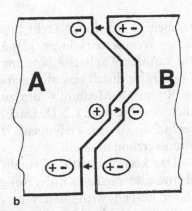

Abb. 1.22. Schematische Darstellung der Verkopplung zweier Molekülenden A und B durch KL-Komplementarität. (a) Nichtabgesättigte Streufelder freier Enden. (b) Verkoppelter Zustand reduzierten Energieinhalts

Elektrostatik erklären lassen. Als Ordnungsprinzip wurde dabei von Wechselwirkungen ausgegangen, die zwischen geometrisch geeignet gelagerten Molekülpositionen auftreten.

Dieses zunächst hinsichtlich globaler Strukturbildungen definierte Ordnungsprinzip lässt sich auch für quasi punktuelle **molekulare „Passungen"** formulieren. Letztere ergeben eine im biologischen System in vielen Varianten verwendete Grundkomponente molekularer Informationsverarbeitung. Die Biophysik formuliert hierzu den Begriff der Komplementarität. Im Rahmen dieses Buches sei der Begriff zum Zwecke der Konkretisierung zu „**Konformations/Ladungs-Komplementarität**" erweitert, im Folgenden KL-Komplementarität oder kurz KLK.

Abb. 1.22 veranschaulicht das Prinzip anhand von zwei schematisch dargestellten Molekülenden A und B. Im Status von Abb. 1.22b stehen die beiden Enden in stabiler Wechselwirkung, wozu **zwei Teilmechanismen** beitragen:

(i) **Konformations-Komplementarität** – Sie ist dadurch gegeben, dass das Molekül B eine im skizzierten Fall kerbenartige Konformation (= räumliche Atomanordnung) aufweist, für welche die eher spitze Anordnung von A geometrische Passung zeigt. Sie entspricht einer mechanischen Schloss/Schlüssel-Funktion.

(ii) **Ladungs-Komplementarität** – Das Molekülende A weist elektrisch geladene Endpositionen auf, die auf komplementäre Positionen von B treffen. Die entsprechende elektrostatische Kraftwirkung fördert die Ankopplung; und letztlich liegt eine Konfiguration vor, die durch eine starke Reduktion der Feldenergie ausgezeichnet ist.

Der **Begriff „Ladung"** steht hier stellvertretend für alle Arten elektrischer Wechselwirkungen gemäß Abb. 1.17, d.h. für ionale, polare und Van der Waalssche Bindungen. Zu bemerken ist, dass diese Bindungskräfte durch das allgegenwärtige Wasser – gegenüber dem leeren Raum als Medium – um zwei Größenordnungen reduziert ausfallen (s. Abschnitt 1.2.1). Darüber hinaus sind auch => hydrophobe Wechselwirkungen bedeutsam, für welche das wässrige Milieu eine Voraussetzung darstellt.

Das komplementäre Prinzip hat für biologische Ordnungs- und Informationsprozesse **universelle Bedeutung.** Wie im folgenden Abschnitt gezeigt wird, liefert es eine wesentliche Grundlage für das Immunsystem, das Hormonsystem und die spezifische Tätigkeit von Enzymen.

1.3.2   Systembeispiele

Musterbeispiele komplementären Zusammenwirkens sind spezifische Passungen zwischen Antikörpern und Antigenen, sowie zwischen Hormonen und den ihnen entsprechenden Rezeptoren. In vielfältiger Weise begünstigen Enzyme spezifische Veränderungen der ihnen zugeordneten Substrate.

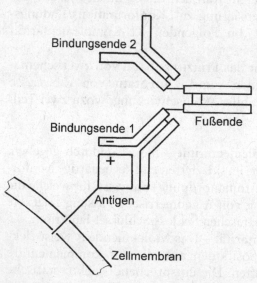

Abb. 1.23. Schematische Darstellung eines in der Zellmembran verankerten Antigens mit einem nach dem KLK- Prinzip angekoppelten Antikörper. Letzterer verfügt über zwei Bindungsenden und ein Fußende

Generell kann festgestellt werden, dass alle Varianten der biologischen Informationsverarbeitung auf der KL-Komplementarität basieren. Auch die neuronale Informationsverarbeitung bildet keine Ausnahme. Hier findet sich der Mechanismus bei der synaptischen Impulsübertragung, wozu auf Abschnitt 3.2.2 verwiesen sei.

Ein Musterbeispiel komplementärer Wechselwirkung ist bei der **Antikörper/Antigen-Kopplung** gegeben. Im Immunsystem dient sie zur Erkennung und Abwehr von für den betrachteten Organismus fremdem Material zellulärer oder molekularer Art. Als konkretes Beispiel können wir von einem in den Organismus eingedrungenen Bakterium ausgehen. Gemäß Abb. 1.3 finden sich an der Hüllfläche einer Zelle in der Membran verankerte Verbindungsproteine, nach Abb. 1.21 auch die Membran durchsetzende Porenproteine. In analoger Form finden sich aber auch so genannte **Antigene** (entspr. Antikörper generierend). Dabei handelt es sich um einen in der Membran verankerten Protein-Komplex mit spezifischer Endstruktur (Abb. 1.23).

Im lebenden System fungieren Antigene im Rahmen des **Immunsystems** als potentielle Ankoppelstellen für entsprechende **Antikörper**. Dies sind Proteinkomplexe, die gemäß Abb. 1.23 aus sechs über kovalente Bindungen verknüpften Einzelketten bestehen. Im Sinne symmetrischen Gesamtaufbaus weist das Molekül zwei spezifische, nach dem Komplementaritäts-Prinzip nutzbare Bindungsenden auf. Über sie kann der Antikörper zur Neutralisierung der schädigenden Antigenwirkung führen. Als weiterer Mechanismus können die Fußenden von Antikörpern, welche die Fremdzelle bedecken, zur Ankoppelstelle von speziellen immunologischen Abwehrzellen (weiße Blutzellen, Fresszellen) werden, welche die Fremdzelle vernichten.

Ergänzend sei erwähnt, dass Antikörper routinemäßig im Rahmen **biophysikalischer Analysemethoden** Verwendung finden, um molekulare oder zelluläre Strukturen spezifisch zu markieren. Der Antikörper kann (über weitere komplementäre Kopplung) u.a. mit fluoreszierenden Partikeln verknüpft werden, womit ein optischer Nachweis möglich ist. Eine Verknüpfung mit => superparamagnetischen Partikeln erlaubt magnetische Manipulationen und Abtrennungen von bestimmten Zell- oder Molekültypen aus Gemischen mittels magnetischer => Filter (s. Abschnitt 4.2.2).

Ein besonders beeindruckendes System molekularer Informationsverarbeitung ist durch das **Hormonsystem** gegeben. Hormone sind chemisch unterschiedlich aufgebaute Makromoleküle. Sie werden vor allem von spezifischen Geweben (z.B. der Magenschleimhaut) oder **Drüsen** ausgeschüttet. Letztere sind hierarchisch organisiert und umfassen gemäß der in Abb. 1.24 gezeigten Systemübersicht die folgenden Drüsenarten:

- D1 als Zentraldrüse (Hypothalamus) mit Ausschüttung der Hormone $H_{1,1}$, $H_{1,2}$, etc.
- D2 als Hauptdrüse (Hirnanhangdrüse) mit Ausschüttung der Hormone $H_{2,1}$, $H_{2,2}$, etc.
- D3, D4 etc. als Zieldrüsen (Schilddrüse, Nebenniere, etc.).

Die Drüsenaktivierung erfolgt periodisch, wobei die Steuerung teilweise über das Nervensystem passiert. Die Periodendauer, die selbst Informationsträger ist, kann zwischen Millisekunden (bei => Neurotransmittern) und 24 Stunden (zur Regelung des Tagesrhythmus) schwanken. Die ausgeschütteten **Hormone** werden u. a. über das Blutgefäßsystem verteilt. Eine Wechselwirkung mit anderen Stoffen erfolgt dabei über eine spezifische Molekülposition nur mit so genannten **Rezeptoren**, die zu ihr KL-Komplementarität aufweisen und erregend oder hemmend wirken können. Obwohl der Blutstrom keinen geordneten Hormontransport erbringt, sind somit gezielte Wechselwirkungen mit über den gesamten Organismus verteilten Zielobjekten möglich.

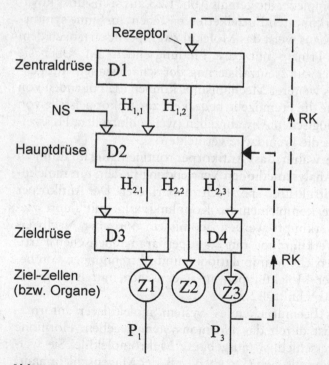

Abb. 1.24. Funktionsschema des Hormonsystems. D Hormondrüsen, H Hormone, P Produkte von Zielzellen Z, NS Eingang vom Nervensystem, RK Rückkopplung. Alle Rezeptoren arbeiten unter Nutzung der KL-Komplementarität. Ein hemmender ist durch ein schwarz gefülltes Dreieck angedeutet

Mögliche **Zielobjekte** einer Drüse sind zunächst einmal andere Drüsen (z. B. D2 als Ziel von D1). Eigentliches Endziel aber sind Zellen (bzw. Organe) des Körpers, wobei die **gesteuerte Größe** meist als **Aktivität** definiert werden kann. Dazu seien zwei Beispiele angeführt:

(a) Der Rezeptor liegt auf der Zell*oberfläche* (s. Zelle Z1). Das komplementär ankoppelnde Hormon verändert – z. B. über elektrostatische Wechselwirkung – die Konformation eines eng benachbarten Membranporenproteins. Somit wird die Aktivität einer entsprechenden Stoffwechselfunktion geregelt. Als konkretes Beispiel sei auf die => synaptische Porensteuerung verwiesen.

(b) Der Rezeptor sitzt auf einem Molekül des Zell*inneren* (s. Z3). Das ankoppelnde Hormon löst eine enzymatische Reaktion aus. Über den Weg der => genetischen Informationsverarbeitung führt sie letztlich zur Regelung der Produktionsaktivität eines bestimmten Proteins. Ein Beispiel dazu ist der Mechanismus des => Langzeitgedächtnisses.

Im gesunden Organismus zeigt das System harmonische Ausgeglichenheit durch – in Abb. 1.24 strichliert skizzierte – **Rückkopplungen**. Die Konzentrationen geregelt erzeugter – aber auch anderer – molekularer Stoffe werden von den Drüsen laufend abgefragt (in der Skizze jene des Hormons $H_{2,3}$ und das Produktes P_3 der Zelle Z3). Dies geschieht, indem die über KLK erfolgenden Besetzungen entsprechender Rezeptoren (s. Drüsen D1 und D2) ausgewertet werden. Das komplexe Zusammenwirken von Drüsen und Zielen über Regelzweige macht es verständlich, dass das Versagen einer Komponente zum **Kippen des Gesamtsystems** im Sinne schwerwiegender Hormonerkrankungen führen kann. Die Verabreichung von **Medikamenten** kann ihrerseits durch Nutzung des KLK-Mechanismus in spezifischer Weise auf optimiert gewählte Zielobjekte ausgerichtet werden.

Als weiteres Beispiel zur Bedeutung der KLK-Passung sei auf die Funktion der **Enzyme** eingegangen. Es handelt sich um Proteine – z. T. als Komplex mit eingeschlossenem Schwermetallion (Abb. 1.25) –, welche die *Wahrscheinlichkeit* molekularer Reaktionen steuern. Abb. 1.26 veranschaulicht dies am Beispiel einer Konformationsänderung eines Biomoleküls als **Substrat** – so bezeichnet man die vom Enzym beeinflusste Struktur. Gehen wir nun davon aus, dass das Substrat sowohl die Konformation K1 als auch jene K2 in stabiler Weise einnehmen kann. Den beiden Zuständen wollen wir die Energieinhalte W_1 und W_2 zuschreiben, wobei auf eine nähere Definition von W verzichtet sei; die Chemie verwendet hier den Begriff der freien Energie.

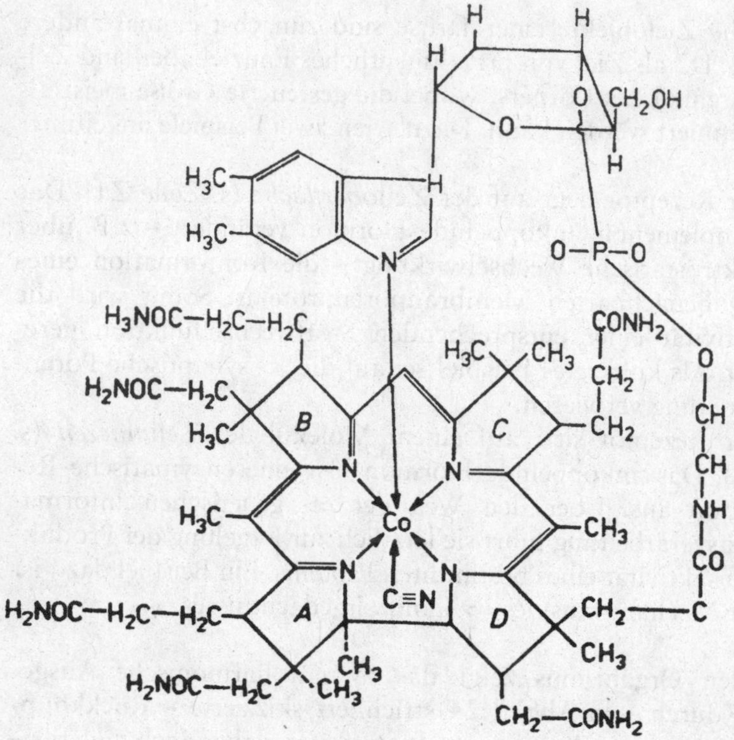

Abb. 1.25. Beispiel einer komplexen Enzymstruktur (dem Vitamin B12 verwandtes Coenzym B12) mit eingelagertem Schwermetallion Co^{2+} bzw. Co^{3+}

Ohne enzymatische Unterstützung können wir annehmen, dass ein **Konformationsübergang** von K1 zu K2 umso weniger wahrscheinlich ist, je höher das zu überwindende Maximum W_{max} des Energieinhalts ausfällt. Bei Unterstützung durch ein Enzym hingegen erfolgt eine i. Allg. drastische Herabsetzung von W_{max}. Somit steigt die **Wahrscheinlichkeit der molekularen Reaktion** sprunghaft – z.B. um den Faktor einer Million – an (entsprechend einer *logarithmischen* Energieachse in Abb. 1.26). Charakteristisch ist dabei, dass das Enzym die Rolle eines Katalysators spielt, seine eigene Struktur also nicht verändert.

Abb. 1.27a veranschaulicht eine mögliche **katalytische Rolle** in stark schematisierter Weise anhand eines so genannten **Schneideenzyms** (vgl. Gentransfer, bzw. DNA-Restriktionsenzyme), dessen Funktion aus physikalischer Sicht gut deutbar ist. Wir sehen als Substrat ein gestrecktes Molekül (K1), das zwei Ladungspositionen beinhaltet. Zusätzlich gezeigt ist ein über den KLK-Mechanismus angelagertes

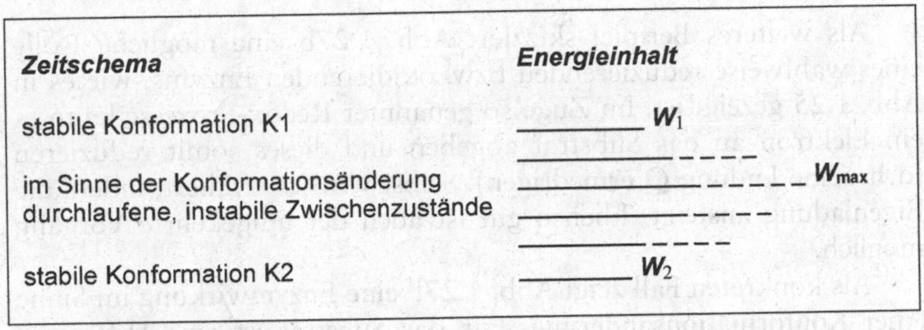

Zeitschema	Energieinhalt
stabile Konformation K1	_____ W_1
im Sinne der Konformationsänderung durchlaufene, instabile Zwischenzustände	_____ _____ _____ _____ W_{max} _____ ____
stabile Konformation K2	_____ W_2

Abb. 1.26. Veränderung des Energieinhalts eines Moleküls im Laufe einer Konformationsänderung bei enzymatischer Unterstützung (volle Balken) bzw. ohne Unterstützung (gebrochene Balken; s. Text)

Enzym. Nehmen wir an, dass die komplementären Ladungspositionen an ihm größeren Abstand haben, so wird dies über elektrostatische Kräfte eine Dehnung des Substrats zur Folge haben. Als enzymatische Reaktion steigert die Dehnung die Wahrscheinlichkeit einer Auftrennung der kovalent gebundenen Struktur in zwei Hälften (entspr. K2). Das Enzym verändert sich dabei nicht – abgesehen von reversiblen (quasi elastischen) Anpassungen seiner eigenen Konformation. In analoger Weise lässt sich auch die Funktion der **Verbindungsenzyme** (Ligasen) deuten: Zwischen den zu verknüpfenden Molekülen schaffen sie eine verbindende Brücke und initiieren die kovalente Verschweißung.

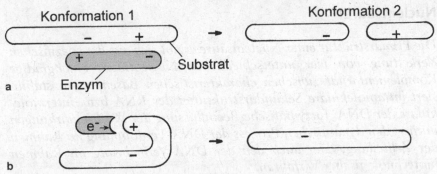

Abb. 1.27. Veranschaulichung der katalytischen Funktion von Enzymen. (a) Schneideenzym, welches zur Dehnung des Substrats führt und damit dessen Teilung wahrscheinlicher macht. (b) Reduzierendes Enzym, welches an das Substrat ein Elektron abgibt und die positiv geladene Position neutralisiert. Somit geht die Bindung gegenüber der negativen Position verloren und das Substrat geht von der gebogenen Konformation K1 in die gestreckte K2 über

Als weiteres Beispiel skizziert Abb. 1.27b eine mögliche Rolle eines wahlweise reduzierenden bzw. oxidierenden Enzyms, wie es in Abb. 1.25 gezeigt ist. Im Zuge so genannter **Redox-Prozesse** kann es ein Elektron an das Substrat abgeben und dieses somit reduzieren (d.h. seine Ladung Q erniedrigen). Selbst wird es oxidiert, indem die Eigenladung ansteigt. Ebenso gut ist auch der umgekehrte Vorgang möglich.

Als konkreten Fall zeigt Abb. 1.27b eine Enzymwirkung im Sinne einer **Konformationsänderung**. Für das Substrat ist eine U-förmige Konformation K1 angesetzt, welche durch zwei Ladungspositionen aufrecht erhalten wird. Nehmen wir nun eine Anlagerung des komplementären Enzyms an die positive Ladungsposition an. Eine mögliche Tätigkeit des Enzyms könnte darin bestehen, dass ein in ihm enthaltenes Co-Ion ein Elektron abgibt, wobei es vom zweifach geladenen Zustand Co^{2+} zum dreifach geladenen Co^{3+} übergeht (vgl. Anhang 4). Die Enzymkonformation ändert sich auch hier nicht. Das Substrat hingegen verliert die strukturgebende positive Position, womit als enzymatische Reaktion die U-Form (K1) in eine gestreckte (K2) übergeht.

Abschließend sei erwähnt, dass auch enzymatische Funktionen – analog zu Abb. 1.24 – durch **Rückkopplungen** geregelt werden. Beispielsweise kann eine hohe Konzentration der Reaktionsprodukte die Zurverfügungstellung des entsprechenden Enzyms drosseln oder auch beenden.

1.4   Genetische Informationsverarbeitung

1.4.1   Nucleinsäuren

Die Primärstruktur einer Nucleinsäure ergibt sich aus der spezifischen Verkettung von vier unterschiedlichen Nucleotiden. Hochgradige Komplementarität zwischen charakteristischen Basenpaaren stabilisiert intramolekulare Sekundärstrukturen der RNA bzw. intermolekulare der DNA. Enzymatische Beeinflussung der Wechselwirkungen initiiert den dynamischen Prozess der DNA-Verdopplung im Rahmen der Zellteilung, oder auch den der DNA-Vermehrung im Rahmen biotechnologischer Verfahren.

Die **primäre Bedeutung** der genetischen Informationsverarbeitung liegt darin, die in den Chromosomen des Zellkerns (lat. nucleus) abgelegte Erbinformation an den Sitz der Ribosomen zu führen und in die molekulare Struktur der Proteine umzusetzen. Dieser Prozess basiert auf zwei Formen der Nucleinsäuren:

- der Ribonucleinsäure (RNS), international abgekürzt als RNA (<u>a</u>cid engl. für Säure)
- der Desoxyribonucleinsäure (DNS), international abgekürzt DNA

Betrachten wir zunächst die in Abb. 1.28a skizzierte Primärstruktur eines **RNA-Moleküls**. In Analogie zur in Abb. 1.14b gezeigten Proteinstruktur aus Aminosäuren liegt eine kettenartige Aufeinanderfolge so genannter **Nucleotide** vor. Während das Rückgrat des Proteins durch drei aufeinander folgende Einzelatome ausgemacht wird (C-C-N), liegt hier eine aus zwei molekularen Komponenten aufgebaute, deutlich schwerere Kette vor. Sie beinhaltet eine Phosphorsäure, welche durch ein fehlendes Proton negativ geladen ist. Als zweite Komponente finden wir einen Zucker, die so genannte Ribose.

Während der Informationsgehalt eines Proteins durch den Aminosäurerest als charakteristisches Anhängsel gegeben ist, finden wir hier eine **Base**, wobei die Vielfalt – statt auf 20 – auf nur vier Typen beschränkt ist:

Adenin (A), Cytosin (C), Guanin (G), und Uracil (U).

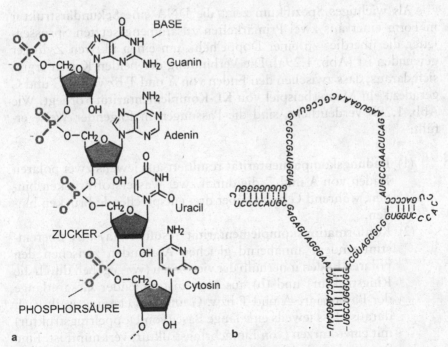

Abb. 1.28. Struktur der RNA. (a) Primärstruktur. (b) Sekundärstruktur am Beispiel einer Messenger-RNA (mRNA)

45

Wie wir weiter unten sehen werden codieren drei aufeinander folgende Basen für einen Aminosäurerest, womit die Information der RNA zunächst durch die Primärstruktur gegeben ist. Analog zum Fall der Proteine können elektrostatische Wechselwirkungen zwischen den Basen auch hier zu **Sekundärstrukturen** führen. Als Beispiel sehen wir in Abb. 1.28b die ringförmige Struktur einer noch zu behandelnden, so genannten mRNA eines Bakteriums. Die Konformation des 120 Positionen umfassenden Moleküls ist in drei Teilbereichen durch polare Bindungen zwischen komplementären Basenenden stabilisiert, womit formal gesehen Faltungen vorliegen.

Bevor wir auf die Funktionen der RNA eingehen, sei der Aufbau von **DNA-Molekülen** beschrieben. Abgesehen davon, dass im Sinne der Desoxyribose ein anderer Zucker vorliegt, unterscheidet sich die **Primärstruktur** von jener der RNA dadurch, dass an die Stelle von Uracil (U) das ähnlich aufgebaute

Thymin (T)

tritt. Die Primärstruktur entspricht damit im Wesentlichen jener der RNA, wobei die Anzahl der Positionen hier allerdings mehrere Millionen betragen kann.

Als wichtiges Spezifikum zeigt die DNA eine **Sekundärstruktur** in Form einer aus zwei Primärketten zusammengesetzten Sprossenleiter, die überdies zu einer Doppelhelix um einen fiktiven Zylinder gewunden ist (Abb. 1.29a). Die Verbindung der beiden Ketten ergibt sich daraus, dass zwischen den Enden von A und T bzw. von G und C geradezu ein Musterbeispiel von **KL-Komplementarität** vorliegt. Wie Abb. 1.29b verdeutlicht, sind die Passungen in folgender Weise erfüllt:

(1) **Ladungskomplementarität** resultiert aus jeweils zwei polaren Enden von A und T, die durch zwei Wasserstoffbrücken binden, während G und C über drei entsprechende Brücken binden.

(2) **Konformationskomplementarität** resultiert (a) aus übereinstimmenden, annähernd gleichen Abständen zwischen den polaren Enden innerhalb der vier Basen (vorgegeben durch die Ringstruktur) und (b) aus übereinstimmender Gesamtlänge der Basenpaare A und T bzw. G und C. Letzteres ergibt sich daraus, dass jeweils eine lange Base (von Doppelringstruktur) mit einer kurzen (von Einfachringstruktur) verknüpft ist. Eine Sprosse besteht also aus einer langen und einer kurzen Komponente (vgl. Abb. 1.29a).

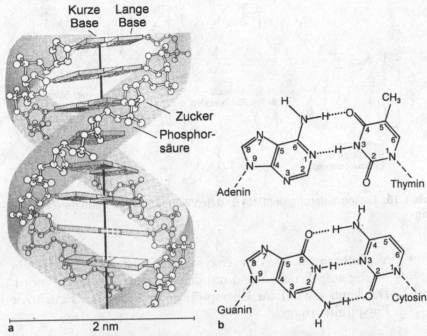

Abb. 1.29. Struktur der DNA. (a) Doppelhelixstruktur in Form einer um einen Zylinder gewundenen Sprossenleiter. (b) KL-Komplementarität zwischen einer langen und einer kurzen Komponente einer Sprosse

Während die einfache Helix von Proteinen durch intramolekulare polare Bindungen zustande kommt, liegt hier ein anderer Mechanismus vor – die negativen Ladungen der Phosphorpositionen würden ja im Sinne von Abstoßungen eine *Streckung* begünstigen. Tatsächlich ist die Doppelhelixstruktur ein **mechanisches Phänomen**. Es wird auf zwei Mechanismen zurückgeführt:

- Die Fragmente eines Nucleotids liegen nicht exakt in einer Ebene sondern sind dreidimensionaler Natur. Eine ebene Ablegung der Sprossenleiter wäre also mit mechanischen Spannungen (Zug kompensiert durch Druck im Sinne einer Torsion) verbunden. Die helikale Struktur entspricht dem gegenüber einem weitgehend entspannten Zustand,[8] der durch etwa zehn Positionen pro Windung gekennzeichnet ist.

---

8 Als Analogie denke man an ein durch Feuchtigkeit verformtes Holzbrett, dessen mechanische Verspannung bei Ebenlegung *ansteigt*.

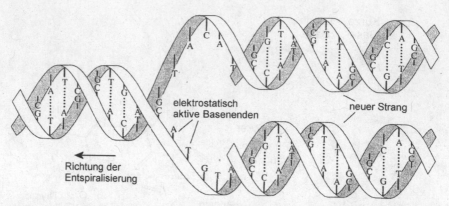

Abb. 1.30. Entspiralisierung der DNA und Replikenbildung im Zuge der Zellteilung

• Verflechtungen werden enzymatisch gesteuert, indem ein Strang aufgebrochen und um den zweiten „gewickelt" wird. Das kann sowohl zur Überspiralisierung führen als auch zur Entspiralisierung.

Mit der beschriebenen Struktur ist die in einem DNA-Strang enthaltene Information in vollem Umfang auch im zweiten Strang – quasi als Backup – enthalten, wenngleich in komplementärer Form. Dies ist eine Voraussetzung für die **DNA-Verdopplung** im Zuge der Zellteilung. Dabei werden enzymatisch eine Entspiralisierung und ein Aufbrechen der polaren Bindungen eingeleitet (Abb. 1.30). Die elektrostatische Absättigung der Basenenden geht damit verloren. In der Folge kommt es zum „Einfang" von Nucleotiden komplementären Basentyps aus dem Milieu und letztlich zur enzymatisch besorgten Verheilung des Rückgrats. Jeder Teilstrang dient somit als Matrize für eine **Replike**, welche ihn zu einer vollständigen DNA ergänzt. Obwohl es sich um einen sehr dynamischen Vorgang mit Abarbeitung von tausend Positionen pro Sekunde handelt sind Fehlbesetzungen selten. So sie auftreten, können sie zu Mutationen führen, die bei weiteren Verdopplungen erhalten bleiben.

Weitgehend analog zum eben geschilderten Mechanismus funktionieren auch technologische **Verfahren der DNA-Vermehrung**, wie sie im Rahmen analytischer Methoden benötigt werden (s. Kapitel 2). Dabei werden die polaren Bindungen der Ausgangs-DNA durch Erhitzen auf annähernd 100 °C aufgebrochen, was einsträngige Matrizen ergibt. Die Grenzen des interessierenden genetischen Abschnitts werden bei reduzierter Temperatur durch komplementäre Startfragmente markiert. Dabei handelt es sich um nur etwa ein Dutzend Positionen umfassende, synthetisch erzeugte, komplementäre Einzelstränge. Schließlich werden in das Reagenzglas Nucleotide eingebracht, welche die Vervollkommnung des neuen Stranges – als Replike – besorgen. Unterstützt durch spezifische Bindeenzyme geschieht dies innerhalb von wenigen Minuten. Die Verfahrensschritte werden zyklisch wiederholt, bis das gewünschte Ausmaß der Vermehrung erreicht ist. Besondere Bedeutung (vgl. z. B. Abschnitt 2.2.2) hat ein als DNA-Polymerase bezeichnetes Enzym erlangt, welches im Rahmen vieler Varianten der so genannten PCR-Methode (Polymerase Chain Reaction) Verwendung findet.

1.2 Genetischer Code

Ein Triplett von Nucleotiden codiert für eine Proteinposition, womit starke Redundanz gegeben ist. Die Expression eines Gens beginnt mit der Transkription in mRNA. Sie besorgt an Ribosomen des Cytoplasmas durch Wechselwirkung mit tRNA-Komplexen die Synthese des Proteins. Die Funktionsschritte erfolgen nach Bedarf – gesteuert durch Botenstoffe, wie Enzyme und Hormone.

Wie schon erwähnt codieren die Nucleotide einer RNA für die Aminosäuren des entsprechenden Proteins. Den zwanzig Resttypen stehen dabei allerdings nur vier verschiedene Basentypen gegenüber – d. h. die RNA verfügt über vergleichsweise geringe Informationsdichte, insbesondere wenn wir auch das hohe Molekulargewicht eines Nucleotids in Rechnung stellen. Zur eindeutigen Codierung einer Aminosäure reicht also ein einziges Nucleotid keineswegs aus. Auch zwei Positionen sind nicht hinreichend, da sie auf $4^2 = 16$ Kombinationsmöglichkeiten beschränkt sind. Dem entsprechend hat sich im Laufe der Evolution ein auf drei Positionen basierendes, so genanntes **Triplettsystem** ausgebildet. Mit $4^3 = 64$ Kombinationen – gegenüber 20 tatsächlich benötigten – ist es durch hochgradige Redundanz ausgezeichnet.

Tabelle 1.2 zeigt den genetischen **Code** gemäß der Zuordnung von drei aufeinander folgenden Nucleotiden N1, N2 und N3 auf die entsprechende, durch drei Buchstaben abgekürzte Aminosäure. Als konkretes Beispiel ergibt sich für N1 = A, N2 = U und N3 = G die Aminosäure Met (Methionin). In diesem Fall – und auch für UGG entsprechend Trp (Tryptophan) – ist für die **Expression** (= Realisierung) die richtige Besetzung aller drei Positionen Voraussetzung. In allen anderen Fällen hingegen zeigt sich Redundanz. Vor allem N3 ist in

Tabelle 1.2. Genetischer Code. Zuordnung der Nucleotide N1, N2 und N3 zum entsprechenden Typ der Aminosäure. S steht für Start/Stopp

N1 ⇓	N2				N3 ⇓
	U	C	A	G	
U	Phe	Ser	Tyr	Cys	U
	"	"	"	"	C
	Leu	"	S	S	A
	"	"	S	Trp	G
C	"	Pro	His	Arg	U
	"	"	"	"	C
	"	"	Gin	"	A
	"	"	"	"	G
A	Ile	Thr	Asn	Ser	U
	"	"	"	"	C
	Met	"	Lys	Arg	A
	Met	"	"	"	G
G	Val	Ala	Asp	Gly	U
	"	"	"	"	C
	"	"	Glu	"	A
	"	"	"	"	G

vielen Fällen ohne Bedeutung. Wie wir noch sehen werden, führt dies zu reduzierter Wahrscheinlichkeit von Mutationen. Einzelne Tripletts codieren im Übrigen auch als Start- bzw. Stoppzeichen.

Wollen wir die Expression nun näher behandeln – vom Gen bis hin zur Synthese des entsprechenden Proteins. Abb. 1.31 illustriert dies am Beispiel der sechs DNA-Positionen CGAACT (T für U; s. oben), die den Aminosäuren Arg (Arginin) und Thr (Threonin) entsprechen. Generell ist die genetische Information in den **Chromosomen** (bei menschlichen Körperzellen 46) abgelegt, welche die DNA in einer Proteinmatrix kompakt verpackt enthalten. Unsere sechs Positionen entsprechen formal einem Gen, d.h. einem begrenzten DNA-Abschnitt, der für das Protein (bzw. hier das Peptid) codiert. Die Expression erfolgt in mehreren Funktionsschritten, welche im Sinne von Bindungstrennungen/herstellungen **enzymatisch gesteuert** ablaufen, worauf im Weiteren aber nicht näher eingegangen wird.

Im Wesentlichen ergeben sich die folgenden **sieben Funktionsschritte:**

(1) Der das **Gen** enthaltende DNA-Abschnitt wird unter Nutzung der schon erwähnten Wickelung freigelegt (Abb. 1.31b).

(2) Der zur Ablesung bestimmte, so genannt nicht-codogene Matrizenstrang wird durch lokale Schwächung der elektrostatischen Basenbindungen „ausgeklappt", womit die polaren Basenenden im Medium des Zellkerns ein elektrisches Streufeld aufbauen.

(3) Analog zum Mechanismus der DNA-Verdoppelung werden im Milieu konzentrierte Nucleotide über KL-Komplementarität an den Matrizenstrang angelagert.

(4) Die Nucleotide werden chemisch (kovalent) verbunden, womit im Sinne der so genannten **Transkription** eine – schon erwähnte – **mRNA** (Messenger-RNA) entsteht (Abb. 1.31c).

(5) Die DNA schließt sich nach Absetzen der mRNA. Letztere wechselt im Sinne einer „Message"-Überbringung vom Zellkern in das Cytoplasma.

(6) Die mRNA bindet an ein Ribosom, ein ca. 10 nm großer RNA/Protein-Komplex, dessen Funktion in Abb. 1.32 skizziert ist. Hier verläuft die **Synthese des Proteins**, indem einzelne Aminosäuren in Kette geschaltet werden (Abb. 1.31d).

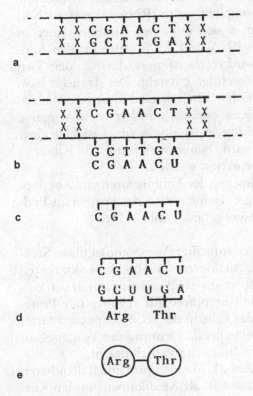

Abb. 1.31. Genetische Informationsverarbeitung anhand von nur zwei Protein- bzw. Peptidpositionen. (a) DNA-Abschnitt. (b) Anlagerung von komplementären Basen an den Matrizenstrang. (c) Entstehende Messenger-RNA (mRNA). (d) Proteinsynthese durch Anlagerung komplementärer Transfer-RNAs (tRNAs), die mit entsprechenden Aminosäuren verknüpft sind. (e) Resultierende Proteinpositionen. (Vgl. Funktionsschritte 1–7 im Text.)

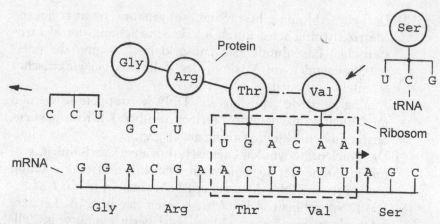

Abb. 1.32. Proteinsysthese durch ein Ribosom (als strichlierter Rahmen ange-deutet), das der mRNA entlang wandert (im Bild nach rechts). Entsprechend der durch die mRNA vorgegebenen Vorlage reiht es tRNA/Aminosäure-Komplexe aneinander und verknüpft die Aminosäuren zu einer Proteinkette

Sehr vereinfacht dargestellt geschieht dies dadurch, dass die mRNA für jedes Triplett über elektrostatische Anziehung aus dem Milieu eine komplementäre **tRNA** (Transfer-RNA) anlagert. Dabei handelt es sich um einen Komplex einer an drei Positionen aktiven RNA und der entsprechenden Aminosäure. Die Letztere wird so transferiert, dass die dem Gen entsprechende Aminosäurefolge entsteht. Der Transfer bzw. die gesamte Synthese werden durch das Ribosom koordiniert, das der mRNA schrittweise entlang wandert –, ein Vorgang, der in der Literatur häufig in Analogie zur Tätigkeit einer Nähmaschine gesehen wird. Funktionell kann das Ribosom als Enzymkomplex interpretiert werden.

(7) Nach kovalenter Verknüpfung der Aminosäuren und Abkopp-lung von den tRNAs ergibt sich letztlich das **Protein als End-produkt** des Expressionsvorganges (Abb. 1.31e)

Abb. 1.33 illustriert in stark vereinfachter Weise molekulare **Steu-erungsvarianten der Expression.** Analog zur in Abb. 1.24 skizzierten Informationsverarbeitung des Hormonsystems finden sich in den ent-sprechenden Bereichen der Zelle **Rezeptoren für regulierende Prote-ine.** An allen Teilfunktionen ist das Prinzip der KL-Komplementarität wesentlich beteiligt, was eine weitgehende Deutung der Vorgänge al-leine durch elektrostatische Betrachtungen möglich macht.

Als **konkretes Beispiel** zeigt Abb. 1.33 einen prinzipiell denkbaren **Wirkungsweg eines Hormons,** das z.B. als Medikament in den Kör-

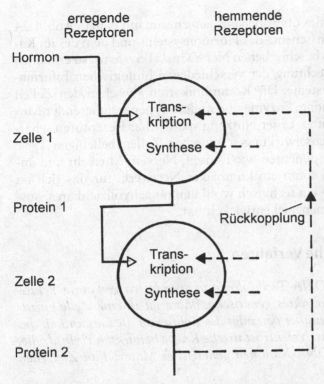

Abb. 1.33. Funktionsschema zur Steuerung der genetischen Expression. Als konkretes Beispiel ist die denkbare Auswirkung eines Hormons auf das Zusammenspiel zweier Zellscharen angedeutet. Hemmende Rezeptoren sind schwarz gefüllt dargestellt

per aufgenommen wird, über zwei Zellen hinweg. (Anm.: Der Begriff „Zelle" steht hier jeweils für eine große *Schar* von Zellen, wobei die Steuerungswege auch intrazellulär gelten.) Bei entsprechender Passung zu einem erregenden Rezeptor kann das Hormon – über einen hier nicht diskutierbaren, komplexen Mechanismus – an einer Zelle 1 die **Transkription** eines bestimmten Gens einleiten. In der Folge kommt es gemäß dem genetischen Code zur **Synthese** eines Proteins 1. Letzteres kann über denselben Wirkungsmechanismus an einer Zielzelle 2 die Synthese eines Proteins 2 (z.B. eines Enzyms) stimulieren. Bei ausreichender Konzentration desselben sind auch hier **Rückkopplungen** möglich. Das heißt, dass das Enzym an einem passenden Rezeptor der „Eingangszelle" 1 hemmend wirksam wird und die Transkription stoppt. Über hemmend wirksame Rezeptoren ist aber auch ein Abbruch der Synthesemechanismen möglich. So ergeben sich Interpretationen zur Wirkung von Antibiotika.

Betrachten wir das obige Beispiel gemeinsam mit dem in Abb. 1.24 skizzierten Funktionsschema des Hormonsystems und dem des im Kapitel 3 dieses Textes beschriebenen Nerv/Muskel-Systems, so erkennen wir eine enge **Verflechtung der verschiedenen biologischen Informations- bzw. Regelsysteme**. Die Kommunikation zwischen den Zellen erfolgt durch Hormone, Enzyme und andere Typen regulierender Moleküle bzw. Transmitter. Unter Nutzung spezifischer Rezeptoren schaffen sie gezielte Wechselwirkungen zwischen Zellen beliebigen Typs. Physiologische Komponenten wie Drüsen, Nerven, Muskeln und andere Organe bilden somit ein komplexes Netzwerk, für das sich im Laufe der Evolution ein technisch wohl kaum nachvollziehbares, ausgeglichenes Zusammenspiel entwickelt hat.

1.4.3 Gentechnologische Verfahren

Die rekombinante DNA-Technologie verwendet so genannte Vektoren, um stark beschränktes genetisches Material in eine Zelle einzuschleusen. Dem gegenüber vereinigt die Zellfusion die Gesamtheit des Materials in einer durch elektrostatische Kräfte bewirkten Hybridzelle. Letztlich verteilen DNA-Kanonen genetisches Material an Zielzellen in statistischer Weise.

Die Gentechnologie konzentriert sich darauf, genetische Funktionsabläufe in gezielter Weise zu beeinflussen und das veränderte Verhalten in praktischer Weise zu nutzen. Im Weiteren sollen zur Erläuterung der Grundgedanken üblicher Verfahren **zwei Beispiele** erläutert werden:

(i) die gezielte Einbringung eines Fremdgens in eine Zelle im Sinne des Klonierens (= rekombinante DNA-Technologie), und

(ii) die Vereinigung des genetischen Materials zweier Zellen in einer Hybridzelle durch Anwendung der Zellfusion.

Als Ausgangspunkt der Diskussion wollen wir das elektronenmikroskopische Bild in Abb. 1.34 betrachten. Es zeigt ein => Bakterium des Typs E.coli, dessen Membran bzw. Wandung durch **Permeabilisierung** für makromolekulare Strukturen durchlässig gemacht wurde. So kommt es zum Austritt von DNA-Strängen, deren große Längen ein Wiedereinbringen in die Zelle a priori undenkbar machen. Das Bild lässt aber auch kurze, in sich geschlossene Stränge erkennen. Diese so genannten **Plasmide** können aufgrund ihrer geringen Größe

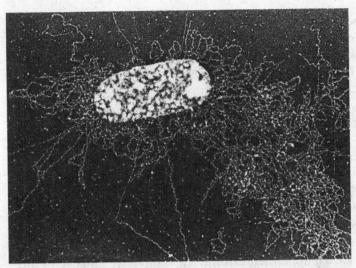

Abb. 1.34. E. coli Bakterium mit ausgetretenen DNA-Strängen einschließlich in sich geschlossener Plasmide (siehe z.B. unteren Rand, Mitte)

u.U. auch im lebenden System von Zelle zu Zelle wechseln und damit deren Erbgut verändern. Sie können somit aber auch im Labor in Organismen eingeschleust werden, was technologisch genutzt wird. Die Membranen werden dazu enzymatisch permeabilisiert; ihre hohe molekulare Dichte kann durch elektrische Felder gestört und somit reduziert werden. Aber auch Mikroinjektionsverfahren sind anwendbar, wobei Pipetten von etwa 100 nm Durchmesser zum Einsatz kommen.

Zum Einschleusen (Transfer) eines Fremdgens lässt sich die in Abb. 1.35 skizzierte Rekombinationstechnik verwenden, wobei folgende **Verfahrensschritte** anfallen:

(1) In wässriger Lösung wird die DNA, welche das interessierende Gen enthält, durch ein => Schneideenzym in Fragmente geteilt (Abb. 1.35a). Dazu wird ein Enzym gewählt, das die beiden Rückgrate z.B. in um vier Positionen versetzter Weise an Positionen AATT bzw. TTAA auftrennt. Im Falle des skizzierten Beispiels ergibt dies die drei Fragmente F, G – mit dem eingeschlossenen Gen – und H. Die Enden weisen vier elektrisch nicht abgesättigte, polare Positionsgruppen auf und sind somit elektrisch aktiv.

(2) In gleicher Vorgangsweise werden als so genannte **Vektoren** (= DNA-Trägermoleküle) Plasmide aufgetrennt, womit sich ein DNA-Strang P ergibt, dessen Enden ebenfalls aktiv sind (Abb. 1.35b).

55

(3) Die beiden Lösungen werden miteinander vermischt, womit **Rekombinationen** der Fragmente auftreten. Als Resultat ergeben sich statistisch verteilt alle möglichen Verknüpfungen von F, G, H und P. Unter anderem ergibt sich auch die Kombination G+P in Form eines geschlossenen Ringes, welcher ein um G erweitertes Plasmid repräsentiert (Abb. 1.35c).

(4) Unter Permeabilisierung der Zellmembranen werden kleine DNA-Strukturen in die Zellen eingeschleust, womit u. a. auch G+P in das Innere gelangen und somit das Erbgut durch das Gen in gezielter Weise erweitern.

(5) Die Zellen werden durch Angebot optimaler Lebensbedingungen zum Stoffwechsel und zur Teilung angeregt und somit zur Expression des interessierenden Fremdgens.

(6) Durch selektive Verfahren werden das Fremdgen nicht enthaltende Zellen abgetötet, erfolgreich veränderte hingegen kultiviert. Letztere lassen sich schließlich zur gezielten Produktion des dem Gen entsprechenden Proteins verwenden.

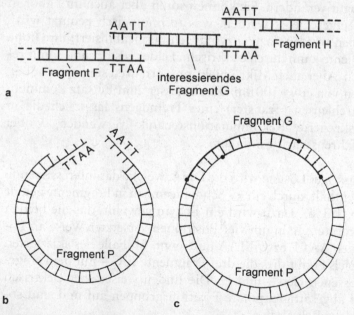

Abb. 1.35. Mögliche Verfahrensschritte zum Einschleusen eines Fremdgens in eine Zelle. (a) Spezifisch geschnittene Fremd-DNA mit dem interessierenden Fremdgen im Fragment G. (b) Spezifisch geschnittenes Vektorplasmid als Fragment P. (c) Aus P und G bestehende Plasmidchimäre

Als Vektoren eignen sich neben Plasmiden auch bestimmte Typen von **Viren**. Sie erbringen den Vorteil, in Zellen leichter einzudringen. Viren sind morphologisch sehr vielfältige DNA- oder RNA-Strukturen mit unterschiedlich ausfallenden Anteilen von Proteinen bzw. Lipiden. Als wesentliche Eigenschaft ist die Vervielfältigung auf Steuerungsenzyme einer Wirtszelle angewiesen. Ein vielfach verwendeter Vektor ist das so genannte Lambda-Virus. Die doppelsträngige λ-DNA kann zum gezielten Einbau eines Fremdgens speziell aufbereitet werden. In jüngster Zeit wird der Einsatz vironaler Vektoren auch im Rahmen der medizinischen Gentherapie geprüft, indem vorteilhafte Gene in Stammzellen eingeschleust werden.

Statt der gezielten Versorgung einer definierten Zelle verteilen so genannte **DNA-Kanonen** genetisches Material an Zellen von Geweben quasi nach dem Zufallsverfahren. Plasmid-DNA wird als Coating auf etwa 500 nm große Goldpartikeln aufgebracht, welche durch Gasdruck in weitgehend beliebig wählbare tierische oder pflanzliche Gewebe eingeschossen werden.

Bezüglich der schon erwähnten **Zellfusion** hat eine elektrische Variante große Bedeutung erfahren. Im Falle, dass Verknüpfungen von zwei Zelltypen A und B gefordert sind, können die folgenden Verfahrensschritte zur Anwendung kommen (Abb. 1.36):

(1) In wässrigem Medium wird eine Suspension bereitet, die A und B gleichermaßen umfasst. Das Medium wird dabei so eingestellt, dass akzeptable Lebensbedingungen gewahrt sind, andererseits aber die elektrische => Leitfähigkeit unter jener der intrazellulären Flüssigkeit zu liegen kommt.

(2) Die Suspension wird über zwei Elektroden mit einem hochfrequenten elektrischen **Wechselfeld** der ungestörten Fremdfeldstärke E_f beaufschlagt. Die Frequenz wird dabei so hoch gewählt, dass die hochohmigen Zellmembranen durch Verschiebungsströme[9] überbrückt werden, d.h. in der Größenordnung der => β-Dispersion (> 100 kHz). Damit kommt es zur Polarisation der Zellen im Sinne der Influenz, der in Abb. 1.36a angedeuteten intrazellulären Ladungstrennung. Es resultieren elektrostatische Anziehungskräfte F zwischen

[9] Die Elektrophysik unterscheidet zwischen Leitungsströmen und Verschiebungsströmen. Die Ersteren werden durch die Wanderungen von Elektronen oder aber Ionen – im biologischen Fall nur durch sie – getragen. Dynamische Stromflüsse können aber auch eine dünne Isolationsschicht passieren. Vermittelt wird dies durch so genannte Verschiebungsströme, indem Ladungsträger unterschiedlicher Polarität an die Grenzflächen „verschoben" werden.

den Zellen, was zu ihrer Bewegung im Sinne von Dielektrophorese[10] führt. In der Folge treten in Richtung E_f ausgerichtete Zellketten auf (Abb. 1.36b), eine Konfiguration, die auch energetisch günstig ist, da sie durch Stromwege minimaler Impedanz gekennzeichnet ist.

(3) Für das Weitere wird genutzt, dass die Membrankontaktstellen zwischen den einzelnen Zellen einen Flaschenhals des Stromflusses darstellen und somit Regionen maximaler Stromdichte. Dies bedeutet, dass die molekulare Ordnung der Zellmembranen durch Kraftwirkungen auf geladene bzw. polare Bestandteile der Zellmembran (Lipidköpfe, einzelne Proteinpositionen) gestört wird. Als wesentlichster Verfahrensschritt wird nun ein **Gleichfeldimpuls** eingeprägt, der lokal zur vollständigen Zerstörung der Ordnung führt, und damit zu durchgehenden Kanälen zwischen in Kontakt stehenden Zellen.

(4) Die mit Abb. 1.21 veranschaulichten Ordnungsfunktionen führen zu einem „Verwachsen" der kurzzeitig freien Membranränder benachbarter Zellen und somit zu derer **Fusion** (Abb. 1.36c).

(5) Innerhalb einer Minute bildet sich im Sinne der Ausheilung eine **Hybridzelle** A+B aus. Sie zeigt eine den Ausgangszellen entsprechende Gestalt (Abb. 1.36d), weist aber das Gesamtvolumen beider Zellen auf und letztlich auch die Summe des genetischen Materials. Eine Vereinigung der beiden Zellkerne kann dabei im Zuge anschließender Zellteilungen erreicht werden. Stabilität bezüglich der Expression vereinigter Gene ist a priori aber nicht garantiert.

---

[10] Die Dielektrophorese kann als Sonderform der in Abschnitt 2.2 beschriebenen Elektrophorese gesehen werden. Bei der Letzteren wandern geladene Partikeln in einem Elektrolyten, welcher unter Einwirken eines Gleichfeldes steht, aufgrund der auf die Ladung wirkenden Kraft (Glg. 1.1). Die bei der Dielektrophorese betrachteten Zellen sind a priori (von im Abschnitt 2.2.3 behandelten Mechanismus unvollständiger Ionenbesetzung abgesehen) pauschal ungeladen. Das einwirkende Wechselfeld ergibt eine intrazelluläre Ladungstrennung. Vom Betrag her sind beide Teilladungen gleich groß, womit ein homogenes Feld keine Summenkraft bewirkt. Hingegen ergibt ein inhomogenes, so genanntes Gradientenfeld das Überwiegen einer Kraftkomponente. In ihm bewegt sich somit selbst eine Einzelzelle in Richtung des Feldgradienten. Sind hingegen viele Zellen vorhanden, so führt allein schon die in Abb.1.36a angedeutete interzelluläre Wechselwirkung zu Gradienten, welche in gegenseitigen Anziehungen und somit in Kettenbildungen münden. (Vgl. auch Abschnitt 2.2.1.)

(6) Fortgesetzte Wiederholung der Verfahrensschritte liefert mit steigender Wahrscheinlichkeit auftretende Mehrfachfusionen. So enthält Abb. 1.36e Hybridzellen mit mehr als dreifach erhöhtem Durchmesser, was der Verschmelzung von etwa 30 Einzelzellen entspricht.

Die **praktische Bedeutung** der obigen Verfahren ist eine vielfältige. Mit der Rekombinationstechnik lassen sich DNA-Sequenzen in weitgehend beliebiger Weise **klonieren**, d.h. vervielfachen und anreichern. Auch lassen sich Gene bezüglich ihrer Bedeutung und Produkte charakterisieren. Ein Ziel ist es beispielsweise, die Zusammenhänge zwischen bestimmten Krankheitserscheinungen (etwa Krebsentstehung oder

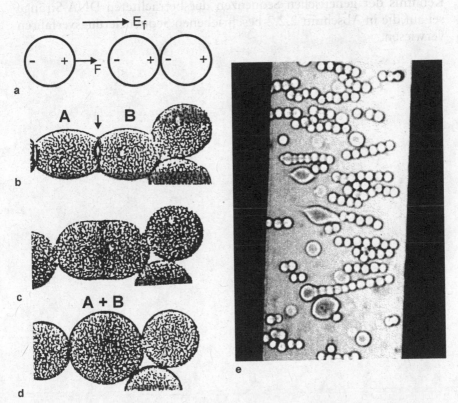

Abb. 1.36. Mögliche Verfahrensschritte zur elektrischen Fusion zweier Zellen A und B. (a) Influenz bzw. Polarisation der Zellen durch ein Fremdfeld E_f, womit eine anziehende Kraft F auftritt. (b) Kettenbildung der Zellen (lichtmikroskopisch aufgezeichnet). (c) Fusion der Zellen A und B nach Einwirkung eines Gleichfeldimpulses. (d) Ausheilen der Hybridzelle A+B. (e) Durch wiederholte Fusion erzeugte „Riesenzellen", welche das Volumen vieler Ausgangszellen umfassen

Erbkrankheiten) und den für sie relevanten Genen zu erarbeiten. Eine industrielle Bedeutung liegt in der gezielten Produktion von Medikamenten, Hormonen, Enzymen, Antibiotika oder Impfstoffen.

Eine andere Zielrichtung ist die **Gentherapie**, die es ermöglicht, in den Körper bestimmte Gene einzubringen, z. B. zur Vernichtung von Tumorzellen. Schließlich sei die Herstellung neuartiger Organismen erwähnt. Für Pflanzen erhöhten Ertrages, erhöhter Lagerungsfähigkeit oder gesteigerter Resistenz ist zielgenaues Platzieren der Geninformation keine Voraussetzung, womit DNA-Kanonen anwendbar sind. Manipulationen hoch entwickelter Lebewesen – etwa das stark beachtete und umstrittene, erstmalige **Klonen** eines Schafes („Dolly") – gelingen unter Mitverwendung der Zellfusion.

Bezüglich der für die oben beschriebenen Methoden wesentlichen Kenntnis der genetischen Sequenzen der betrachteten DNA-Stränge sei auf die in Abschnitt 2.2.2 beschriebenen **Sequenzierungsverfahren** verwiesen.

2

Analytische Methoden
der Biophysik

Das vorliegende Kapitel behandelt die sehr vielfältigen Verfahren der
biophysikalischen Analyse. Zunächst wird auf die Mikroskopie eingegangen, einer Standardmethode der Biologie. Ihre modernen Varianten bieten atomare Auflösung, wenngleich zunächst nur im Rahmen
der Festkörperphysik, so wir von der ebenfalls diskutierten Röntgenstrukturanalyse absehen. Im zweiten Abschnitt wird als sehr spezifisches Verfahren die Elektrophorese dargestellt, ein unentbehrliches
Hilfsmittel zum raschen Fortschritt der Genetik. Danach erfolgt eine
Diskussion der Spektroskopie. Sie nutzt unterschiedlichste physikalische Mechanismen und erzielt damit spezifische Befunde, die in vielen
Fällen mit keinem anderen Verfahren erarbeitbar sind. Als Beispiel sei
das Studium dynamischer Bewegungen zellulärer Membranen unter
Anwendung der Elektronenspinresonanz erwähnt.

2.1 Mikroskopische Verfahren

1.1 Voraussetzungen

*Als wesentliches Auswahlkriterium mikroskopischer Methoden ver-
bessert sich die Auflösungsgrenze mit sinkender Wellenlänge und steigender Apertur. Dem guten Wert von 200 nm für sichtbares Licht steht
gegenüber, dass Kontrast erst durch aufwendiges Einbringen schwerer
Elemente zu erreichen ist. UV-Licht erbringt Auflösungsverbesserung,
vor allem aber spezifische Kontrastmechanismen bei Variation von
Wellenlänge und Markierung.*

Tabelle 2.1. Übersicht zu mikroskopischen Methoden, der minimalen verwendeten Wellenlänge λ_{min} und der optimal erzielbaren Auflösung Δx_{opt} (Größenordnungen). Ferner sind Beispiele zu tatsächlich auflösbaren biologischen Strukturen angegeben. Für die nur bedingt als mikroskopisches Verfahren einstufbare Röntgenstrukturanalyse und die hochauflösende Röngenmikroskopie ist die jeweils am häufigsten benutzte Wellenlänge angegeben

Methode	λ_{min} [nm]	Δx_{opt} [nm]	Beispiele auflösbarer Strukturen
Lichtmikroskopie	400	200	Zellen, Blutzellen, Mitochondrien
Röntgenmikroskopie	0,1 / 2,88	10^4 / 20	Knochenstrukturen, lebende Zellen
Rasterelektronenmikroskopie (Auflicht)	0,01	3	Gestalt von Organellen von Gefrierbruchpräparaten
Transmissionslektronenmikroskopie	0,001	0,3	Membranstrukturen, DNA-Strukturen
Tunnelmikroskopie		0,3	Makromoleküle, Atome von Festkörpern
Röntgenstrukturanalyse	0,154	0,08	Abstände zwischen Atomen mit hoher Genauigkeit

Die Mikroskopie gilt als *die* klassische Methode der Biologie. Der Einsatz anderer Verfahren erfolgt im Allgemeinen erst dann, wenn die Erzielung des interessierenden Befundes auf mikroskopischem Wege nicht zu erwarten ist. Bevor auf mikroskopische Varianten näher eingegangen wird, wollen wir sie hinsichtlich ihrer Leistungsfähigkeit mit der traditionellen Lichtmikroskopie vergleichen. Tabelle 2.1 gibt einen **Überblick der wesentlichsten Verfahren**, gereiht nach der mit ihnen erzielbaren Auflösung. Als grober Trend verbessert sie sich mit sinkender Wellenlänge der verwendeten Strahlung (vgl. Abb. 1). Die Auflösung ist aber nicht das alles bestimmende Kriterium. So bietet die Tunnelmikroskopie – und u.U. auch die Transmissionselektronenmikroskopie – wohl atomare Auflösung, die Gestalt einer Blutzelle hingegen lässt sich mit der viel schwächer auflösenden Rasterelektronenmikroskopie besser analysieren. Und gerade die an sich schwach auflösende Lichtmikroskopie erhält durch Einsatz von Laserlicht und von modernen Bildaufbereitungsverfahren neue Bedeutung. Wie wir aus der Tabelle ersehen, können zelluläre Strukturen mit allen Verfahren aufgelöst werden. Vor- und Nachteile ergeben sich aber generell hinsichtlich der Probenpräparation. So erlaubt z.B. die Rasterelektronenmikroskopie Analysen weitgehend beliebig dicker

Proben, während die Röntgenmikroskopie Durchstrahlungen lebender Zellen ermöglicht. Derartige Kriterien werden im Folgenden anhand der einzelnen Methoden näher dargestellt.

Die hinsichtlich der Brauchbarkeit eines Verfahrens wesentlichste Bedingung besteht darin, dass sowohl ausreichende Auflösung als auch hinreichender Kontrast gegeben ist. Zur Diskussion wollen wir vom in Abb. 2.1a skizzierten Fall eines **Lichtmikroskops** ausgehen. Als Probe setzen wir einen auf einen Objektträger aufgebrachten Dünnschnitt eines biologischen Präparates an, der von einem Deckglas abgedeckt ist. In einigem Abstand darüber ist eine Objektivlinse angedeutet. Das von unten eingestrahlte Licht ergibt durch Beugung an den Aufpunkten der Probe einen aufgeweiteten Strahl, dessen Erfassung durch den Objektiv-Öffnungswinkel α begrenzt ist. Die genutzte „Lichtmenge" steigt mit zunehmendem α an, und mit ihr auch die Auflösung.

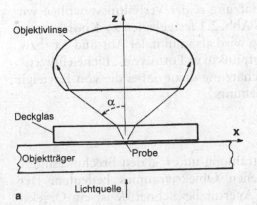

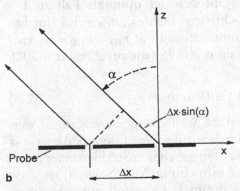

Abb. 2.1. Zur Auflösung eines Lichtmikroskops. (a) Schematische Darstellung zum Öffnungswinkel α eines Objektives. (b) Wegdifferenz von an zwei „Schlitzen" der Probe ausgehenden, gebeugten Strahlen. (Vgl. Text)

Der **Strahlenweg** im zwischen Probe und Linse gelegenen Objektivraum verläuft im skizzierten Fall nicht geradlinig, da der Raum durch Medien von nicht übereinstimmendem Brechungsindex n erfüllt ist. Während für Luft bekanntlich der Wert $n_L = 1$ gilt, ergibt sich für Glas ein Wert n_G von etwa 1,5. Dies bedeutet, dass der Strahl entsprechend dem für die Grenze zwischen zwei Medien 1 und 2 geltenden Brechungsgesetz

$$n_1 \cdot \sin \alpha_1 = n_2 \cdot \sin \alpha_2 \tag{2.1}$$

an der Grenzfläche zwischen Deckglas und Luft *vom* Lot gebrochen wird. Somit wird α nicht voll genutzt, und es treten auch weitere – hier nicht näher diskutierte – nachteilige Effekte auf. Zu ihrer Vermeidung kann auf die Probe so genanntes Immersionsöl aufgebracht werden, das dem Brechungsindex des Glases spezifisch angepasst ist. Taucht die Linse im Zuge ihrer Absenkung darin ein, so resultiert ein optisch homogener Objektivraum und mit ihm ein geradliniger Strahlenweg.

Für die quantitative Abschätzung realer Verhältnisse wollen wir vom in der Probenebene gemäß Abb. 2.1 festgelegten xy-Koordinatensystem ausgehen. Die **Auflösung** wird als minimaler Abstand Δx (bzw. Δy) gerade noch trennbarer Aufpunkte in Form von „Lichtschlitzen" definiert (Abb. 2.1b). Zur Abschätzung dient dabei die von Rayleigh halbempirisch hergeleitete Beziehung

$$\Delta x = \frac{K \cdot \lambda}{n_{OR} \cdot \sin \alpha}, \tag{2.2}$$

wobei λ die Wellenlänge der Strahlung und n_{OR} den Brechungsindex des als homogen angenommenen Objektivraumes bedeuten. Der Ausdruck im Nenner wird als Apertur bezeichnet. K ist ein Objektstrukturfaktor, der für biologische Proben etwa 0,6 beträgt.

Für die Lichtmikroskopie ergibt sich der **optimale Fall** zu $\lambda \approx$ 400 nm (als untere Grenze des sichtbaren Lichtes), $n_{OR} \approx 1,5$ (für homogenen Objektivraum durch Immersionsöl mit $n_{I\ddot{O}} = n_{OR} \approx n_G$ zwischen Deckblatt und Linse) und $\sin \alpha = 0,95$ (entsprechend $\alpha \approx 70°$). Glg. 2.2 liefert dafür

$$\Delta x_{opt} = 0,6 \cdot 400 \, nm \, / \, (1,5 \cdot 0,94) = 170 \, nm. \tag{2.3}$$

Als Faustformel kann von der halben Wellenlänge ausgegangen werden. Gemäß Abb. 2.1b entspricht damit die Wegdifferenz $\Delta x \cdot \sin \alpha$ der von der Linse gerade noch erfassten gebeugten Strahlen einer negativen Interferenz im Sinne einer Auslöschung. Von Nachteil ist, dass dieser hinsichtlich der Auflösung optimale Grenzfall mit verschwindend kleiner Tiefenschärfe verbunden ist.

Wie schon erwähnt, besteht das zweite wesentliche Kriterium in ausreichendem **Kontrast**. Dazu wollen wir die Intensität I_o des von unten in unsere Probe homogen einfallenden Lichtes mit jener I des am Ende des Durchtritts auftretenden in Beziehung setzen. Kontrast ist dann gegeben, wenn sich für unterschiedliche Aufpunkte x,y der Probe deutlich unterschiedliche Werte

$$I(x,y) = I_o \cdot e^{-(C \cdot [M] \cdot \varepsilon \cdot d)} \tag{2.4}$$

ergeben (mit C als dimensionsbehafteten Faktor). Somit können zum Kontrast drei **Mechanismen** beitragen:

(i) ortsabhängige Konzentrationen [M] absorbierender Moleküle,

(ii) unterschiedliche Extinktion[1] (= Absorptionsquerschnitt) ε der Moleküle, bzw.

(iii) strukturbedingte örtliche Schwankungen der Probendicke d.

Im Wesentlichen liefern (i) und (iii) den so genannt topographischen Kontrast, (ii) ergibt den chemischen Kontrast.

Generell ergeben biologische Proben a priori nur schwache Kontraste, da sie gemäß Abschnitt 1.1.3 – abgesehen vom zum Molekulargewicht kaum beitragenden H – fast ausschließlich durch O, C und N, d.h. **leichte Elemente ähnlichen Atomgewichts** aufgebaut sind. Daraus resultiert ausgeglichenes ε geringer Stärke. Für die Praxis bedeutet dies, dass ohne spezifische Maßnahmen nur wenige Probentypen analysierbar sind. So erlauben Blutausstriche die Bestimmung von Anzahl und Umrissen der Zellen. Beispielsweise lässt sich die medizinisch relevante Sichelzellen-Anämie diagnostizieren. Auch lassen sich Konzentrationen, Formgebungen und Bewegungen von Bakterien im Lichtmikroskop studieren.

Zelluläre Strukturen von Geweben – etwa von Muskelgewebe – lassen sich nur anhand von **Dünnschnitten** analysieren, wozu die Rezeptur der so genannten Gefrierschnitttechnik angedeutet sei:

- Schnelles Abkühlen der Gewebeprobe, z.B. in flüssigem Stickstoff (−196 °C), oder durch Verdunstungskälte von ausströmender komprimierter Kohlensäure (−60 °C)
- Auffrieren des dünn schneidbaren Blockes auf dem Gefriertisch eines Kryotoms

---

[1] Die Extinktion beschreibt die Abhängigkeit der pauschalen Strahlungsabsorption von der chemischen Komposition des Mediums. Sie wird molar definiert und hängt mitunter sehr stark von der Wellenlänge der Strahlung ab.

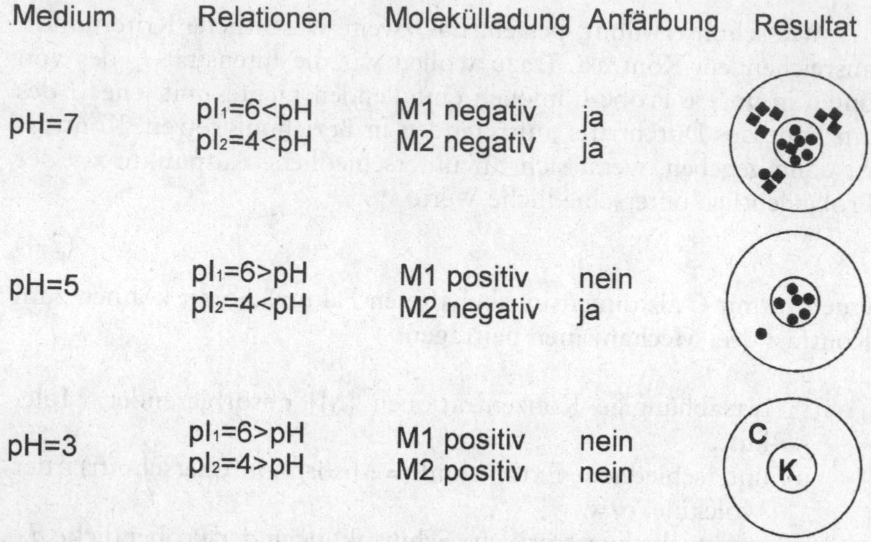

Medium	Relationen	Molekülladung	Anfärbung	Resultat
pH=7	$pI_1=6<pH$ $pI_2=4<pH$	M1 negativ M2 negativ	ja ja	
pH=5	$pI_1=6>pH$ $pI_2=4<pH$	M1 positiv M2 negativ	nein ja	
pH=3	$pI_1=6>pH$ $pI_2=4>pH$	M1 positiv M2 positiv	nein nein	

Abb. 2.2. Nutzung der Elektroadsorption zum Nachweis der Verteilung zweier Molekülarten M1 (etwa eine Proteinart; quadratisches Symbol) und M2 (z.B. DNA; rundes Symbol) im Cytoplasma C bzw. Kern K einer Zelle (vgl. Text)

- Schnitt mit Dicke um 10 µm und seine Aufbringung auf einen Objektträger
- Kontrastherstellung durch Färbung

Homogenere Dünnschnitte bedürfen aufwendigerer Verfahren. Dabei werden Zellflüssigkeiten durch Alkohol und anschließend durch flüssiges Paraffin (oder Araldit, einem Kunststoff) ersetzt, womit nach Aushärtung mit guten Mikrotomen Schnittdicken von 5 µm (herab bis 1 µm) erzielbar sind. Somit resultiert hohe Lichtstärke, und Probleme geringer Tiefenschärfe entfallen.

Wegen des ausgeglichenen elementaren Aufbaus ergeben auch solche Proben a priori kaum Kontrast, d.h. dass eine **Färbung** vorzunehmen ist. Das effektivste entsprechende Verfahren basiert auf dem Mechanismus der **Elektroadsorption**. Darunter verstehen wir die Anlagerung von Partikeln an ein Substrat über elektrische Anziehungskräfte, unterstützt durch Diffusionskräfte als Folge starker Konzentrationsunterschiede.

Zur Veranschaulichung gehen wir vom in Abb. 2.2 schematisch skizzierten Dünnschnitt einer Zelle aus. Die hypothetische Aufgabe bestehe darin, die regionalen Verteilungen von zwei Molekültypen M1 und M2 im Cytoplasma bzw. Zellkern zu bestimmen. Als Bedingung zur getrennten Darstellbarkeit wollen wir annehmen, dass den beiden Typen unterschiedlicher => isoelektrischer Punkt *pI* zukommt, bei dem sie durch gegen Null gehende Ladung gekennzeichnet sind. Als Ansatz gelte $pI_1 = 6$ (für Proteine vor allem des Cytoplasmas) und $pI_2 = 4$ (für Nucleinsäuren, also DNA und RNA, vor allem des Kerns). Zur Einfärbung wollen wir als Beispiel im Bereich gelb absorbierende und somit im Mikroskop mit der Komplementärfarbe Blau erscheinende Färbepartikeln einsetzen, die eine positiv geladene Position beinhalten.

Der für das Ergebnis der Färbung wesentlichste Parameter ist der **pH-Wert**

$$pH = -\lg [p] \tag{2.5}$$

des flüssigen Mediums (mit [p] der Protonenkonzentration in Mol/l; 1 Mol entsprechend $L = 6 \cdot 10^{23}$ Partikeln). Abb. 2.2 illustriert dazu drei Fälle:

- $pH = 7$ – Lösen wir den Farbstoff in reinem Wasser auf, so werden alle Strukturen blau markiert, die entweder M1 oder M2 beinhalten. Die Ursache ist, dass beide Typen negativ geladen sind, da $pH = 7$ sowohl über pI_1 als auch über pI_2 liegt.
- $pH = 3$ – In diesem Fall des stark sauren Mediums tritt keinerlei Anfärbung auf, da der Wert unter pI_1 und pI_2 liegt, womit die Moleküle positiv geladen sind und die ebenfalls positiv geladenen Färbepartikeln abstoßen.
- $pH = 5$ – Hier gelingt ein spezifischer Nachweis von M2 – im gezeigten Fall überwiegend im Zellkern – da der Wert *zwischen* den beiden isoelektrischen Punkten liegt. Ein Vergleich mit dem Ergebnis von $pH = 7$ letztlich liefert indirekt auch den Nachweis für die Verteilung von M1 – hier überwiegend im Cytoplasma.

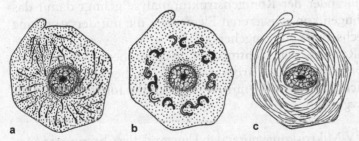

Abb. 2.3. Resultate spezifischer Färbung unter Nutzung der Elektroadsorption. Anwendung verschiedener Rezepturen auf Dünnschnitte des Somas eines Neurons resultieren in unterschiedlichsten Darstellungen. (a) Mitochondrien, (b) Golgi-Apparate, (c) Neurofibrillen (graphisch aufbereitet)

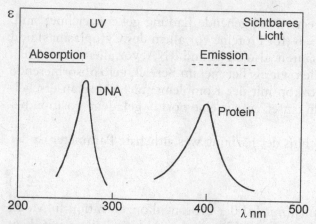

Abb. 2.4. Für den UV-Bereich bzw. den sichtbaren Bereich des Lichtes typische spezifische Absorption durch Makromoleküle. Gezeigt sind typische Verläufe der Extinktion ε als Funktion der Wellenlänge λ für DNA bzw. Proteine (im konkreten für Hämoglobin). Darüber hinaus ist ein möglicher Absorptionsbereich für fluoreszierende Stoffe angegeben, sowie der entsprechende Emissionsbereich

Das oben skizzierte Verfahren kann unter Nutzung spezifischer => **KL-Komplementarität** zwischen den Färbepartikeln und den Molekülstrukturen zur gezielten Einfärbung weitgehend beliebiger Strukturmerkmale verwendet werden, wobei die Histologie (= Gewebelehre) z.T. sehr aufwendige Färberezepturen anwendet. Bei so genannten Färbereihen können z.B. 100 Objektträger 20 optimierte Stufen einschließlich Zwischenwässerungen in automatisierter Weise durchlaufen.

Zur Veranschaulichung erzielbarer **Resultate** zeigt Abb. 2.3 selektive Darstellungen verschiedener Organellen durch unterschiedliche Einfärbung von hintereinander gefertigten Dünnschnitten des Somas einer Nervenzelle. Die Anwendung des Prinzips beschränkt sich im Übrigen nicht auf die Lichtmikroskopie. Auch im Rahmen der Elektronenmikroskopie oder der Röntgenstrukturanalyse gelingt damit das gezielte Einbringen von schwereren Elementen, die mit der Strahlung verstärkte Wechselwirkung eingehen.

Eine im Rahmen der Lichtmikroskopie gegebene Möglichkeit, Kontraste *ohne* aufwendige Färbung zu erzielen, besteht im Einsatz von => **UV-Licht** ($\lambda = 80...380\,\text{nm}$), wobei sich die folgenden Varianten anbieten (vgl. Abb. 2.4):

(a) Die **UV-Mikroskopie** nutzt den Umstand, dass bestimmte Molekülarten im langwelligen UV-Bereich zu spezifischen Absorptionen führen, womit sich DNA- oder Proteinstrukturen unmittelbar abzeichnen.

(b) Die **Fluoreszenzmikroskopie** basiert darauf, dass bestimmte Stoffe UV-Licht im Sinne einer Anregung absorbieren und als Antwortreaktion sichtbares Licht (geringerer => Energie) emittieren. Dabei ist zwischen – sich selten anbietender – Eigenfluoreszenz des biologischen Präparates und routinemäßig provozierbarer Fremdfluoreszenz zu unterscheiden. Im letzteren Fall werden fluoreszierende Partikeln analog zur Färbung eingebracht. Gezielte Markierungen lassen sich durch Ankopplungen nach dem => Antikörper/Antigen-Prinzip erzielen. Die fluoreszierende Partikel ist dabei an einem Antikörper angeheftet, welcher zur interessierenden Struktur des biologischen Präparates KL-Komplementarität aufweist.

(c) Die **Fluoreszenz-Ultramikroskopie** kann selbst an dreidimensionalen Proben verwendet werden, indem sie durch Immersion in Öl transparent gemacht und optisch von der Seite, schichtenweise zur Fluoreszenz angeregt werden. Gezielte Anwendungen betreffen z. B. synaptische Verbindungen des Gehirns. Als weiteres Beispiel zeigt die Abb. 2.5 die Gesamtheit eines Schnittbilds des Gehirns einer Maus.

(d) Die **Fluoreszenz – in situ – Hybridisierung** (FISH) basiert auf fluoreszierenden Sonden, welche zu innerhalb des Präparats gelegenen DNA- oder RNA-Sequenzen komplementär sind.

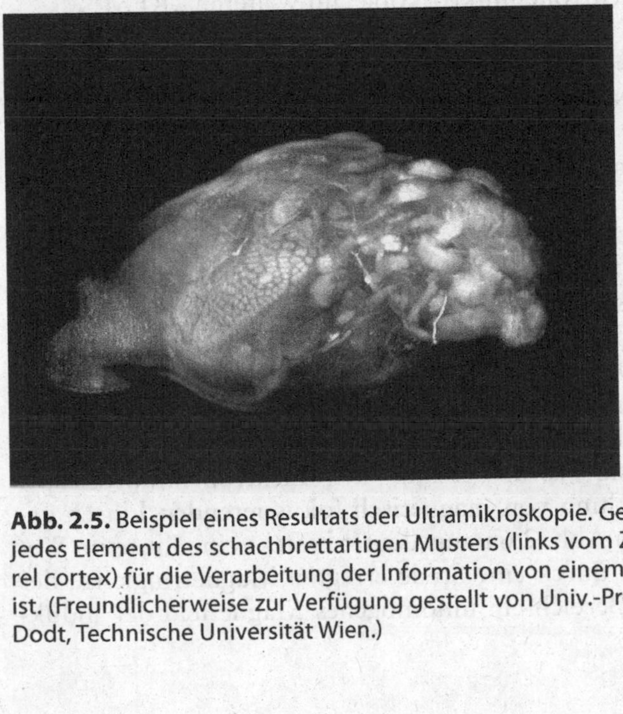

Abb. 2.5. Beispiel eines Resultats der Ultramikroskopie. Gehirn einer Maus, wobei jedes Element des schachbrettartigen Musters (links vom Zentrum gelegener Barrel cortex) für die Verarbeitung der Information von einem Schnurrhaar zuständig ist. (Freundlicherweise zur Verfügung gestellt von Univ.-Prof. Dr. Hans-Ulrich Dodt, Technische Universität Wien.)

Die Letzteren werden vor der Hybridisierung denaturiert (vgl. Abschnitt 2.2.2), um die Ankopplung möglich zu machen. Als Anwendungsbeispiel ermöglicht das in vielen Varianten genutzte Verfahren die Visualisierung regionaler Verteilungen von mRNA in verschiedenen Zellbereichen während den einzelnen Phasen einer Zellteilung.

2.1.2 Elektronenmikroskopie

Die geringe, mit steigender Wurzel der Beschleunigungsspannung sinkende Wellenlänge der Elektronenstrahlung lässt sich wegen kleinster Apertur nur begrenzt nutzen, womit die Auflösungsgrenze bei 1 nm verbleibt. Im Rastermodus ist es der Strahldurchmesser, der verschlechterte Auflösung erbringt, andererseits mündet die geringe Apertur in hochwertigen Topographiekontrasten dreidimensional strukturierter Präparate.

Im Rahmen der Biophysik haben zwei Varianten der Elektronenmikroskopie besondere Bedeutung erlangt:

(i) die Transmissionselektronenmikroskopie, im weiteren Text „TEM" und

(ii) die Rasterelektronenmikroskopie, im weiteren „REM".

Abb. 2.6a zeigt das **TEM-Grundprinzip** in schematischer Weise. Im obersten Bereich des Mikroskops finden wir eine Elektronenkanone. Sie besteht aus einer emittierenden Glühkathode oder einer Feldemissionskathode und einer um eine Spannung U beschleunigenden Anode. Der typische Bereich von U reicht von etwa 50 kV bis zur Größenordnung 1 MV, wobei Schädigungen der Probe gegen hohe Werte sprechen. Nach Passieren von Kondensorlinsen tritt der Elektronenstrahl durch die Probe, um in das Objektiv einzutreten. Nach – nicht skizzierter – Zwischenaufbereitung erfolgt letztlich eine Strahlaufweitung durch die Projektorlinse. Das vergrößerte Abbild der Probe kann an einem Fluoreszenzschirm unmittelbar sichtbar gemacht werden, oder photographisch bzw. mit elektronischen Mitteln weiter aufbereitet werden.

Die wesentlichste Voraussetzung der Elektronenmikroskopie kann in der Entwicklung von **magnetisch fokussierenden Linsen** gesehen werden. Wie in Abb. 2.6a angedeutet besteht eine Linse im Wesentlichen aus einem durch eine Spule erregten Magnetringkern, der in seinem zentralen Bereich ein inhomogenes Magnetfeld der Induk-

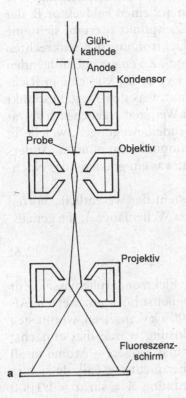

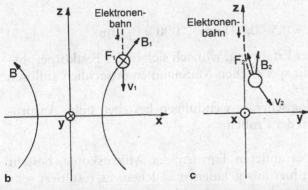

Abb. 2.6. Transmisssionselektronenmikroskope (TEM). (a) Schematische Darstellung zum Mikroskopaufbau. (b) Physikalisches Grundprinzip einer magnetischen Linse bei strichlierter Andeutung einer Elektronenbahn. Zeitpunkt t_1, zu dem das Elektron senkrecht von oben in den Feldraum eintrifft und nach hinten abgelenkt wird. (c) Zeitpunkt t_2, zu dem es nach innen zur Achse beschleunigt wird, womit die fokussierende Wirkung ihren Ausgang nimmt

tion B generiert. Wie in Abb. 2.6b näher dargestellt ist, trifft ein z. B. senkrecht von oben einfallendes Elektron auf einen Feldvektor B, der nach oben, auswärts gerichtet ist. Zum Zeitpunkt t_1 ergibt sich eine **Lorentz-Kraft** $F_1 = e \cdot B_1 \times v_1$,[2] die das Elektron aus der Senkrechten ablenkt (im Bild nach hinten, in y-Richtung). Zu einem nachfolgenden Zeitpunkt t_2 (Abb. 2.6c) weist die Kraft $F_2 = e \cdot B_2 \times v_2$ eine in Richtung der Achse orientierte Komponente auf, was den Ausgangspunkt der fokussierenden Wirkung darstellt. Im Weiteren ergeben sich spiralen- bzw. schraubenförmige Bahnen – Trudelbewegungen, welche in einen dem Fall des Lichtes analogen Brennpunkt einmünden. Anders als dort ist der Öffnungswinkel sehr klein, was ein gravierender Nachteil ist.

Gegenüber der Lichtmikroskopie besteht der wesentliche Vorteil des TEM-Verfahrens in der viel geringeren Wellenlänge λ, die gemäß

$$\lambda = \frac{h}{\sqrt{2 \cdot m_e \cdot e \cdot U}} \tag{2.6}$$

mit steigender Spannung U abnimmt (m_e Elektronenruhemasse). Zur Erzielung hoher **Auflösung** ist U also möglichst hoch anzusetzen. Als Beispiel wollen wir als sehr hohen Wert 1000 kV ansetzen, womit sich $\lambda \approx 0{,}001$ nm ergibt. Bezüglich der **Auflösung** würde dies zunächst erwarten lassen, dass – mehr als hundertmal größere – Atome in all ihren Details auflösbar wären. Dies ist aber nicht der Fall, da sich ja nur sehr kleine Aperturen der Größenordnung $A = \sin \alpha \approx 1/1000$ realisieren lassen. Analog zur Glg. 2.3 errechnet sich damit die Auflösungsgrenze zu etwa

$$\Delta x_{opt} = 0{,}5 \cdot \lambda / \sin \alpha = 0{,}5 \cdot 0{,}001\,\text{nm} \cdot 1000 = 0{,}5\,\text{nm}. \tag{2.7}$$

Dies deckt sich mit der Erfahrung, wonach sich in der Festkörperphysik einzelne Atome mit spezifischen Maßnahmen tatsächlich auflösen lassen.

Hinsichtlich biologischer Anwendungen bestehen hohe **Ansprüche an die Präparation der Proben:**

- Anders als bei anderen Formen der Mikroskopie, besteht die Strahlung hier aus geladenen Teilchen. Es resultiert sehr starke Wechselwirkung mit der Materie, entsprechend starke Absorption und somit die Forderung dünnster Präparate. Di-

---

[2] Die Lorentz-Kraft ist jene Kraft, die eine geladene Partikel erfährt, wenn sie sich durch ein Magnetfeld bewegt. Die entsprechende Theorie definiert das Auftreten eines bewegungsinduzierten elektrischen Feldes, welches in der Folge auf die Ladung gemäß Glg. 1.1 einwirkt.

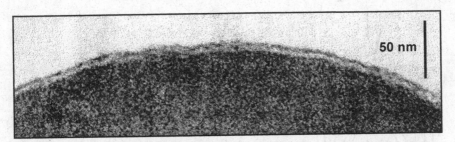

50 nm

Abb. 2.7. TEM-Aufnahme eines Dünnschnitts eines Erythrozyten mit guter Auflösung der ca. 8 nm dicken Zellmembran

cken um 50 nm werden durch Einbettung in Epoxydharz und Schneiden durch Ultramikrotome erzielt.

- Zur Kontrastanhebung ist auch hier das Einbringen von Schweratomen bedeutungsvoll.
- Im Sinne hochwertiger Fixierung haben die Proben thermisch beständig und wasserfrei zu sein, um dem Vakuum standzuhalten, und auch um dieses nicht zu beeinträchtigen (Ausnahme: spezielle Feuchtkammern). Meist werden Millimeter große Proben auf ein 2 bis 3 mm großes Metallgitternetz aufgebracht, das über eine Objektschleuse eingesetzt wird.

Als Resultat erlauben die obigen Maßnahmen z. B. Auflösungen der Lipiddoppelschicht von Zellmembranen (Abb. 2.7). Als Extremfall gelingt sogar die Sichtbarmachung der Doppelhelixstruktur von DNA-Molekülen.

Abb. 2.8 zeigt das **REM-Grundprinzip** in schematischer Weise. Es ist dadurch charakterisiert, dass die unterste Magnetlinse zwei Paare von Zusatzspulen enthält, die eine Magnetfeldkomponente in horizontaler x-Richtung bzw. in die im Bild nach hinten gerichtete y-Richtung aufbauen. Damit kommt es im Sinne von Lorentz-Kräften zu einer entsprechenden Strahlablenkung. Letztere wird durch sägezahnförmige Spulenströme so dosiert, dass sich eine rasterförmige y-gerichtete bzw. x-gerichtete Abtastung der am untersten Punkt des Mikroskops angeordneten Probe ergibt.

Im Falle biologischer Proben wird genutzt, dass mit hoher Energie einfallende Elektronen zum Teil rückgestreut werden, vor allem aber so genannte **Sekundärelektronen**[3] freimachen. Sie werden über ein positiv geladenes Gitter an einen Detektor geleitet. Die erfolgreich

---

3   Elektronen können rückgestreut werden. Im hier vorliegenden Fall ist es aber eher so, dass sie vom Medium „eingefangen" werden, im Gegenzug aber andere Elektronen austreten lassen – so genannte Sekundärelektronen.

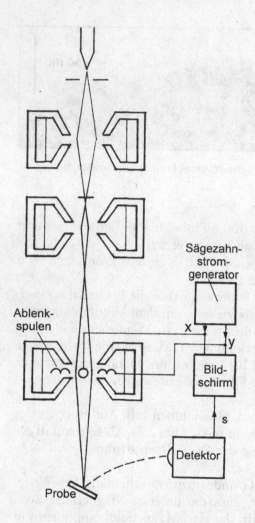

Sägezahn-
strom-
generator

Ablenk-
spulen

x

y

Bild-
schirm

s

Detektor

Probe

Abb. 2.8. Schematische Darstellung eines Rasterelektronenmikroskops (REM). Sägezahnstrom-Generatoren dienen der Stromversorgung von *xy*-Ablenkspulen und der synchronen Strahlablenkung eines Bildschirms zur Abbildung des Detektorsignals *s*

detektierten Sekundärelektronen werden in => Photonen gewandelt, die über einen Lichtleiter in einen so genannten Photomultiplier (PM) gelenkt werden. Somit entsteht als Ausgangssignal des PM-Verstärkers ein elektrisches Signal *s*. Sein – einem Abtastpunkt entsprechender – Momentanwert wird letztlich zur Hellsteuerung des *xy*-synchron gesteuerten Bildpunktes einer Bildröhre verwendet.

Die erzielte Vergrößerung lässt sich in einfacher Weise über Regelung der Spulenströme verändern, wobei der Vergrößerungsfaktor dem Strom verkehrt proportional ist. Die **Auflösung** ist dabei allerdings alleine schon durch den Strahldurchmesser zu etwa 3 nm begrenzt.

Der Kontrast ergibt sich zunächst aus unterschiedlichem elementaren Aufbau der Probenaufpunkte als **chemischer Kontrast** (vergl.

Glg. 2.4), der allerdings auch hier i.a. schwach ausfällt. Die eigentliche Attraktivität des REM-Verfahrens resultiert aus der Möglichkeit, praktisch unbegrenzt dicke Objekte geometrisch strukturierter Oberfläche zu analysieren. Gemäß Abb. 2.8 ist es üblich, die Probe in Richtung des Detektors gekippt anzuordnen, um die Ausbeute detektierter Elektronen generell hoch zu halten. Strukturierte Oberflächen erbringen nun aber **Topographiekontrast**, indem die Ausbeute durch zwei Mechanismen geprägt ist: (i) durch den Einfallswinkel des Elektronenstrahls bezüglich des jeweiligen Oberflächenelements, und (ii) von der Lage des Elements gegenüber dem Detektor, indem zugewandte Punkte höhere Ausbeute liefern als abgewandte.

Abb. 2.9 veranschaulicht den Kontrastmechanismus am Beispiel einer REM-Aufnahme von etwa 7 μm großen Erythrozyten. Das Bild verdeutlicht die für das Verfahren typische Licht/Schatten-Wirkung, wobei helle Bereiche dem Detektor zugewandten Flächenelementen entsprechen. Ferner veranschaulicht es die praktisch unbegrenzte **Tiefenschärfe**, einen spezifischen Vorteil der geringen Apertur A. Es resultieren plastische Bildwirkungen, die mit keiner anderen Variante der Mikroskopie erzielbar sind.

Bezüglich der **Probenpräparation** ist auch hier hochwertige Fixierung und Entwässerung gefordert. Als spezifisches Problem können elektrische Aufladungen der Probe zu Strahlablenkungen und somit zu Artefakten führen. Eine Abhilfe ergibt sich durch Bedampfen mit Gold, womit die gut leitfähige Oberfläche eine Ableitung der Elekt-

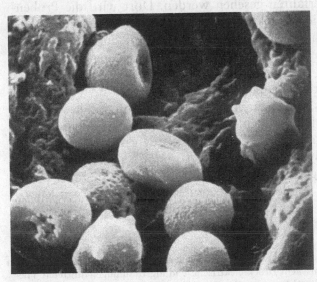

Abb. 2.9. Erythrozyten in einer REM-Aufnahme, die durch hohe Tiefenschärfe und spezifische Licht/Schatten-Wirkung gekennzeichnet ist

ronen erbringt. Eine spezifische Präparationsmethode letztlich ist die **Gefrierbruchtechnik.** Der Schnitt erfolgt hier z.B. bei −150 °C, wobei statt einer ebenen Schnittfläche eine strukturierte Bruchfläche auftritt. Dies ermöglicht die kontrastreiche Darstellung von intrazellulären Strukturen, wie Organellen oder auch Teilen des Zellkerns.

2.1.3 Tunnel- und Kraftmikroskopie

Eine de facto aus einem Atom bestehende Elektrodenspitze tastet die Probe in nur Nanometer betragendem Abstand ab, der von Elektronen „durchtunnelt" werden kann. So entsteht topographischer oder chemischer Kontrast für molekulare Strukturen. Als Alternative lassen sich anziehende bzw. abstoßende Kraftwirkungen auch an nicht-elektronenleitenden Proben nutzen.

Die Tunnelmikroskopie und ihre inzwischen zahlreichen Varianten unterscheiden sich grundsätzlich von den klassischen Verfahren der Mikroskopie. Der **Grundgedanke** besteht darin, die oberflächlichen Atome der untersuchten Probe mittels einer Sonde nachzuweisen, die selbst de facto aus einem Einzelatom besteht. Die praktische Umsetzung dieses Gedankens gelingt mit Methoden der Nanotechnologie. Im Jahre 1987 erbrachte sie einen Nobelpreis.

Bei der Tunnelmikroskopie handelt es sich um eine Methode, die an Mikroskopie zunächst kaum erinnern lässt. Eine gewisse Analogie kann zum REM-Verfahren gesehen werden. Dort wird die Probenoberfläche durch einen Elektronenstrahl abgetastet, der Sekundärelektronen frei macht. Hier geschieht die Abtastung durch eine Sonde, die einen Wechsel von Elektronen im Sinne des so genannten Tunnelstroms bewirkt.

Abb. 2.10a veranschaulicht die Methode anhand eines **experimentellen Aufbaus,** wie er für erste Ausführungen typisch war. Über der Probe, die wir als elektonenleitend ansetzen, ist die Sonde auf einem Piezokristall-Dreibein[4] angebracht. Mit den drei Komponenten kontaktierte Steuerspannungen U_x, U_y, U_z erlauben definiert gesteuerte Längenänderungen der drei Kristallstäbe. Somit kann über U_z der Abstand d zwischen Sonde und Probenoberfläche geregelt werden. U_x und U_y ermöglichen eine rasterartige Abtastung der Probendeckfläche im Nanometerbereich.

---

[4] Der so genannte piezoelektrische Effekt äußert sich darin, dass bei bestimmten Kristallarten unter mechanischem Druck elektrische Ladungstrennungen auftreten. Hier wird der dazu inverse Effekt genutzt, der darin besteht, dass ein am Kristall einwirkendes elektrisches Feld zu Veränderungen seiner Abmessungen führt.

Neuere Konstruktionen von Mikroskopen sind dadurch charakterisiert, dass nicht die Sonde bewegt wird, sondern die Probe, deren Basis als Piezozylinder ausgeführt ist. Oberflächliche Kontaktstellen werden mit Steuerspannungen beaufschlagt, deren Gesamtheit die definierte xyz-Auslenkung erbringt.

Betrachten wir nun den **Grundgedanken des Verfahrens.** Die klassische Elektrotechnik würde das Auftreten einer endlichen Stromstärke I dann erwarten lassen, wenn der Abstand d gegen Null geht und somit ein direkter Kontakt zwischen Sonde und Probe auftritt. Aus der so genannten **Unschärfetheorie** aber kann hergeleitet werden, dass der Aufenthaltsort eines Elektrons zu einem betrachteten Zeitpunkt einer Unsicherheit unterliegt, welche die Größenordnung eines Nanometers erreicht. Daraus folgt, dass bei einem Abstand d dieser Größenordnung oberflächliche Elektronen der Probe bzw. Sonde die Strecke „durchtunneln" können – sie können weder der einen noch der anderen Seite definiert zugeordnet werden.

Liegt nun z.B eine positive Spannung U zwischen Sonde und Probe, so können wir summarisch gesehen einen Elektonenübergang

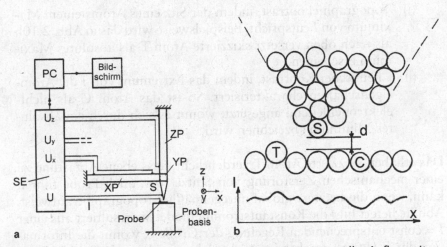

Abb. 2.10. Messprinzip der Tunnelmikroskopie. (a) Experimenteller Aufbau mit abtastender Sondenspitze S, welche in der xy-Ebene durch Piezoelemente XP und YP geführt wird, in der vertikalen z-Richtung durch ZP. Eine Steuerelektronik SE besorgt den Aufbau der drei entsprechenden Steuerspannungen und den der Sondenspannung U (bzw. der Tunnelstromstärke I). (b) Schematische Darstellung der obersten Atome der Probe (T nach oben versetztes Atom, C nicht-elektronenleitendes Atom; vgl. Text). Darüber: die untersten Atome der Spitze, wobei das Atom S die Rolle der Sonde übernimmt. Ganz unten: Der entsprechende Verlauf von I als Funktion von x

von der Probe hin zur Sonde erwarten und damit einen **Tunnelstrom** der positiven Stärke I. Letztere hängt in äußerst empfindlicher Weise vom Abstand d ab, wobei atomare Werte die Größenordnung 1 nA liefern. Bei Steigerung von d strebt I aber in stark nichtlinearer Weise gegen Null. Diese starke Abhängigkeit kann nun für mikroskopische Zwecke genutzt werden, indem die Probendeckfläche eben – d.h. mit konstantem z – abgetastet wird und die Information $I(x,y)$ zur Bildgebung verwendet wird. Als für biologische Anwendungen kritische Forderung hat die Probe – so wie auch die Spitze – Elektronenleitung aufzuweisen.[5]

Zur praktischen Nutzung der empfindlichen Funktion $I(d)$ ist es notwendig, die **abtastende Sonde** de facto als Einzelatom auszulegen. Dies gelingt durch Zuspitzen eines Metalldrahtes mit Methoden der Nanotechnologie bis hin zum in Abb. 2.10b skizzierten Zustand. Er ist dadurch gekennzeichnet, dass das Ende zwar unregelmäßige Topographie mit mehreren Spitzen aufweist, wovon aber eine das exponierteste Atom S umfasst, dem letztlich die Funktion der Sonde zukommt.

Bei ebener Abtastung der Probe lassen sich zwei **Kontrastmechanismen** nutzen:

(i) Topographiekontrast, indem der Sitz eines Atoms einem Maximum von I entspricht. Beispielsweise wird das in Abb. 2.10b als nach oben versetzt skizzierte Atom T als absolutes Maximum erscheinen.

(ii) Chemischer Kontrast, indem das Extremum von I die Atomeigenschaften charakterisiert. So ist das Atom C als nichtelektronenleitend angesetzt, womit es sich durch ein absolutes Minimum abzeichnen wird.

Das erhaben skizzierte Atom T verdeutlicht, dass ebene Abtastung zu einer mechanischen Zerstörung von Spitze bzw. auch Probe führen kann, wenn die Letztere global unregelmäßige Topographie aufweist. Abhilfe liefert hier die **Konstantstrommethode**. Sie resultiert aus einer $I =$ const entsprechenden Regelung der Größe z, womit die Information durch $U_z(x,y)$ gegeben ist. Nicht elektronenleitende Bereiche kön-

---

[5] Elektronenleitung ist u.a. bei elektrotechnisch genutzten metallischen Werkstoffen wie Kupfer oder Silber gegeben. Ein Stromfluss wird dabei durch wandernde Elektronen vermittelt. Bei biologischen Medien hingegen handelt es sich um wandernde Ionen.

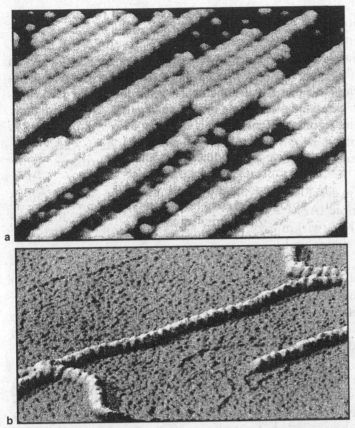

Abb. 2.11. Resultate der Tunnelmikroskopie. (a) Oberfläche eines Silizium-Halbleiterkristalls (20 nm x 15 nm) bei atomarer Auflösung. (b) Auf ein ebenes Substrat aufgebrachtes, elektronenleitend bedampftes DNA-Molekül

nen freilich auch hier zum mechanischen Kontakt führen, da sie nicht wahrgenommen werden.

Mit der **Forderung elektronenleitender Proben** lagen die Anwendungen des Verfahrens zunächst in der Festkörperphysik. Als typisches Resultat zeigt Abb. 2.11a das softwaremäßig aufbereitete Bild einer Halbleiteroberfläche. Mit guter Auflösung zeigt sich die kristalline Atomanordnung. Auch lassen sich Reihen fehlender Atome erkennen und – im Sinne chemischen Kontrastes – auch Fremdatome.

Nachdem **biologische Medien** rein elektrolytische Leitfähigkeit, d.h. Ionenleitung aufweisen, sind zu ihrer Analyse spezielle Maßnahmen anzusetzen:

- Biomoleküle können auf die ebene Deckfläche eines elektronenleitenden Kristalls aufgelegt und „durchtunnelt" werden. Die dabei auftretende geringfügige Beeinflussung von *I* kann zur bildhaften Darstellung genutzt werden. Beispielsweise gelangen damit erstmals unmittelbare Abbildungen von ringförmigen Benzolstrukturen.

- Auf ein ebenes Substrat aufgebrachte Proben können elektronenleitend bedampft werden. Als Beispiel zeigt Abb. 2.11b eine mit Platin und Kohle beschichtete DNA-Struktur.

Die Forderung der Elektronenleitung entfällt bei der so genannten **Kraftmikroskopie** (AFM = Atomic Force Microscopy). Sie nutzt die mechanische Kraftwirkung zwischen Spitze und Probe, wobei zwei Fälle unterscheidbar sind:

(a) Anziehende => Van der Waalssche Kräfte, die bei atomaren Abständen *d* vorherrschen.

(b) Abstoßende Kräfte, die bei extrem geringem *d* vorherrschen und sich damit plausibel machen lassen, dass sich Elektronen einander „berührender" Schalen abstoßen.

Zur **Registrierung** der nur Nano-Pascal betragenden mechanischen Spannungen, wird die Spitze auf einer Feder gelagert, deren Auslenkung optisch, kapazitiv oder auch über Zwischenschaltung einer Tunnelstrecke erfasst wird. Im letzteren Fall übernimmt die Feder

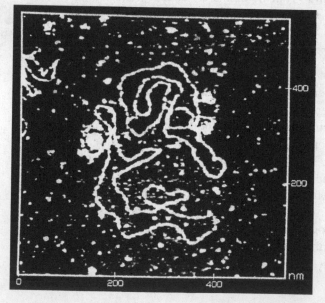

Abb. 2.12. Mittels der Kraftmikroskopie abgebildete DNA

jene Rolle, die üblicherweise der Probe zukommt. Als Beispiel zeigt Abb. 2.12 eine DNA, die hier nicht bedampft werden musste.

Wie bei der Tunnelmikroskopie wird auch bei der Kraftmikroskopie im Falle biologischer Proben keine atomare **Auflösung** erzielt. Analysen von Atomanordnungen sind der => Röntgenstrukturanalyse vorbehalten, die im entfernten Sinn als mikroskopisches Verfahren angesehen werden kann.

.4 Röntgenmikroskopie

Traditionelle Methoden basieren u.a. auf Wandlung von Elektronen in Röntgenstrahlen und erbringen trotz hohem Aufwand nur geringe Vergrößerung von Schnitten harter Gewebe. Strahlfokussierung mittels Zonenplatten hingegen ermöglicht die Abbildung lebender Zellen, bei guter Kontrastbildung durch Nutzung des „Wasserfensters".

Die **Attraktivität** des mikroskopischen Einsatzes von Röntgenstrahlung ergibt sich aus zwei Umständen:

(i) Die Wellenlänge λ liegt im Bereich von etwa 100 nm herab bis zu 0,01 nm (vgl. Abb. 1 sowie Tabelle 4.6), womit sie a priori hohe Auflösung verspricht.

(ii) Die Strahlung zeigt relativ schwache Wechselwirkung mit der Materie. Die Objektdicke ist damit unkritisch. Auch ist Evakuierung keine Vorbedingung, womit auch lebende biologische Objekte analysierbar sind.

Einer breiteren Anwendung der Röntgenmikroskopie stand zunächst entgegen, dass keine Linsen zur Strahlungsfokussierung verfügbar waren. Somit beschränkten sich erste Entwicklungen auf das – der medizinischen Praxis analoge – „Durchleuchten" von Dünnschnitt-Präparaten. Sie werden unmittelbar auf eine Photoplatte aufgebracht und mit einer Wellenlänge der Größenordnung $\lambda \approx 0,1$ nm durchstrahlt. Die eigentliche Vergrößerung ergibt sich dabei auf rein photographischem Wege.

Darüber hinaus wurden nach dem **Rasterprinzip** arbeitende Mikroskope mit teils hohem Aufwand entwickelt. Abb. 2.13a veranschaulicht dies anhand eines konkreten Beispiels. Der obere Teil des Gerätes entspricht einem Rasterelektronenmikroskop. Der abtastende Strahl fällt auf eine einige μm dicke Kupferfolie, wobei die im Sinne eines so genannten Targets (engl. für Ziel) getroffene Region zum Röntgenstrahler wird. Aufgrund der geringen Dicke der Folie

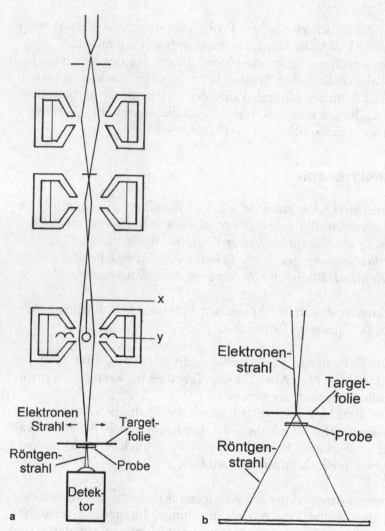

Abb. 2.13. Schematische Darstellung von Röntgenmikroskopen geringer Auflösung. (a) Rasterprinzip. (b) Projektionsprinzip bei Abbildung der Probe durch einen Fluoreszenzschirm

entsteht auch an ihrer Unterseite eine punktförmige Strahlungsquelle, welche sich rasterförmig bewegt. Unmittelbar unter der Folie liegt die eigentliche Probe, deren lokale Absorption durch einen Detektor erfasst wird. Die Signalverarbeitung entspricht im Wesentlichen jener des REM-Verfahrens.

Beim so genannten **Projektionsverfahren** wird auf die Abtastung verzichtet. Die Probe ist unter der hier unbewegten Punktquelle in

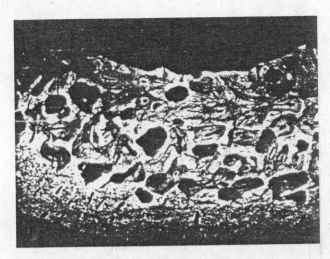

Abb. 2.14. Röntgenmikroskopische Abbildung von Knochengewebe bei ca. 100-facher Vergrößerung

einigem Abstand angeordnet (Abb. 2.13b). Somit wird sie von einem aufgeweiteten Strahl durchsetzt, der auf einem weiter entfernt montierten Fluoreszenzschirm ein vergrößertes Abbild liefert.

Abb. 2.14 zeigt ein typisches **Resultat** derartiger Verfahren, die alleine schon wegen der üblicherweise großen Probendicke durch geringe Auflösung gekennzeichnet sind. Es handelt sich um einen etwa 100 µm dicken Schnitt von Knochengewebe. Das Bild zeigt die Verteilung von Zellen und Blutgefäßen. Aber auch – z.B. gerontologisch bezüglich Osteoporose relevante – Veränderungen der festen Grundsubstanz können analysiert werden.

In neuerer Zeit kommen auch **hochauflösende Röntgenmikroskope** zum Einsatz. Zur Fokussierung der Strahlen dient dabei eine spezifische Ausführung der **Zonenplatte**, die im Bereich des Lichtes klassische Bedeutung hat. Entsprechend Abb. 2.15 handelt es sich um eine Platte, die in zyklischer Abwechslung kreisförmige Zonen geringer bzw. hoher Extinktion ε aufweist. Bei Einfall monochromatischer Strahlung der Wellenlänge λ – im Bild von links – werden die Zonenkanten selbst zu Quellen ungerichteter Röntgenstrahlung. Zur Erzielung eines gemeinsamen Brennpunktes muss positive Interferenz gegeben sein. Das heißt, dass durch zwei benachbarte Zonen gebeugte Strahlen konstante Wegdifferenz λ aufzuweisen haben. Dazu sind die Zonenabstände nach außen abnehmend zu staffeln.

Bezüglich der verwendeten **Wellenlänge** gilt, dass die Extinktion ε im Wesentlichen mit steigendem λ zunimmt. Wie in Abb. 2.16 angedeutet, treten aber so genannte Absorptionskanten auf, die zur Erzielung von Kontrasten genutzt werden können. Die im Bereich eini-

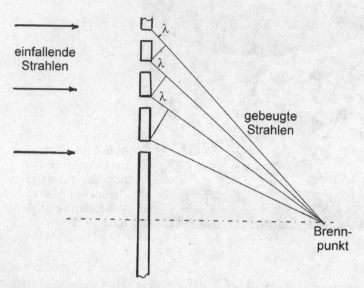

Abb. 2.15. Schematische Darstellung einer Zonenplatte (s. Text)

ger nm versetzt auftretenden Kanten für stark O-haltiges Wasser bzw. C-haltige Proteine liefern ein so genanntes **Wasserfenster**. Letzteres ist durch stark unterschiedlich ausfallendes ε ausgezeichnet und für

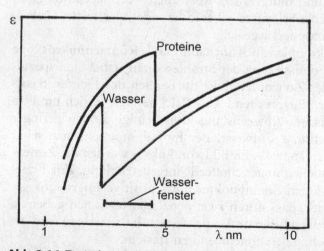

Abb. 2.16. Typischer Verlauf der Extinktion ε von Proteinen im Vergleich zu jener von Wasser in Abhängigkeit von der Wellenlänge λ der Röntgenstrahlung. Versetzt auftretende Absorptionskanten ergeben das für die Mikroskopie in vorteilhafter Weise nutzbare „Wasserfenster"

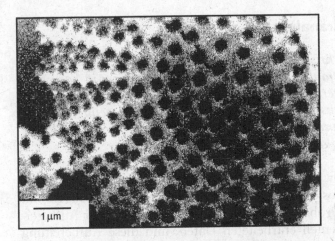

1 µm

Abb. 2.17. Röntgenmikroskopisches Abbild einer Diatomee

zelluläre Proben somit speziell geeignet. Die Strahlung kann durch ein kurzzeitig extrem erhitztes Stockstoffplasma gewonnen werden, wobei eine Wellenlänge von 2,88 nm aufkommt. Sie liegt im Inneren des Fensters.

Auch mit relativ hohen Werten λ von einigen Nanometern resultieren beträchtliche Probleme hinsichtlich der **Herstellung von Zonenplatten**. Zur Erzielung hoher Auflösung fallen mehrere hundert Zonen an. Für die äußersten ergeben sich dabei sehr geringe Abstände unter 50 nm. Eine dafür zielführende Fertigungsvariante besteht darin, einen dünnen Goldfaden abwechselnd mit gering bzw. stark absorbierendem Material zu beschichten. Scheibenförmige Abschnitte des Resultats repräsentieren letztlich eine Schar von Zonenplatten.

Beim üblichen **Mikroskopaufbau** geht der Röntgenstrahl zunächst durch eine als Kondensor genutzte Zonenplatte, deren Zentralbereich den Primärstrahl stoppt (Abb. 2.15). Die im Brennpunkt angeordnete Probe wird durch eine zweite, so genannte Mikrozonenplatte letztlich auf einen Kameradetektor abgebildet. Mit einer Apertur um 0,05 ergibt sich die erzielbare Auflösung zu etwa 30 nm.

Ein wesentlicher Vorteil gegenüber der Elektronenmikroskopie liegt darin, dass **wässrige Proben** analysierbar sind. Als Beispiel zeigt Abb. 2.17 das Abbild einer Kieselalgenzelle. Bezüglich der Untersuchung lebender Objekte sei daran erinnert, dass aufgrund des ionisierenden Charakters der Röntgenstrahlung analog zum Falle der medizinischen Durchleuchtung biologische Effekte zu erwarten sind, wie sie in Abschnitt 4.5 beschrieben sind.

2.1.5 Röntgenstrukturanalyse

Äquidistant – d. h. kristallin – auf einer Streuachse angeordnete Atome liefern gebeugte Strahlen, die auf einem Detektorschirm in Form von Kegelschnitten interferieren. Auch dreidimensionale Proben bilden sich nur zweidimensional ab. Mit größtem Aufwand gelingt es trotz dieser Unterbestimmtheit, die Koordinaten einzelner Atome der Probe mit hoher Genauigkeit zu rekonstruieren.

Wie schon erwähnt, ist die Röntgenstrukturanalyse (bzw. -beugungs-analyse) kein mikroskopisches Verfahren im engeren Sinn. Das Abbild der untersuchten Probe entsteht erst nach mathematischer Aufbereitung von experimentell erarbeiteten Daten, und diese Aufbereitung ist der wohl schwierigste Verfahrensschritt. Wie im Weiteren gezeigt wird, erlaubt das sehr aufwendige Verfahren eine maßstabsgetreue **„Vermessung" biologischer Makromoleküle** mit einer Auflösung, die mit keiner anderen Methode erzielbar ist.

Abb. 2.18 zeigt eine klassische experimentelle **Versuchsanord-nung** in stark schematisierter Ansicht. Die biologische Probe wird von einem Röntgenstrahl durchstrahlt. Als „Abbild" der Probe entstehen auf einem Detektorschirm – bei älteren Anordnungen eine Photo-platte – so genannte **Reflexe**, die einen Rückschluss auf die Struktur der voraussetzungsgemäß kristallinen Probe erlauben.

Genauer betrachtet rührt der Röntgenstrahl meist von einer eva-kuierten **Röntgenröhre** her. In ihr werden durch eine Glühkathode

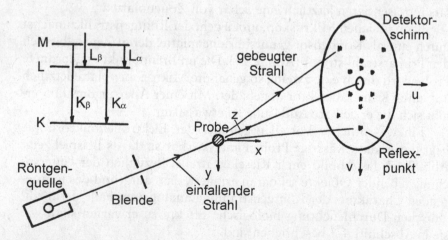

Abb. 2.18. Klassische Versuchsanordnung der Röntgenstrukturanalyse einer kristallinen Probe. Zusätzlich angegeben ist das der verwendeten Kα-Strahlung entsprechende Energieschema – ohne Berücksichtigung von Unterschalen (vgl. Text)

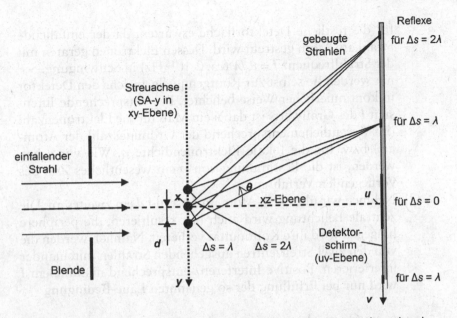

Abb. 2.19. Für eine fiktive, aus bis zu drei Atomen als Streuzentren bestehende Probe zu erwartende Verteilung von Reflexlinien (Schnitte für $u = 0$ entsprechend Abb. 2.18). Anm.: Im linken Teil der Skizze bestehen submikroskopische Größenordnungen, womit die Abbildung rein schematischer Natur ist

Elektronen freigemacht, die auf ein aus Kupfer bestehendes => Target beschleunigt werden. Aus der innersten Elektronenschale, der K-Schale, „geschossene" Elektronen werden durch von der L-Schale nachrückende ersetzt, wobei die Differenzenergie im Sinne eines so genannten Cu-Kα-Strahlenquants frei wird (Abb. 2.18). Ungeachtet der zusätzlich auftretenden Bremsstrahlung handelt es sich um eine Röntgenstrahlung der exakt definierten Wellenlänge $\lambda = 0{,}154\,\text{nm}$. Die Strahlung verlässt die Röhre durch ein Fenster geringer Absorption, und über ein Blendensystem wird sie auf die Probe fokussiert.

Den physikalischen **Mechanismus der Bildentstehung** wollen wir anhand der Abb. 2.19 im Sinne eines dreistufigen Gedankenexperiments verständlich machen:

(1) Nehmen wir zunächst an, dass die Probe aus einem einzigen Atom besteht. Der Strahl wird die Probe praktisch ungestört passieren und das Detektorzentrum entsprechend des Strahldurchmessers belichten. Somit ist hier eine kreisrunde – weiter nicht interessierende – Zone hoher Strahlungsintensität I zu erwarten. Theoretisch gesehen lässt sich endliches I aber auch

für die restliche Detektorfläche erwarten, da der einfallende Strahl am Atom gestreut wird. Dessen Elektronen geraten mit der Strahlfrequenz $f = c_0/\lambda$ (ca. 2 10^{18} Hz) in Schwingung. Somit werden sie selbst zur Röntgenquelle, welche den Detektor in kontinuierlicher Weise belichtet. Die entsprechende Intensität I des Grauwerts ist dabei ein Maß für die Elektronenzahl (im Wesentlichen entsprechend der Ordnungszahl der Atomart) bzw. für die lokale **Elektronendichte** ϱ. Wie wir sehen werden, ist die Bestimmung von ϱ ein wesentliches Ziel des vorliegenden Verfahrens.

(2) Nehmen wir über dem Atom im Abstand d ein zweites an. Die zentrale Belichtung wird auch hier resultieren, die periphere hingegen wird ihre Kontinuität verlieren. Nämlich werden die von den zwei Streuzentren ausgehenden Strahlen miteinander interferieren. Positive Interferenz entsprechend maximalem I wird nur bei Erfüllung der so genannten **Laue-Bedingung**

$$d \cdot \sin \Theta = n \cdot \lambda \tag{2.8}$$

erfüllt sein, d.h. für Wegdifferenzen Δs von n-facher Wellenlänge. Die vertikale Streuachse SA wird in Raumbereichen, die dem Winkel des Betrages Θ entsprechen, von einer Schar von Kegelflächen maximalen Wertes I umgeben sein. Im skizzierten Fall schneiden sie die Detektorebene uv im Sinne von zwei Hyperbeln. Es resultieren also zwei innere Reflexlinien entsprechend $n = 1$ und zwei äußere gemäß $n = 2$.; die Lösung für $n = 3$ liegt außerhalb des Detektorschirmes. Für dazwischen liegende Linien negativer Interferenz gilt $I = 0$, sofern die beiden Atome durch übereinstimmendes ϱ gekennzeichnet sind.

(3) Nehmen wir nun entlang der Streuachse SA ein drittes Atom an. Zeigt es erneut den Abstand d, so bleibt es hinsichtlich des Reflexlinienverlaufes ohne Auswirkung, doch führt es zu gesteigertem I. I ist also ein Maß für die Anzahl der entlang SA angeordneten Atome (bzw. auch Atomgruppen) als Streuzentren.

Mit dem Obigen ist das Prinzip der Röntgenstrukturanalyse de facto erschöpfend erklärt, indem es sich auf folgendes reduzieren lässt: In periodischen Abständen – und somit kristallin – entlang einer Achse angeordnete Atome als Streuzentren erzeugen am Detektorschirm durch maximales I ausgezeichnete Reflexlinien. Ihre geometrische

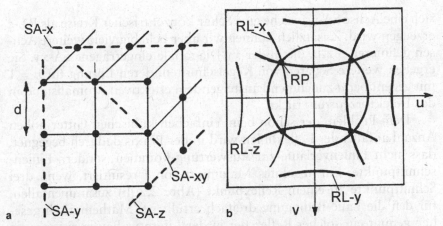

Abb. 2.20. Grundprinzip der Abbildung einer kubisch strukturierten Probe.
(a) Definition von Streuachsen SA, wobei für über *d* hinausgehende Atomabstände neben SA-*xy* theoretisch gesehen unendlich viele weitere, hier nicht
skizzierte Achsen anfallen. (b) Verteilung von Reflexlinien RL für den Fall, dass
eine Kristallhauptachse mit der Richtung des einfallenden Röntgenstrahls (der
z-Richtung) übereinstimmt. Für das mit RP bezeichnete Gebiet ergibt sich annähernd ein dreifacher Schnittpunkt als „Reflexpunkt". Der Achse SA-*xy* entsprechende Reflexe sind nicht eingetragen, ebenso wenig wie jene weiterer Achsen

Verteilung liefert unter mathematischer Nutzung der an sich sehr
einfachen Laue-Bedingung **drei Informationen**, deren Gesamtheit die
Struktur der Probe voll beschreibt. Die Auswertung liefert:

(i) den Atomabstand *d*, wobei sich kleines *d* an der Detektor-
peripherie abzeichnet und die Auflösung prinzipiell mit λ begrenzt ist (bzw. mit der etwa 1 % erreichenden Genauigkeit
der ermittelten Größe *d*),

(ii) die Lage der Streuachse SA, wobei ihre Drehung in der *xy*-
Ebene eine analoge Drehung auch der Reflexlinien der *uv*-
Ebene erbringt,

(iii) die Elektronendichte ϱ multipliziert mit der Anzahl der effektiven Streuzentren.

Das obige Gedankenexperiment bezieht sich auf eine fiktive eindimen-
sionale Struktur, lässt sich aber unschwer auf eine **dreidimensionale
Struktur** verallgemeinern. Betrachten wird dazu das in Abb. 2.20 skizzierte kubische Gitter. Hier ergibt sich zusätzlich zur in *y*-Richtung
gerichteten Streuachse SA-*y* eine in *x*-Richtung, welche eine um 90°
gedrehte Hyperbelschar als Reflexlinien RL-*x* erzeugt. Ferner findet

sich eine Achse SA-z, welche eine Schar konzentrischer Kreise als RL-z erzeugen wird. Zusätzlich können wir aber beliebig viele weitere Achsen definieren – z.B. die in der xy-Diagonale eingetragene SA-xy. Sie ergeben weitere Scharen von Kegelschnitten, deren Lösung für $n = 1$ mit gegenüber d zunehmend ansteigendem effektiven Atomabstand in das Detektorzentrum rückt.

Dem Problem der schon beim einfachen kubischen Gitter hohen Anzahl anfallender Reflexlinien wird in der Praxis dadurch begegnet, dass nicht Linienverläufe zur Auswertung kommen, sondern Linienschnittpunkte. Ein absolutes Maximum von I resultiert, wenn drei Schnittpunkte zu einem **Reflexpunkt** (Abb. 2.20b) zusammenfallen, für den die Laue-Bedingung dreifach erfüllt ist. Mathematisch gesehen genügt ein solcher Reflex der in der Literatur häufig zitierten so genannten **Braggschen Bedingung**

$$2\, d \cdot \sin \vartheta = n \cdot \lambda\,.$$

$$(2.9)$$

In formaler Weise lässt sich ein Reflexpunkt danach so interpretieren, dass der einfallende Strahl an einer durch zwei Streuachsen aufgespannten Streuebene (mit d als Abstand der Ebenen und ϑ als Reflexionswinkel) reflektiert wird.

Zusammenfassend ergeben sich für die Überführung von Streuobjekt zu Reflex die folgenden **Zuordnungen**:

- Streupunkt => Reflexebene
- Streuachse => Reflexlinie
- Streuebene => Reflexpunkt

Ein Problem der experimentellen Praxis ist es, die **Lage der Probe** gegenüber dem einfallenden Strahl so zu variieren, dass die Reflexpunkte durch quasi zufällige Erfüllung der jeweiligen Dreifachbedingung auch tatsächlich erfasst werden. Dies geschieht durch koordiniertes Bewegen von Probe und Detektorsystem. Darauf sei hier nicht näher eingegangen, doch sei erwähnt, dass sich im Falle biologischer Proben tagelange Aufnahmeprozeduren ergeben können.

Die **Forderung kristalliner Struktur** ist im Falle biologischer Proben häufig für *eine* Dimension a priori erfüllt. So repräsentieren die Sprossen einer gestreckten DNA nach Abb. 1.29 sich periodisch wiederholende Streuzentren im Abstand $d = 0{,}34\,$nm. Ein ähnlicher Wert gilt für die Aminosäuren eines Proteinfadens (Abb. 1.14b). Ein wesentlicher und schwieriger Verfahrensschritt aber ist die Erzeugung einer *dreidimensionalen* kristallinen Struktur. Entsprechende, mehr als $100\,\mu$m große Einkristalle erzielt man z.B. durch Übersättigung der Lösung – eventuell bei Einwirkung orientierend wirkender elektrischer Felder –, wobei wochenlange Wachstumsprozesse anfallen können. Zur Plausibilisierung der wirkenden Ordnungsprinzipien sei auf die in Abb. 1.19 skizzierte (zweidimensionale) Faltblattstruktur hingewiesen.

Hinsichtlich der **Reflexauswertung** resultiert das größte Problem daraus, dass bei biologischen Proben die unterschiedlichen beteiligten Atomarten große Scharen von Streuachsen bzw. -ebenen erbringen. Es resultieren tausende Reflexpunkte, deren aufwendige Interpretation 1962 für den Fall der DNA mit einem Nobelpreis gewürdigt wurde. Der Einfachheit der Braggschen Bedingung steht gegenüber, dass ein *eindeutiger* Rückschluss a priori nicht erwartet werden kann, da auch moderne Detektoren nur die Intensität I erfassen, nicht aber die **Phasenlage** des gebeugten Strahles. Es resultiert eine **Unterbestimmtheit**, wie sie im Falle einer Fourierreihe vorliegt, wenn zwar die Amplitudenwerte der Harmonischen bekannt sind, nicht aber die Phasenwerte.

In der Praxis der Aufklärung biologischer Strukturen wird die Unterbestimmtheit durch eine iterative **Kombination von Verfahrensschritten** wettgemacht, die folgendes umfassen können:

(a) Die Reflexpunkte einer in eine Glaskapillare eingebrachten Probe werden durch einen bewegten Detektor nach örtlicher Verteilung und Intensität I erfasst.

(b) Mit Methoden der Fouriersynthese wird zunächst versucht, die räumliche Verteilung der Elektronendichte ϱ in der durch die Koordinaten x,y,z beschriebenen, sich periodisch wiederholenden Elementarzelle der Probe zu bestimmen.

(c) Zur Schaffung von „Orientierungspunkten" werden bestimmte Molekülpositionen z. B. mit Hilfe der => Elektroadsorption spezifisch mit Schweratomen hohen Wertes ϱ markiert und identifiziert.

(d) Die Lösung für $\varrho(x,y,z)$ wird zunächst auf gestaffelte Ebenen $\varrho(x,y,z_k)$ beschränkt, und bei gemeinsamer Betrachtung der Teillösungen wird versucht, Molekül-Hauptachsen oder andere wesentliche Strukturelemente ausfindig zu machen.

Als Resultat ergibt sich die **Elektronendichteverteilung**, wie sie in Abb. 2.21 anhand von Höhenschichtlinien für eine ebene Anordnung einiger Atome als Elementarzelle einer Probe skizziert ist. Der nächste Schritt besteht in der Einpassung der verschiedenen – nach chemischen Analysen bekannten – Atomarten gemäß ihrer, der Dichte ϱ entsprechenden Ordnungszahl. Der letzte und relativ einfache Schritt besteht

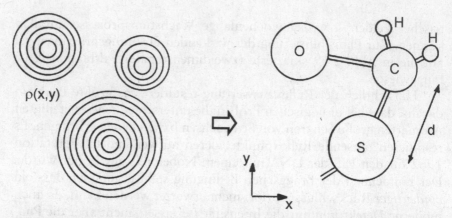

Abb. 2.21. Höhenschichtliniendarstellung einer ebenen Elektronendichtevertei-
lung $\varrho(x,y)$ und eine mögliche Lösung zur Einpassung entsprechender Elemente.
Der leichte Wasserstoff wird dabei nur summarisch berücksichtigt. Als letzter
Verfahrensschritt erfolgt die Bestimmung der Atomabstände d

in der Bestimmung der Atomkoordinaten x,y,z und der Atomabstände
d, dem eigentlichen Endziel des Verfahrens.

Im Laufe der letzten Jahrzehnte gelang die Strukturaufklärung für
mehr als tausend Makromoleküle. Als konkretes **Beispiel eines Resultates** zeigt Abb. 2.22 ein Proteinfragment, wobei die hohe Auflösung
des diesbezüglich konkurrenzlosen Verfahrens dadurch zum Ausdruck kommt, dass für die Atomabstände zwei Dezimalen angegeben
sind. Neben Aufklärungen statischer Strukturen gelangen auch solche
dynamischer, molekularer Veränderungen, wozu als Beispiel auf den
Mechanismus der => Muskelkontraktion verwiesen sei.

2.2 Elektrophorese

2.2.1 Voraussetzungen

*Die Beweglichkeit ionaler Partikeln im Feld ist zur Ladung propor-
tional, zum die Hydratation berücksichtigenden Radius und zur Medi-
enviskosität hingegen verkehrt proportional. Elektrophoretisch folgt
sie aus der Bandenposition unter Berücksichtigung der Intensität und
der Zeitdauer des einwirkenden elektrischen Gleichfeldes.*

Die Elektrophorese ist ein viele Varianten umfassendes Verfahren, das
auf der Wanderung geladener Teilchen in einem definiert elektroly-

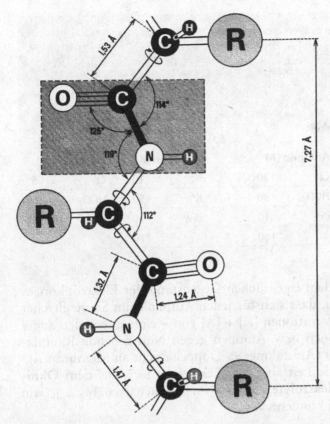

Abb. 2.22. Resultat der Analyse für ein Proteinfragment (R Aminosäurerest). Neben Atomabständen sind auch Freiheitsgrade der möglichen Verdrehung angegeben

tisch leitenden Träger (gr. Phoreas) beruht, in dem eine elektrische Gleichfeldstärke E wirkt. Es dient sowohl zur Trennung von Teilchen verschiedener Art als auch zu deren Analyse.

Die biophysikalische Bedeutung der Elektrophorese ist ähnlich hoch wie jene der Röntgenstrukturanalyse. Sie basiert auf dem Umstand, dass biologische Medien praktisch keine Elektronenleitung aufweisen. Die **Leitfähigkeit** γ ergibt sich vielmehr alleine aus dem i. a. hohen Gehalt an verschiedenartigen Ionen. Tabelle 2.2 gibt eine Übersicht zu den in zellulären Flüssigkeiten enthaltenen Ionentypen und zu typischen Größenordnungen ihrer Konzentration. Neben den jeweiligen Hauptionenarten sind mit „div" auch diverse *andere* Ionenarten angedeutet. Sie können klein sein, wie etwa im Falle von Ca^{2+}. Vor allem im Intrazellulären aber handelt es sich hier auch um geladene

Tabelle 2.2. Übersicht zu den für zelluläre Flüssigkeiten wesentlichen Ionenarten (K Kationen, A Anionen) und der typischen Größenordnung ihrer Konzentration in mMol/l ("div" steht für verschiedene Ionentypen, u.a. für geladene Makromoleküle). In jedem Teilraum gilt gleiche Summe von [K] bzw. [A] entsprechend verschwindender Raumladungsdichte. Die diversen Literaturstellen entnommenen Werte verstehen sich als punktuelle Resultate konkreter Labortests. Die tatsächlich auftretenden Konzentrationen zeigen starke Streuungen

Extrazelluläre Flüssigkeit				Intrazelluläre Flüssigkeit			
Kationen [K]		Anionen [A]		Kationen [K]		Anionen [A]	
Na^+	150	Cl^-	120	Na^+	10	Cl^-	5
K^+	5	$HCO_3.$	30	K^+	150	$HCO_3.$	10
div^+	5	div^-	10	div^+	10	div^-	155
Summe	160		160		170		170

Makromoleküle – dem eigentlichen Gegenstand der Elektrophorese. Wesentlich ist dabei, dass sich für jeden Aufpunkt im Sinne gleicher Summen der Konzentrationen [K] + [A] von – einfach geladen angenommenen – Kationen bzw. Anionen gegen Null gehende Raumladungsdichte ϱ ergibt (Ausnahme: => Doppelschicht an Membranen).

Die resultierende Leitfähigkeit γ errechnet sich aus dem **Ohmschen Gesetz für Elektrolyte**, das wir für k Ionenarten $J_1 \ldots J_k$ wie folgend anschreiben können:

$$S = {}_k\Sigma \, [J_i] \cdot z_i \cdot e \cdot b_i \cdot E = \gamma \cdot E. \qquad (2.10)$$

S ist die aus E resultierende (gleich gerichtete) Stromdichte, z_i ist die der i-ten Ionenart entsprechende Anzahl von Elementarladungen e, b_i die entsprechende Beweglichkeit im jeweiligen Trägermedium. Wie wir sehen werden, kann seine Veränderung dazu führen, dass die Ladung eines Moleküls vom positiven in den negativen Bereich wechselt (und umgekehrt). Damit ändern z_i und b_i ihr Vorzeichen, das in Glg. 2.10 stehende Produkt bleibt aber positiv – in Richtung bzw. Gegenrichtung von E wandernde Ionen tragen zu γ ja gleichermaßen bei.

Für die **Beweglichkeit** gilt in Näherung

$$b_i = \frac{v_i}{E} = \frac{z_i \cdot e}{6\pi \cdot r_i \cdot \eta}. \qquad (2.11)$$

v_i steht hier für die Geschwindigkeit der Ionenwanderung, wobei ein negatives Vorzeichen eine Bewegung entgegen E bedeutet. η ist die Viskosität des Trägers, welche mit steigender Temperatur abnimmt.

Eine sehr wesentliche Größe ist der **effektive Ionenradius** r. Vor allem für sehr kleine Ionenarten liegt er deutlich über dem Atomradius R, da er die *effektive* Ionengröße berücksichtigt, die sich aus der so genannten Hydratation ergibt. Damit ist gemeint, dass sich ein geladenes Ion durch elektrostatische Wechselwirkung mit polaren Wassermolekülen, dem => Hydratmantel, umgibt. Die Molekülzahl nimmt dabei für vorgegebenes $|z|$ mit steigendem R ab, was sich mit sinkender wirksamer Feldstärke $E = |z| \cdot e / (4 \cdot R^2 \cdot \pi \cdot \varepsilon_0)$ erklärt (ε_0 Permittivität des leeren Raumes). Letztlich bedeutet dies, dass deutlich unterschiedliche Radien sehr ausgewogenen Beweglichkeiten gegenüber stehen können. Vor allem aber sind Ionen von an sich sehr kleinen Elementen (wie Natrium) relativ *gering* beweglich (vgl. Tabelle 2.3), was sich mit erhöhtem r erklärt.

Von Interesse ist auch die Größenordnung der **Geschwindigkeit** v. Für $E = 1$ kV/m bewegt sich ein Na-Ion lt. Tabelle 2.3 mit einer Geschwindigkeit von nur etwa 50 µm/s. Mikroskopisch betrachtet bedeutet dieser gering erscheinende Wert aber, dass das Ion pro Sekunde zehntausende Wassermoleküle passiert.

Die Glg. 2.10 erlaubt die einfache Abschätzung der Leitfähigkeit zellulärer Flüssigkeiten. Die **extrazelluläre Flüssigkeit** können wir gemäß Tabelle 2.2 in grober Näherung als 0,16-molare NaCl-Lösung (1 Mol entsprechend $L = 6 \cdot 10^{23}$ Partikeln) ansetzen. Mit $[Cl] = [Na]$ ergibt sich

$$\gamma = [Na] \cdot e \cdot (b_{Na} - b_{Cl}) = 0,16 \cdot 6 \cdot 10^{23} / (10^{-3}\,m^3) \cdot 1,6 \cdot 10^{-19}\,A \cdot s \cdot$$

$$\cdot (52 + 79) \cdot 10^{-9}\,m^2 /(s \cdot V) \approx 2\ S/m . \tag{2.12}$$

Die resultierende Größenordnung von 2 S/m ist in guter Übereinstimmung mit an verschiedensten Gewebearten vorgenommenen messtechnischen Untersuchungen zahlreicher Autoren.

Tabelle 2.3. Vergleich von Atomradius R und Beweglichkeit b für einige Ionenarten in Wasser (diversen Quellen entnommene Größenordnungen)

Ionenart	Atomradius R in nm	Beweglichkeit b in 10^{-9} m^2 /(s·V)
Natrium Na$^+$	0,10	52
Kaium K$^+$	0,13	76
Chlor Cl$^-$	0,18	- 79
Jod J$^-$	0,22	- 80

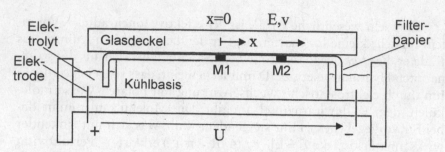

Abb. 2.23. Grundprinzip der Elektrophorese unter Einsatz eines elektrolytgetränkten Filterpapierstreifens als Träger. M1 an der Startposition ($x = 0$) verbleibende ungeladene Molekülart 1, M2 in Richtung der Feldstärke **E** mit endlicher Geschwindigkeit v wandernde, positiv geladene Molekülart 2

Für das **Intrazelluläre** – d. h. die Gesamtheit von Cytoplasma und Zellkern – ergeben experimentelle Untersuchungen eine mittlere Leitfähigkeit γ der Größenordnung 1 S/m. Dieser nur halb so große Wert resultiert daraus, dass wohl eine der extrazellulären Na-Konzentration vergleichbare Konzentration an K-Ionen vorliegt, andererseits aber die gut beweglichen Cl-Ionen im Zellinneren kaum vertreten sind. Die Anionen werden großteils durch die in Tabelle 2.2 unter „div⁻" angegebenen Makromoleküle ausgemacht, die wegen ihrer geringen Beweglichkeit zu γ kaum beitragen. Reduziertes γ folgt im Übrigen auch aus dem Umstand, dass das intrazelluläre Wasser zu einem großen Teil als an Makromoleküle gebunden vorliegt, was zu einer Steigerung von η führt.

Die experimentelle Analyse des Verhaltens kleiner Ionen erfolgt meist indirekt über Messungen der Leitfähigkeit in spezifischen Messkammern. Für **Makromoleküle** hingegen, wie Proteine oder Nucleinsäuren, erfolgt die Untersuchung der elektrischen Eigenschaften vor allem mit speziellen Varianten der **Elektrophorese**, deren **Grundprinzip** in Abb. 2.23 dargestellt ist. Traditionell ausgeführte Geräte bestehen aus einer Kühlbasis mit auf der Deckfläche aufgebrachtem Filterpapierstreifen, dessen Enden in mit spezifischem Elektrolyt gefüllte Kontaktkammern tauchen. Zwischen den Kammern wird über Elektroden eine Gleichspannung U eingeprägt, deren Stärke u. U. einige kV betragen kann. Der als Träger fungierende, mit Elektrolyt durchtränkte Papierstreifen der Länge l erfährt somit eine annähernd homogene Feldstärke $E = U / l$. Wie noch gezeigt wird, dient der Elektrolyt nicht nur zum Feldaufbau, sondern auch als Puffer zur Vorgabe des chemischen Milieus, insbesondere des pH-Wertes.

Zur **Experimentdurchführung** wird die zu analysierende Probe auf den Träger als Startstrich (bzw. „Startbande"; entsprechend $x = 0$) quer zur Streifenachse aufgetragen. Nach Abdeckung (u. a. zur Verhinderung der Austrocknung) wird das Feld eingeschaltet, womit es zur Wanderung geladener Partikeln kommt. Wie in Abb. 2.24a für einen Zeitpunkt kurz nach Einschalten schematisch dargestellt ist, werden ungeladene – oder im Sinne von Zwitterionen in Summe neutrale – Moleküle am Startort verharren. Vorwiegend positiv geladene werden mit zu b proportionalem v in Feldrichtung wandern, negative in Gegenrichtung.

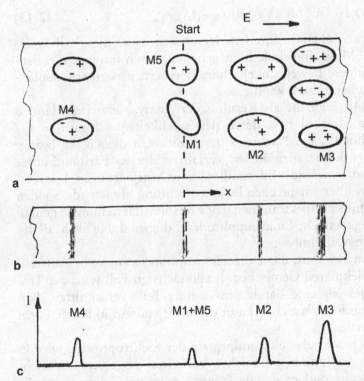

Abb. 2.24. Schematische Darstellung des Analyseverlaufes. (a) Kurz nach Einschalten des Feldes im Nahbereich der Startbande zu erwartende Positionen der Molekülarten M1 bis M5 unterschiedlicher Ladung und Größe. (b) Den einzelnen Molekülarten entsprechende Banden am Experimentende bei gegenüber (a) ungleich größerem Maßstab. (c) Spektrale Darstellung des Resultates z.B. auf der Basis einer Fluoreszenzmarkierung. Die ungeladenen Molekülarten M1 und M5 werden nicht aufgetrennt. Die Intensität I ist ein Maß der Konzentration

Zur Erzielung guter **Auflösung** wird das Experiment so lange erstreckt, bis zu erwarten ist, dass sich die rascheste Molekülart an ein Streifenende heranbewegt hat. Generell werden gut bewegliche Arten somit auch gut aufgelöst, indem sie auseinander wandern. Umgekehrtes gilt für schlecht bewegliche Moleküle, wobei die Auflösung durch Diffusionsprozesse und Inhomogenität des Feldes a priori herabgesetzt sein kann.

Als Beispiel für **quantitative Verhältnisse** wollen wir $U = 1$ kV, $d = 20$ cm, entsprechend $E = 5$ kV/m ansetzen. Für Na-Ionen führt dies mit dem in Tabelle 2.3 angegebenen Beweglichkeitswert nach einer Zeit $t = 10$ min zu einer Position

$$x = v \cdot t = E \cdot b \cdot t =$$

$$= 5 \text{ kV/m} \cdot 50 \ 10^{-9} \text{ m}^2 / (\text{s} \cdot \text{V}) \cdot 600 \text{ s} = 15 \text{ cm} . \tag{2.13}$$

Kleine Ionen erreichen die Streifenenden somit schon innerhalb weniger Minuten. Makromoleküle hingegen sind durch um eine Größenordnung geringere Beweglichkeit charakterisiert, was zu stundenlangen Analysezeiten führen kann.

Abb. 2.24b zeigt die als **Resultat** der Analyse erzielten Banden verschiedener Molekülarten, deren Beweglichkeiten sich zu $b_i = x_i /$ $(E \cdot t)$ berechnen. Zum Nachweis der Positionen dienen die bezüglich der Mikroskopie angeführten Verfahren der => Färbung, unter Einschluss fluoreszierender oder radioaktiver Markierungen. Die Auswertung kann über entsprechende, in x-Richtung abtastende Sonden erfolgen, womit sich spektrallinienartige Resultatdarstellungen gemäß Abb. 2.24c ergeben. Die Linienamplituden I dienen dabei als Maß der Konzentrationsverhältnisse.

Wie schon erwähnt, dient die Elektrophorese auch zur **Auftrennung** von molekularen Gemischen. Im einfachsten Fall wird der Träger dazu in jeweils eine Bande umfassende Teile zerschnitten. Beispielsweise durch Auswaschen kann der Stoff sodann in reiner Form gewonnen werden.

Das oben beschriebene Grundprinzip der Elektrophorese wird in der modernen Analytik in zahlreichen **Varianten** umgesetzt und nicht nur für Moleküle sondern – ohne Träger – auch für Zellen angewendet (vgl. Abschnitt 2.2.3). Als weiterer Entwicklungstrend wurde das Filterpapier vorzugsweise durch millimeterdicke Gelschichten definiert vorgebbarer Eigenschaften ersetzt. Neben horizontalen Anordnungen kommen auch vertikale zum Einsatz. Die beiden folgenden Abschnitte behandeln zwei **Anwendungsbereiche** in näherer Weise:

(i) die DNA-Analyse, die im Rahmen des Genom-Projektes besondere Bedeutung erhielt, und

(ii) die Protein-Analyse, der Gegenstand des als Proteom bezeichneten Nachfolgeprojektes.

2.2 Elektrophorese von Nucleinsäuren

Die Elektrophorese von Nucleinsäuren nutzt den mit steigender Nucleotidanzahl sinkenden Betrag der Beweglichkeit im Gel. DNA-Kartierung gelingt durch einseitige radioaktive Markierung, Anwendung spezifischer Schneideenzyme und Auswertung der entsprechenden Bandenpositionen. DNA-Sequenzierung basiert auf Markierung, Denaturierung, nucleotid-spezifischem Schneiden und vier entsprechenden Elektrophoreseansätzen.

Zur Analyse von Nucleinsäuren ist die Elektrophorese in besonderem Maße geeignet. Dies resultiert aus dem sehr einfachen, definierten elektrischen Verhalten der Nucleinsäuren (vgl. Abb. 2.25):

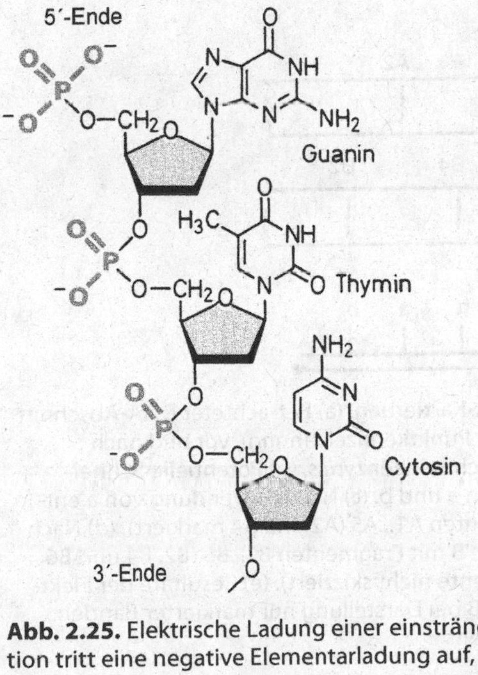

Abb. 2.25. Elektrische Ladung einer einsträngigen DNA. An jeder Phosphor-Position tritt eine negative Elementarladung auf, eine weitere am Strangende

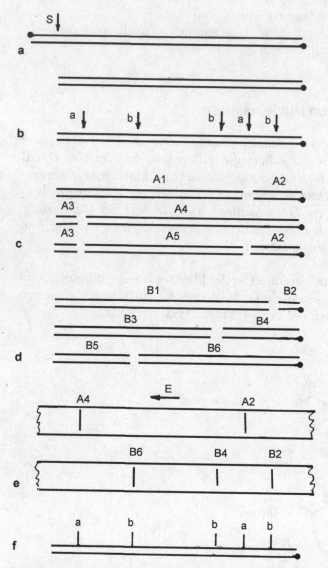

Abb. 2.26. Funktionsschritte der DNA-Kartierung. (a) Betrachteter DNA-Abschnitt mit radioaktiv markierten 5'-Enden (s. Punktkennzeichnung), vor und nach Abtrennen eines 5'-Endes durch ein Schneideenzym s. (b) Potentielle Schneidestellen zweier Schneideenzymtypen a und b. (c) Nach Anwendung von a entstehende Probe A mit Molekülfragmenten A1...A5 (A2 und A4 markiert). (d) Nach Anwendung von b entstehende Probe B mit Fragmenten B1...B6 (B2, B4 und B6 markiert; weitere unmarkierte Fragmente nicht skizziert). (e) Resultate der Elektrophorese (mit Start links) von A und B bei Darstellung nur markierter Banden. (f) Kartierung als Resultat des Verfahrens

- Jedes => Nucleotid zeigt am Basenende zwei bzw. drei polare Positionen, die aber wegen verschwindender Gesamtladung zum elektrophoretischen Verhalten nicht beitragen.

- Im Bereich des Rückgrats zeigt sich an der Phosphorsäure eine negativ geladene Position im Sinne eines fehlenden Protons.

Für die Primärstruktur – bzw. allgemein für einsträngige => RNA-Moleküle – resultiert die **Gesamtladung** für N Positionen zu

$$Q = - N \cdot e ; \tag{2.14}$$

für DNA-Doppelstränge erhalten wir $Q = - 2\, N \cdot e$. End-Ladungspositionen, wie in Abb. 2.25 angegeben, sind dabei vernachlässigt.

Da auch die Molekülgröße mit N zunimmt, ist gemäß Glg. 2.11 a priori weitgehend ausgeglichene, negative **Beweglichkeit** b zu erwarten, was elektrophoretischen Trennmöglichkeiten entgegen steht. Als Abhilfe wird als Träger eine Gelschicht verwendet. Dabei handelt es sich um ein aus polymerisierten Makromolekülen gebildetes Maschenwerk, dessen Porenweite in definierter Weise vorgegeben werden kann. Die jeweilige Anpassung erfolgt so, dass die Molekülbeweglichkeit mit steigendem N bzw. steigendem Molekülradius r zunehmend behindert wird. Formal können wir dies durch eine Zunahme der effektiven Viskosität η ausdrücken. In Näherung ergibt sich

$$|b| \approx \frac{|Q|}{6 \, \pi \cdot r_i \cdot \eta(N)} \propto \frac{1}{\lg N} , \tag{2.15}$$

wobei der logarithmische Ausdruck empirischer Natur ist. Zunehmende Positionszahl N drückt sich also in starker Abnahme von $|b|$ aus – eine Grundlage für effektive Auftrennungen.

Bevor wir auf die Sequenzierung einzelner DNA-Positionen eingehen, sei das Grundprinzip der so genannten **DNA-Kartierung** dargestellt. Es handelt sich dabei um eine Charakterisierung größerer Molekülabschnitte anhand der Verteilung enzymatischer Schnittstellen. Allgemeine Bekanntheit erhielt die Kartierung durch ihre breite gerichtsmedizinische Anwendung als Identifikationshilfe.

Eine mögliche Vorgangsweise umfasst die folgenden, in Abb. 2.26 skizzierten **Verfahrensschritte:**

(1) Die zu untersuchende DNA wird etwa mittels PCR angereichert (vgl. Abschnitt 1.4.1).

(2) Die 5'-Enden (s. Abb. 2.25) werden radioaktiv markiert, und ein markiertes Molekülende wird gezielt enzymatisch abgetrennt, um eindeutige Schnittfragmente zu erzielen.

(3) Die wässrige Probe wird auf eine Schar Reagenzgläser aufgeteilt und jeweils mit einem spezifischen => Schneideenzym in
Fragmente getrennt. Die Schnitte erfolgen dabei nicht versetzt
(wie bei der => Rekombinationsmethode), sondern geradlinig an durch Zentralsymmetrie ausgezeichneten Sequenzen.
Beispielsweise kann eine Enzymart a dadurch ausgezeichnet
sein, dass sie überall dort angreift, wo die folgende Sequenz
vorliegt:

$$\downarrow$$

$$5'-G-G-C-C- \qquad => 5'-G-G--C-C-$$
$$-C-C-G-G-\ 5' \qquad\quad -C-C--G-G-\ 5'$$

Beschränkt angesetzte Enzymkonzentration führt zu Frag-
mentscharen, wie sie in Abb. 2.26c,d für zwei Enzymarten a
und b dargestellt sind; a führt hier zu markierten Fragmenten
A2 und A4, b zu B2, B4 und B6.

(4) Die Proben werden in separierten Spuren der Gelelektrophorese grober Porenweite aufgetrennt, wobei es zu
Fragmentwanderungen entgegen der Feldstärke E kommt
(Abb. 2.26e). Die erzielten Verteilungen radioaktiv markierter – und damit strahlensensorisch registrierter – Banden
entsprechen letztlich der Verteilung der spezifischen Schnitt-
stellen. (Anm.: Entsprechend Glg. 2.15 nimmt $|b|$ mit zuneh-
mender Fragmentlänge N in logarithmischer Weise ab, was in
Abb. 2.26e nicht berücksichtigt ist.)

(5) Die lokale Angabe sämtlicher Schnittstellen a,b,...etc. entlang der untersuchten DNA liefert letztlich die das Molekül
charakterisierende Kartierung (Abb. 2.26f).

Als praktisches **Beispiel eines Resultates** zeigt Abb. 2.27 die Schnitt-
verteilung von Enzymarten a...i entlang eines $N = 30000$ Positionen
umfassenden DNA-Abschnitts, der die => Globine α1 und α2 enthält.
Schimpanse und Zwergschimpanse zeigen dabei deutlich unterschiedliche Kartierungen, was die vielschichtige Bedeutung des Verfahrens –
hier z. B. für die Evolutionsforschung – illustriert.

Wenden wir uns nun der elektrophoretischen **DNA-Sequenzierung** zu. Ihr Ziel besteht in der Aufklärung der einzelnen Positionen einer vorgegebenen Molekülkette. Die Positionsanzahl N ist hier
a priori durch die Auflösung der Elektrophorese beschränkt, wobei
das gedrängte Auftreten großer – und somit langsam bewegter – Fragmente in Nähe der Startposition ein generelles, spezifisches Problem
darstellt.

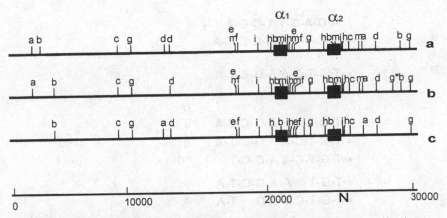

Abb. 2.27. Aus den Resultaten von etwa zehn Enzymen rekonstruierte Kartierung eines DNA-Abschnittes, der zwei Globine α1 und α2 enthält, für verschiedene Lebewesen. (a) Mensch, (b) Schimpanse, (c) Zwergschimpanse

Eine mögliche Vorgangsweise umfasst die folgenden, in Abb. 2.28 skizzierten **Verfahrensschritte:**

(1) Der zu untersuchende DNA-Abschnitt wird angereichert.

(2) Die 5'-Enden werden radioaktiv markiert. Dank der geringen Moleküllänge kann durch Erhitzen eine => Denaturierung erzielt werden, womit an nur einem Ende markierte Einzelstränge entstehen.

(3) Die wässrige Probe wird auf vier Reagenzgläser aufgeteilt, an denen Schneideenzyme a, c, g, t zum Einsatz kommen, welche die Eigenschaft haben, Positionen A, C, G, T zu zerstören. Somit entstehen vier Scharen von Fragmenten, deren Längen den Positionszahlen n der vier => Nucleotide entsprechen.

(4) Die Proben werden in separierten Spuren der Gelelektrophorese – der begrenzten Zahl n entsprechend – *geringer* Porenweite aufgetrennt. Die erzielten Verteilungen markierter Banden liefern dabei die Verteilungen der spezifischen Schnittstellen.

(5) Die lokale Zuordnung von A, C, G bzw. T entlang der untersuchten DNA liefert letztlich als Resultat des Verfahrens die interessierende Sequenz.

Abb. 2.29 zeigt ein **praktisches Resultat** der vier Teilelektrophoresen in einer mit Kammtrennungen versehenen Gelschicht. Es handelt sich um einen $N = 55$ langen DNA-Teil, welcher zwischen den für die Globuline α_1 und α_2 codierenden Genabschnitten nach Abb. 2.27 liegt.

a
A-C-A-G-T-T-C-G-A-T-•
•-T-G-T-C-A-A-G-C-T-A

b
•-T-G-T-C-A-A-G-C-T-A

		n
a ⇒	•-T-G-T-C A-G-C-T-A	5
	•-T-G-T-C-A G-C-T-A	6
	•-T-G-T-C-A-A-G-C-T	10
c ⇒	•-T-G-T A-A-G-C-T-A	4
	•-T-G-T-C-A-A-G T-A	8
g ⇒	•-T T-C-A-A-G-C-T-A	2
	•-T-G-T-C-A-A C-T-A	7
t ⇒	• G-T-C-A-A-G-C-T-A	1
	•-T-G C-A-A-G-C-T-A	3
c	•-T-G-T-C-A-A-G-C A	9

$E \rightarrow$ Start
▽

EP-a

EP-c

EP-g

d EP-t

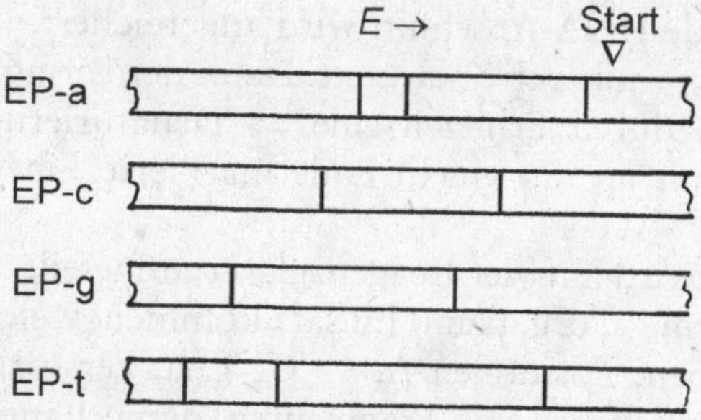

e Resultat: T-G-T-C-A-A-G-C-T-A

Abb. 2.28. Funktionsschritte der DNA-Sequenzierung für einen DNA-Abschnitt mit $N = 10$ Positionen. (a) Betrachteter DNA-Abschnitt mit radioaktiv markierten 5'-Enden. (b) Durch thermische Denaturierung erzielter Einzelstrang. (c) Nach Anwendung von spezifischen Schneideenzymen a, c, g und t entstehende Molekülfragmente, wobei Doppelschnitte nicht berücksichtigt sind. Die Länge markierter Fragmente entspricht der Positionszahl n. (d) Resultate der vier Elektrophoreseansätze EP-a bis EP-t bei Darstellung nur markierter Banden. (e) Sequenz als Resultat des Verfahrens

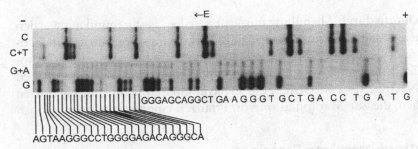

Abb. 2.29. Beispiel zu den Resultaten der vier Elektrophoreseansätze zur Sequenzierung eines 55 Nucleotide umfassenden DNA-Teils. Anders als im Text beschrieben, wurden hier neben Schneideenzymen für G und C solche eingesetzt, die an G *und* A bzw. an C *und* T angreifen

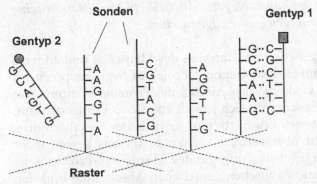

Abb. 2.30. Grundprinzip der DNA-Chip-Technik. Wegen KL-Komplementarität wird das Gen G1 angebunden, während G2 frei bleibt

Das gedrängte Auftreten von Banden im startnahen linken Bereich illustriert das schon erwähnte Problem der Auflösungsbegrenzung.

Als Ergänzung der beiden obigen elektrophoretischen Verfahren sei die Technologie so genannter **DNA-Chips** erwähnt. Ihr Ziel ist es, einsträngige DNA-Abschnitte einer flüssigen Probe nachzuweisen bzw. zu identifizieren. Nach Abb. 2.30 geschieht dies auf der Basis ihrer komplementären Anbindung an bekannte DNA-Abschnitte, die quasi als Sonden fungieren. Tausende *unterschiedliche* Sonden werden array-artig, in Abständen von Mikrometern, auf einem ebenen Substrat mit zur Ebene normaler Molekülachse angeordnet – analog zu verschiedenen Figuren eines Schachbrettes. Wird nun die Probe aufgebracht, so binden sich ihre DNA-Abschnitte an ihnen gegenüber komplementären Sonden, wobei die Bindungsfestigkeit mit zunehmendem Grad der Passung ansteigt. Dies wird genutzt, indem falsch gebundene

Abschnitte durch Abspülung entfernt werden. Fest gebundene werden schließlich anhand von spezifischen Markierungen mit hoch auflösenden optischen (Laser)Methoden bzw. magnetischen => Beads-Methoden identifiziert. Anwendungsmöglichkeiten ergeben sich hinsichtlich des Nachweises von Genen, die Erbkrankheiten bedingen, bis hin zu solchen, die zur Manipulation von Pflanzen eingesetzt werden.

2.2.3   Elektrophorese von Proteinen

Die Beweglichkeit eines Proteins sinkt mit steigendem pH-Wert des Milieus ab. Ein Charakteristikum der Proteinart ist durch den isoelektrischen Punkt gegeben, der durch so genannte Fokussierung unmittelbar bestimmt werden kann. Negativ dissoziierte Membranproteine ermöglichen Auftrennungen von Zellgemischen.

Mit Aufklärung des genetischen Materials des Menschen und anderer Organismen im Rahmen des „Genom"-Projektes liegt entsprechend dem => genetischen Code die den Aufbau der Proteine bestimmende Information vor. Sie beschränkt sich jedoch auf die => Primärstruktur. Und selbst diese ist wegen des Auftretens gestückelter Genabschnitte, zwischen denen nicht übersetzte, so genannte Introns liegen, nicht immer eindeutig vorgegeben. Aufgabe des „Proteom"-Projektes ist es somit, die Korrelation zwischen genetischen Abschnitten und den tatsächlich resultierenden Strukturen und funktionellen Eigenschaften der entsprechenden Proteine aufzuzeigen. Diese Aufgabe wird dadurch erschwert, als das Milieu des Moleküls die Struktur gebenden intramolekularen => Wechselwirkungen in wesentlicher Weise mitbestimmen kann.

Traditionelle elektrophoretische Anwendungen beziehen sich auf die Auftrennung verschiedener **Proteintypen** gemäß Abb. 2.24. Dabei kann ein Trägergel eingesetzt werden, dessen Maschenweite so groß ist, dass es die Molekülbeweglichkeit nicht beeinflusst. In der medizinischen Diagnostik können z.B. für Körperflüssigkeiten die Konzentrationsverhältnisse verschiedener Proteintypen – wie Albumine oder Globuline – anhand der Bandenintensität I (bzw. dem einem Spike zukommenden Integralwert) routinemäßig bestimmt werden.

Analytische Anwendungen erweisen sich gegenüber dem Fall der Nucleinsäuren als wesentlich komplizierter, da die Konformation eines Proteins wechseln kann, und damit auch die effektive Größe bzw. die Beweglichkeit. Auch sind die elektrischen Eigenschaften eines Proteins keineswegs konstant. So illustriert Abb. 2.31 die starke Abhängigkeit der Beweglichkeit b vom pH-Wert. Generell zeigen Proteine

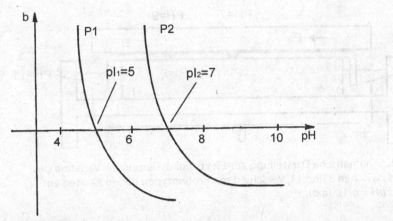

Abb. 2.31. Beweglichkeit *b* zweier Proteintypen P1 und P2 als Funktion des pH-Wertes. Die Nulldurchgänge entsprechen den isoelektrischen Punkten pI_1 und pI_2

für sehr **niedriges** *pH* positives *b* wegen positiver Ladung *Q*. Dies lässt sich damit erklären, dass die hohe Konzentration von Protonen (= Wasserstoffionen) des Milieus zu einer Anlagerung (Adsorption) von Protonen an Positionen der Aminosäuren führt, wie z. B. in Abb. 1.14 unter R4 angegeben. Formal betrachtet kann der Vorgang als Diffusion interpretiert werden. Mit weiter sinkendem *pH* steigen *Q* und *b* stark an, da – statistisch gesehen – zunehmend viele Beladungen auftreten.

Umgekehrtes Verhalten zeigt sich für **hohes** *pH*, da z. B. die in Abb. 1.14 unter R2 bezeichneten Positionen hier Protonen absetzen und damit negativ geladen sind. Besondere praktische Bedeutung kommt dem so genannten **isoelektrischen Punkt** *pI* zu, an dem sich die Gesamtladung zu Null ergibt. Wie im Falle von Abb. 1.14 repräsentiert das Molekül hier ein schon erwähntes Zwitterion. Es ist durch lokale Ladungen charakterisiert, die sich zu Null ergänzen, andererseits aber ein u. U. starkes polares Verhalten ergeben (vgl. => Orientierungspolarisation). Analytisch bedeutsam ist, dass *pI* sehr unterschiedlich ausfallen kann, was sich mit unterschiedlichen Anteilen der 20 verschiedenen Aminosäuren erklärt. Somit repräsentiert der isoelektrische Punkt ein spezifisches Charakteristikum des Proteintyps.

Die starke Streuung von *pI* wird bei der so genannten **Elektrofokussierung** genutzt. Entsprechend Abb. 2.32 wird im Träger (meist ein Gel) ein Gradient von *pH* aufgebaut, indem einer stark sauren Anode eine stark basische Kathode gegenüber steht. Auf den Träger aufgebrachte Proteine bewegen sich nun so lange, bis sie einen Ort erreichen, der durch *pH* = *pI* gekennzeichnet ist. Das Ergebnis sind ver-

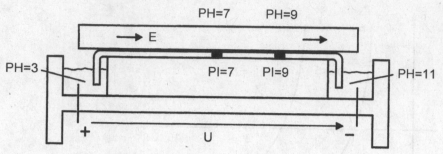

Abb. 2.32. Schematische Darstellung zur Elektrofokussierung bei Variation des pH-Wertes zwischen 3 und 11. Verschiedene Proteintypen bilden Banden entsprechend *pH = pI* (s. Text)

teilte Banden, die besondere Schärfe aufweisen, da abdiffundierende Moleküle ihre Null-Ladung verlieren und somit in die Bande zurückwandern. Als weiterer Vorteil spielt die Startposition keine wesentliche Rolle.

Zur Analyse komplexer, sehr viele Proteinarten umfassender Proben kann die Elektrofokussierung mit der so genannten **SDS-Elektrophorese** kombiniert werden. Im Wesentlichen werden die Proteinpo-

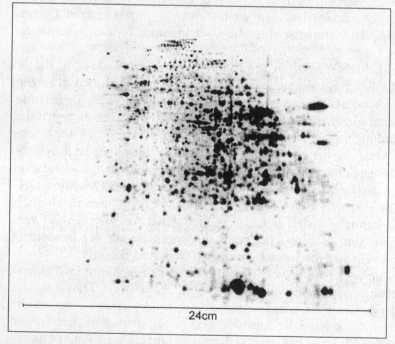

Abb. 2.33. Hunderte Proteinspots enthaltendes Resultat der 2D-Elektrophorese

sitionen dabei durch negativ geladenes SDS (sodium dodecyl sulfate) so stark markiert, dass der Betrag der Gesamtladung Q – analog zum DNA-Fall – proportional zur Anzahl N der Aminosäurepositionen ausfällt. Die für Nucleinsäuren beschriebene Trennmethode kann somit auch hier zur Bestimmung der Molekülgröße bzw. des Molekulargewichtes herangezogen werden.

Im Sinne der so genannten **2D-Elektrophorese** wird das isoelektrisch aufgetrennte Molekülgemisch als Startbande auf ein SDS-Gel aufgebracht und weiter aufgetrennt. Entsprechend Abb. 2.33 liefert die Methode Elektropherogramme, die hunderte Proteinspots enthalten. Letztere können mit anderen Methoden – wie der gleich anschließend betrachteten Massenspektroskopie – weiter analysiert werden, womit dem Proteom-Projekt ein hochwertiges Analysesystem zur Verfügung steht.

Ergänzend sei kurz auf die schon erwähnte **Zellelektrophorese** eingegangen, die primär ebenfalls auf den bei natürlichem pH-Wert vorwiegend negativ geladenen Proteinen basiert. Die Zellmembran

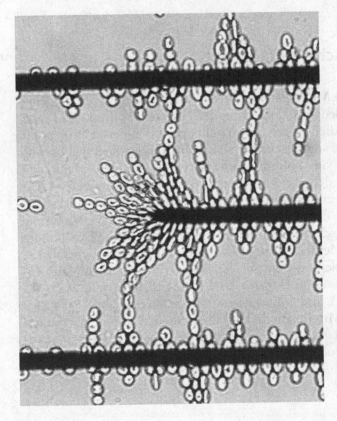

Abb. 2.34. Dielektrophorese von Erythrozyten in ionenarmer extrazellulärer Flüssigkeit. Ein hochfrequentes elektrisches Feld ist durch Gold-Elektrodenbahnen aufgebaut

besetzt sich somit mit positiv geladenen extrazellulären Ionen – allerdings begrenzt bis hin zum in Abb. 2.41 (Abschnitt 2.3.2) definierten Zeta-Potential φ_z; noch periphärere Ionen bleiben ohne effektive Anbindung. In Summe ist die Zelle somit schwach negativ geladen und lässt sich elektrophoretisch bewegen. Nachdem φ_z zellspezifisch ausfällt, lässt sich die Methode u.a. zur Auftrennung von zellulären Gemischen verwenden.

An dieser Stelle sei betont, dass sich die Zellelektrophorese grundlegend von der schon anlässlich der Zellfusion in Abschnitt 1.4.3 genannten **Dielektrophorese** unterscheidet. Anstatt geladene Partikeln durch ein homogenes Gleichfeld zu bewegen, werden bei der Letzteren ungeladene Partikeln durch ein inhomogenes hochfrequentes Wechselfeld polarisiert. Analog zur in Abschnitt 4.2.2 behandelten *magnetischen* Separation werden sie in Richtung des Feldgradienten bewegt. Als Beispiel zeigt Abb. 2.34 die dichte Konzentration von etwa 7 µm großen Erythrozyten am Ende einer planaren Dünnschichtelektrode, deren Feldlinien zu zwei durchgehenden Elektroden hin gerichtet sind. Starke interzelluläre Kraftwirkungen äußern sich in elastischen Dehnungen der Zellen.

2.3   Spektroskopische Verfahren

Spektroskopischen Methoden kommt im Rahmen der Biophysik generell noch höhere Bedeutung zu als in der Festkörperphysik. So lassen sich Festkörpermedien wegen der Erstellbarkeit definierter Proben oft alleine schon durch so einfache physikalische Kenngrößen wie Dichte, Leitfähigkeit oder Suszeptibilität charakterisieren. Im biologischen Fall hingegen sind definierte Bedingungen häufig nicht erzielbar. Damit steigt die Bedeutung *bezogener* Kenngrößen, und besonders vorteilhaft erweist sich die Nutzung von Resonanzeffekten, wie sie für die Spektroskopie typisch sind. Im Folgenden findet sich eine Darstellung einiger wichtiger Methoden auf elektrischer oder magnetischer Basis. Unberücksichtigt bleibt die optische Spektroskopie. Sie beruht auf Absorptionen des Lichtes im Ultrarot- und Ultraviolettbereich, wozu auf die Abschnitte 2.1.1 und 4.4 verwiesen sei.

Anmerkung: Mit magnetischen Phänomenen wenig vertrauten Lesern sei vor der Lektüre der Abschnitte 2.3.3 bis 2.3.7 jene des Abschnitts 4.2.1 empfohlen.

.1 Massenspektrometrie

Durch ein Magnetfeld bewegte ionisierte Moleküle werden umso stärker abgelenkt, je kleiner ihre Masse ausfällt, die somit bestimmt werden kann. Als Variante nutzt das TOF-Verfahren die Flugzeit, welche mit steigender Masse zunimmt. Analysen von Molekülgemischen sind ebenso möglich wie Sequenzierungen von Proteinen.

Die Massenspektrometrie ist ein klassisches Verfahren der Analyse, das heute in automatisierter, hochauflösender Form zur Verfügung steht. Während die => Elektrophorese Informationen zur Ladung und Größe von Molekülen erbringt, liefert die Massenspektrometrie als sehr wesentliches drittes Charakteristikum die Masse.

Abb. 2.35 zeigt ein **Spektrometer** klassischer Ausführungsart in schematischer Ansicht. Dabei lassen sich folgende Funktionsschritte unterscheiden:

(1) Eine flüssige Probe einer bis zu 1 mg betragenden Masse wird in einem hier nicht weiter dargestellten Verfahren in eine evakuierte Ionisierungskammer als Molekülstrahl eingeleitet.

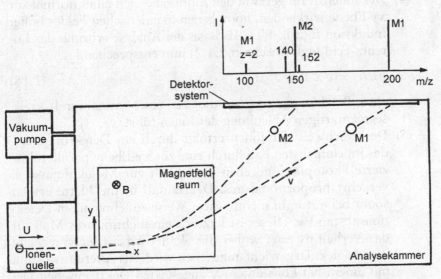

Abb. 2.35. Prinzip eines klassisch aufgebauten Massenspektrometers. Über dem Detektorsystem ist für zwei Molekülarten M1 und M2 ein mögliches Spektrum skizziert (s. Text)

(2) Der Molekülstrahl wird mit beschleunigten Elektronen beschossen. Aus der betrachteten Molekülart M werden damit entsprechend

$$M + e^- = M^{z+} + (z + 1) \cdot e^- \qquad (2.16)$$

z Elektronen entfernt, womit ein z Elementarladungen tragendes positives Ion entsteht. Die Strahlenergie wird mit etwa 10 bis 70 eV so klein ausgelegt, dass überwiegend nur das äußerste Elektron – gemäß $z = 1$ – entfernt wird (entsprechend einer => Ionisierungsenergie von etwa 8 bis 14 eV).

(3) Während nicht ionisierte Moleküle über die Vakuumpumpe abgeführt werden, werden erfolgreich ionisierte durch eine Kathode einer Spannung U in x-Richtung (s. Koordinatensystem) beschleunigt, wobei der Strahl durch elektrostatische Felder gebündelt wird. Aus der Gleichsetzung der potentiellen Energie $z \cdot e \cdot U$ und der kinetischen Energie $m \cdot v^2 / 2$ ergibt sich für $x = 0$ eine Geschwindigkeit

$$v = v_x = \sqrt{\frac{2}{m} \; z \cdot e \cdot U}, \qquad (2.17)$$

mit welcher der entstehende Ionenstrahl in eine unter Hochvakuum stehende Analysekammer eintritt.

(4) Der Ionenstrahl gerät in den Einflussbereich eines normal zur xy-Ebene wirkenden, homogenen magnetischen Feldes hoher Induktion B (z.B. 1 T). Als Basis der Analyse erbringt das Lorentz-Feld (vgl. Abschnitt 2.1.2) nun entsprechend

$$m \cdot b_y = (v \times B) \cdot z \cdot e \qquad (2.18)$$

eine Beschleunigung b_y, die zu einer annähernd kreissegmentartigen Ablenkung der Ionen führt.

(5) Der Nachweis der Ionen erfolgt durch ein Detektorsystem, das im einfachsten Fall durch eine zur xy-Ebene parallel skizzierte Photoplatte gegeben ist. b_y fällt zur Molekülmasse m verkehrt proportional aus. Der Einfall in die Platte erfolgt somit bei mit m in nichtlinearer Weise zunehmendem Detektionsabstand x. Dieser ist letztlich ein nichtlineares Maß für das Verhältnis m/z, wobei die Skalierung i.a. entsprechend dem Molekulargewicht angegeben wird. Als Alternative kann mit einem bei konstantem x angesetzten elektronischen Detektor mit Sekundärelektronenvervielfacher gearbeitet werden, indem das Spektrum durch Variation von B aufgenommen wird. Als Nachteil ergibt sich allerdings erhöhter Bedarf an Probenmasse.

Die Abb. 2.35 inkludiert ein hypothetisches **Resultat**. Es enthält fünf Spektrallinien für m/z, welche z.B. dem folgenden Befund entsprechen könnten:

200 Molekülart M1 mit Molekulargewicht $m = 200$

100 kleiner Anteil von M1 mit $z = 2$ (Ionisierungsenergie etwa 20 bis 30 eV)

150 gegenüber M1 leichtere Molekülart M2 mit $m = 150$

152 kleiner Anteil von M2, der ein schwereres Isotop mit zwei zusätzlichen Neutronen enthält

140 beträchtlicher Anteil von M2, der durch ein $m = 10$ schweres, chemisch abgespaltetes Fragment gekennzeichnet ist und damit selbst ein reduziertes Molekulargewicht von 140 aufweist

Dieses schematische Beispiel deutet bereits an, dass die Massenspektrometrie eine Mannigfaltigkeit von Aussagemöglichkeiten anbietet.

Die **praktische Bedeutung** im Rahmen der Biophysik war traditionellerweise wegen der mit etwa $m = 2000$ begrenzten Anwendbarkeit der Methode in der **Analyse leichter Moleküle** (z.B. Aminosäuren oder kleine Peptide) gegeben. Neben grundlegenden Studien ergaben sich aber auch routinemäßige Einsatzgebiete. Als Beispiel sei die medizinische **Analyse der Atemluft** für diagnostische Zwecke, aber auch im Rahmen der Anästhesie, erwähnt. Es erfolgt ein Vergleich der eingeatmeten und ausgeatmeten Gaskomposition, indem die Spektrallinienhöhen für O_2, N_2, CO_2 bzw. N_2O (Lachgas) u.a. ausgewertet werden.

Zur Analyse von **Makromolekülen** großer Masse m dienen **TOF-Spektrometer** (time of flight), bei denen kein Magnetfeld benötigt wird. Als eine von mehreren Varianten weist das so genannte MALDI-Verfahren (matrix assisted laser desorption & ionisation) die folgenden Merkmale auf:

- Die Moleküle werden in eine Matrix von UV-absorbierenden Fremdmolekülen eingebracht, woraus eine feste, kristalline Probe resultiert.
- Die Probe wird mit einem UV-Laserimpuls beschossen, für den die Matrix hohe Absorption aufweist. Die Folge ist eine Desorption (Absetzung) und Ionisation der Moleküle, welche mit hohem U (z.B. 10 kV) in die Analysekammer beschleunigt werden.
- Zur Auswertung gelangt die zum Erreichen des Detektors – ohne Mitwirkung eines Magnetfeldes – benötigte **Flugzeit** t entlang einer meterlangen Driftstrecke. Die Mikrosekunden

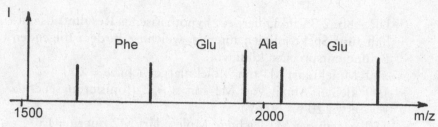

Abb. 2.36. Mögliches Spektrum zur Sequenzierung spezifisch geschnittener Proteinfragmente (bei linearem Maßstab für *m/z* und Einschluss der besonders leichten Aminosäure Alanin; s. Text)

betragende Größe *t* nimmt gemäß Glg. 2.17 mit der Wurzel aus *m/z* zu und ist somit ein Maß für die Molekülmasse. In der Regel wird über eine größere Impulsanzahl gemittelt.

Dem **Proteom-Projekt** steht mit dem obigen Verfahren eine weitere Methode zur Verfügung, welche die Elektrophorese in hervorragender Weise ergänzt. Die Spots der 2D-Elektrophorese können dabei ausgeschnitten und für die Spektrometrie aufbereitet werden. Durch spezifische => Schneideenzyme können Proteinfragmente erzeugt werden, welche im Spektrum als der Masse entsprechende Einzellinien erscheinen. In weitgehender Analogie zur => DNA-Kartierung mittels der Elektrophorese lassen sich Proteine somit anhand eines „fingerprints" charakterisieren.

Letztlich lassen sich auch unmittelbare **Sequenzierungen** erzielen. Aminosäuren haben konstante Länge und lassen sich elektrophoretisch somit kaum unterscheiden. Andererseits zeigt die Masse spezifische Unterschiede, was massenspektrometrische Analysen ermöglicht. Vom zu analysierenden Protein wird dazu schrittweise die jeweils letzte Aminosäure – in Analogie zu Abb. 2.26a – abgetrennt. Die aufeinander folgenden Aminosäuren können gemäß Abb. 2.36 über die Linienabstände anhand ihrer gut bekannten Molekulargewichte identifiziert werden.

2.3.2   Elektrische Spektroskopie

Die Permittivität und Leitfähigkeit zellulärer Strukturen zeigen bei Variation der Frequenz zwei wesentliche Dispersionen (d.h. jähe Veränderungen) auf. Die γ-Dispersion erlaubt Rückschlüsse auf polare Moleküle, die β-Dispersion auf Membranstrukturen. Anwendungen betreffen u.a. die Bestimmung von Zellgrößen, oder auch die Erkennung von Membrandefekten.

Elektrische Kennwerte biologischer Medien sind durch Dispersionen ausgezeichnet, worunter man spezifische Veränderungen versteht, die in eng begrenzten Frequenzbereichen auftreten. Sowohl die Frequenz als auch das Ausmaß der Dispersion lassen Rückschlüsse auf stoffliche und strukturelle Eigenschaften des betrachteten Mediums zu.

Vor einer Behandlung der physikalischen Mechanismen sei zunächst auf die **formale Behandlung** des anfallenden Dispersionstyps eingegangen. Bei biologischen Medien zeigen sich die stärksten Frequenzabhängigkeiten bezüglich der **Permittivität** ε. Entsprechend Abb. 2.37 ergeben sich mit steigender Frequenz f eines auf die Materie einwirkenden elektrischen Feldes der Stärke E Abfälle von ε in Form geglätteter Stufen. Ein derartiger Abfall genügt in guter Näherung der Beziehung

$$\varepsilon = \varepsilon_{HF} + \varepsilon_{HF}\,\frac{h}{1+\omega^2\cdot\tau^2} \qquad (2.19)$$

(mit $\omega = 2\,\pi\,f$ als Kreisfrequenz). ε_{HF} bedeutet das frequenzmäßig jeweils oberhalb des Dispersionsbereiches, d.h. bei – relativ gesehen – hoher Frequenz (HF) auftretende Niveau der Permittivität. Die Größe h bezeichnet den **Dispersionshub**, welcher den relativen Anstieg von ε in Richtung *sinkender* Frequenz angibt. Für die beiden in Abb. 2.37 skizzierten Dispersionsbereiche ν und ξ gilt also beispielsweise bezüglich der bei sehr niedriger Frequenz (NF) auftretenden Permittivität

$$\varepsilon_{NF,\nu} = (1+h_\nu)\cdot\varepsilon_{HF,\nu} = (1+h_\nu)\cdot(1+h_\xi)\cdot\varepsilon_{HF,\xi}\,. \qquad (2.20)$$

Von besonderer Bedeutung ist die Zeitkonstante τ. Aus ihr folgt die einen Dispersionsmechanismus kennzeichnende **Dispersionsfrequenz** zu

$$f_D = \frac{1}{2\cdot\pi\cdot\tau}\,. \qquad (2.21)$$

Für die hier sinusförmig angesetzten Zeitverläufe versteht sich ε als Realteil der **komplexen Permittivität** $\underline{\varepsilon} = \varepsilon - j\varepsilon''$.[6] Der Imaginärteil ist außerhalb eines Dispersionsbereiches gleich Null, innerhalb hingegen zeigt er einen einer Spektrallinie entsprechenden Frequenzverlauf.

---

6 Als ein spezifisches Phänomen der Elektrophysik treten zwischen unterschiedlichen Größen, wie Spannungen und Strömen, Phasenverschiebungen auf. Das heißt, dass z.B. Maximalwerte zu verschiedenen Zeitpunkten aufkommen. In sehr kompakter Weise lässt sich dies mittels der komplexen Rechnung darstellen. In der komplexen Ebene äußert sich dabei ein Phasenunterschied in unterschiedlicher Richtung zweier entsprechender Zeiger.

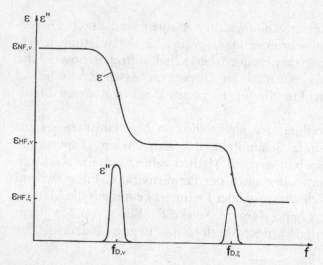

Abb. 2.37. Typischer Verlauf des Realteils ε und des Imaginärteils ε'' der komplexen Permittivität über der Frequenz f bei Auftreten von zwei Dispersionsmechanismen ν und ξ

Für den im Weiteren besonders interessierenden Fall der so genannten γ-Dispersion gilt

$$\varepsilon'' = \varepsilon_{HF}\,\frac{h\cdot\omega\cdot\tau}{1+\omega^2\cdot\tau^2}\,. \tag{2.22}$$

Den in Abb. 2.37 gezeigten zwei Dispersionen entsprechen somit zwei Abfälle von ε, jeweils verknüpft mit einem bei der jeweiligen Dispersionsfrequenz f_D auftretenden Maximum von ε''. Im Abschnitt 4.3.1 werden wir sehen, dass endliches ε'' mit dem Aufkommen energetischer Verluste verknüpft ist.

Eine Dispersion von ε geht i. a. mit einer solchen auch der **Leitfähigkeit** γ einher. Mit steigendem f zeigt sich dabei ein von γ_{NF} ausgehender Zuwachs

$$\Delta\gamma = \omega\cdot\varepsilon_o\cdot\varepsilon'' = \varepsilon_o\cdot\varepsilon_{HF}\,\frac{h\cdot\omega^2\cdot\tau}{1+\omega^2\cdot\tau^2} \tag{2.23}$$

in Form einer ansteigenden, geglätteten Stufe.

Abb. 2.38 zeigt typische Verläufe von γ und ε als Funktion der Frequenz für verschiedene **biologische Medien**. Dabei lassen sich **drei Dispersionsbereiche** erkennen:

- α-Dispersion im Niederfrequenzbereich,
- β-Dispersion im Hochfrequenzbereich, und
- γ-Dispersion im Mikrowellenbereich.

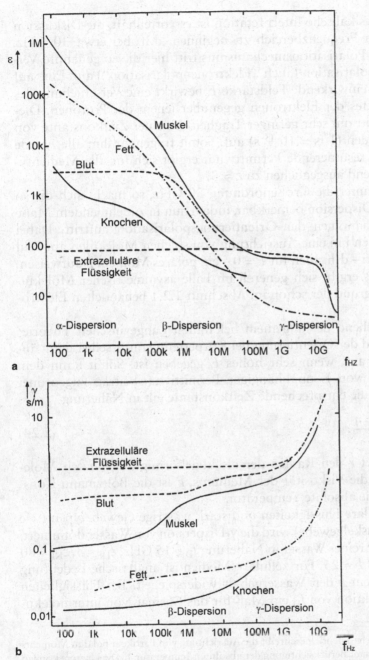

Abb. 2.38. Typischer Verlauf (a) der Permittivität ε und (b) der Leitfähigkeit γ über der Frequenz f für verschiedene biologische Medien bei Auftreten von bis zu drei Dispersionsmechanismen α, β und γ. Die für quergestreiftes Muskelgewebe angegebenen Verläufe gelten für zur Faserachse normale Feldrichtung

Für eine physikalische Interpretation ist es vorteilhaft, die Diskussion im höchsten Frequenzbereich zu beginnen, d.h. bei etwa 30 GHz. Als einziger Polarisationsmechanismus tritt hier die so genannte **Verschiebungspolarisation** (auch „Elektronenpolarisation") auf. Eine auf die Materie einwirkende Feldstärke E bewirkt eine Verschiebung des Schwerpunktes der Elektronen gegenüber jenem der Protonen. Dieser Effekt tritt mit sehr geringer Trägheit mit einer Zeitkonstante von Femtosekunden (1 fs = 10^{-15} s) auf. Somit tragen zu ihm alle Atome bei, und die resultierende Permittivität ergibt sich für alle Medientypen weitgehend ausgeglichen zu $\varepsilon \approx 3$.

Sinkt f unter die Größenordnung 30 GHz, so macht sich die so genannte **γ-Dispersion** bemerkbar, indem nun in zunehmendem Maße auch das Phänomen der **Orientierungspolarisation** auftritt. Dabei handelt es sich um eine Ausrichtung von solchen Molekülen am Feld E, die a priori – d.h. auch für $E = 0$ – ein **polares Moment p** aufweisen. Ein Letzteres ergibt sich generell im Falle asymmetrischer Molekülstruktur aufgrund der schon im Abschnitt 1.2.1 behandelten Elektronegativität.

Entsprechend der allgemein bekannten **Langevinschen Theorie**[7] fällt der Grad der Orientierung bei Körpertemperatur selbst dann äußerst gering aus, wenn sehr hohes E gegeben ist. Somit kann dem Vorgang ein von E unabhängiger Permittivitätsbeitrag zugeordnet werden. Für die entsprechende **Zeitkonstante** gilt in Näherung

$$\tau = \frac{4 \cdot \pi \cdot r^3 \cdot \eta}{k \cdot T}. \tag{2.24}$$

Hier bedeutet r den Radius der als kugelförmig angesetzten Molekülart, η ist die Viskosität des Mediums, k ist die Boltzmann-Konstante, T ist die absolute Temperatur.

Für zelluläre Flüssigkeiten und stark wässrige Gewebetypen (wie Blut oder Muskelgewebe) wird die γ-Dispersion von **Wasser** dominiert. Dabei gilt für reines Wasser in Näherung $f_D \approx 15$ GHz, $\varepsilon_{HF} \approx 3$, $\varepsilon_{NF} \approx 80$ entsprechend $h \approx 25$. Für zelluläre Medien ist analytische Bedeutung gegeben, indem h den Wassergehalt widerspiegelt. Bei Flüssigkeiten ist eine Reduktion von f_D ein Maß für das Ausmaß von intermoleku-

---

[7] Die Langvinsche Theorie beschreibt die Ausrichtung von Partikeln polaren Moments p am Feld E unter Berücksichtigung der absoluten Temperatur T. Die Letztere können wir im Rahmen der Biologie meist als konstant ansetzen – mit der Größenordnung von 300 K. Dieser große Wert bedeutet, dass auch hohe Werte E zu nur geringen Orientierungseffekten führen. Erst bei extrem starken Feldern kommt es allmählich zur Sättigung der Ausrichtung, entsprechend verringerter Werte der Permittivität.

laren Wasserbindungen (z. B. zu => Clustern). Wie Glg. 2.23 erwarten lässt, zeigt Wasser oberhalb der Dispersion starke Leitfähigkeit (vgl. Abb. 2.38b), und zwar zusätzlich zur Ionenleitfähigkeit.

Für *fallendes f* zeigt sich im Bereich 10 GHz bis 100 MHz ein kontinuierlicher Anstieg von ε. Hier kommen zunächst zunehmend große, bewegliche Teile von Makromolekülen zur Resonanz, und letztlich auch **polare Makromoleküle** in ihrer Gesamtheit. In reiner Form kommt jeder Molekülart eine spezifisch ausfallende Dispersion zu (z. B. für Hämoglobin bei etwa 300 MHz). Das gleichzeitige Vorhandensein einer Vielfalt von Makromolekülen hingegen lässt die einzelnen Dispersionsmechanismen nicht erkennen. Sie reihen sich in „verschmierter" Weise aneinander an – ein Sachverhalt, der verdeutlicht, dass die dielektrische Analyse wegen der beträchtlichen Breite eines Dispersionbereiches nur bedingt als spektroskopisches Verfahren anzusehen ist. Aktuelle praktische Bedeutung aber hat die γ-Dispersion, da sie – wie schon erwähnt – mit energetischen Verlusten verknüpft ist, wie sie z. B. im Zusammenhang mit Mobiltelefonen aufkommen (s. Abschnitt 4.3).

Die bei Frequenzabsenkung unter 100 MHz auftretende **β-Dispersion** stellt ein äußerst empfindliches Maß für das Vorliegen von **Membranstrukturen** dar. Während membranfreie zelluläre Flüssigkeiten keine weiteren Anstiege von ε zeigen, erkennen wir für den Fall des Muskelgewebes einen Dispersionsmechanismus, der mit etwa 50 kHz abgeschlossen ist und im Falle des in Abb. 2.38 dargestellten Messergebnisses auf die Größenordnung $\varepsilon \approx 30\,000$ führt.

Zur **Interpretation** der Verhältnisse lässt sich die zelluläre Gewebestruktur z. B. mittels der Methode Finiter Elemente modellieren. Angesichts des unregelmäßigen Aufbaus zellulärer Strukturen ist es aber ebenso zielführend, ein einfaches **Modell** anzusetzen, dessen Grundgedanke in Abb. 2.39 an Beispiel quergestreiften Muskelgewebes skizziert ist. Es geht von einer zwischen zwei Elektroden angeordneten Gewebeprobe aus, welche aus kubischen Zellen der Kantenlänge a besteht. Bezüglich der **Leitfähigkeit** wollen wir eine geradlinig verlaufende Stromkomponente 1 durch die engen Extrazellulärspalte annehmen, die sich im Bereich der β-Dispersion kaum verändern wird. Eine durch die Membranen gerichtete Stromkomponente 2 hingegen wird starke Frequenzabhängigkeit zeigen. Für niedriges f wird sie vernachlässigbar klein sein. Im Rahmen der β-Dispersion hingegen werden die Membranen durch Verschiebungsströme überbrückt, und der Gesamtstrom steigt letztlich entsprechend der guten Leitfähigkeit der intrazellulären Flüssigkeit ($\gamma_{IF} \approx 1$ S/m) beträchtlich an.

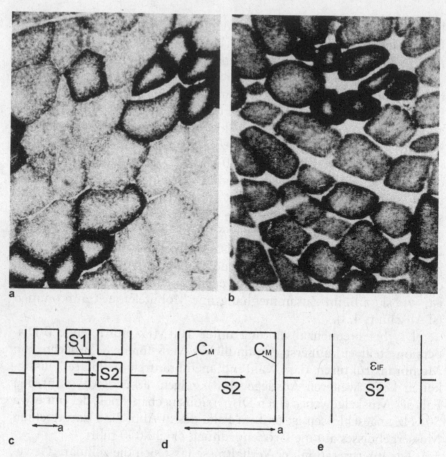

Abb. 2.39. Modell zur Abschätzung der β-Dispersion biologischer Gewebe. (a) Quergestreiftes Muskelgewebe im Querschnitt (mikroskopische Aufnahme). (b) Detto, jedoch bei verbreiterten Extrazellulärspalten. (c) Ansatz kubischer Zellen mit Stromweg S1 durch die Extrazellulärspalte und Stromweg S2 durch die Membranen. (d) Membranumhüllte Einzelzelle als kleinstes Element. (e) Membranlose Zelle als Resultat der bei hoher Frequenz auftretenden Membranüberbrückung durch Verschiebungsströme (s. Text)

Zur Interpretation des erwähnten extrem hohen Wertes ε können wir uns auf den Stromweg 2 beschränken und die in Abb. 2.39d skizzierte Einzelzelle dabei als sich periodisch wiederholendes kleinstes Element betrachten. Aufgrund von Verschiebungs- und Orientierungspolarisation kommt der umhüllenden Membran für $f < 100\,\text{MHz}$ mit einer für sie typischen Permittivität um 10 der sehr hohe Kapazitätsbelag $C_M{}'' \approx 1\,\mu\text{F/cm}^2$ zu. Die Kapazität der Zelle wird damit oberhalb der β-Dispersion wegen der Überbrückung der Membranen durch

Verschiebungsströme alleine durch jene der intrazellulären Flüssigkeit ausgemacht (Abb. 2.39e). Unter der Annahme $a = 10\,\mu m$ gilt dafür in Näherung:

$$C_{HF} = \varepsilon_o \cdot \varepsilon_{IF} \cdot a^2 / a \approx 8{,}8 \; 10^{-12}\, A \cdot s\, /(V \cdot m) \cdot 80 \; 10^{-5}\, m$$

$$\approx 0{,}007\, pF. \tag{2.25}$$

Unterhalb der β-Dispersion (d.h z.B. für 50 kHz) hingegen wird die Kapazität wegen der sehr geringen Membranleitfähigkeit alleine durch die Serienschaltung zweier Membranen der jeweiligen Kapazität $C_M = C_M{}'' \cdot a^2$ ausgemacht (Abb. 2.39c), entsprechend

$$C_{NF} = C_M{}'' \cdot a^2 / 2 \approx 1\mu F/cm^2 \cdot 100 \; 10^{-12} cm^2 / 2 = 0{,}5\, pF\, . \tag{2.26}$$

Die Kapazität – und damit auch die eigentlich interessierende pauschale Permittivität ε der Zelle bzw. auch des Gewebes – ist hier also etwa siebzig mal so groß, was einem **Dispersionshub** $h = 70$ entspricht. In ähnlich einfacher Weise kann auch die **Dispersionsfrequenz** abgeschätzt werden, für die sich die Größenordnung 1 MHz ergibt.

Für die obige Abschätzung sind wir von mit $a = 10\,\mu m$ mittelgroßen Zellen ausgegangen. Der in Abb. 2.38a für **Muskelgewebe** angegebene Funktionsverlauf der **Permittivität** mag an einer Probe fünfmal dickerer Zellen zustande gekommen sein, womit sich $h = 350$ ergäbe, was der dargestellten Dispersion nahe kommt (30000 / 80 = 375). Die Praxis zeigt, dass die Höhe von h mit a gut korreliert, womit die elektrische Messung eine äußerst einfache Methode zur Abschätzung der Zellgröße darstellt (vgl. das Verhalten von **Blut** in Abb. 2.40b). Umgekehrt weist bei Kenntnis von a ein reduzierter Wert h in empfindlicher Weise auf das Vorliegen von Membrandefekten hin. Dies ermöglicht z.B. die Objektivierung von Gewebenekrosen bzw. das Vorliegen vergrößerter Extrazellulärräume (vgl. Abb. 2.39b).

In nicht-biologischen, technischen Bereichen stellt alleine schon die für Wasser gültige Permittivität ε von etwa 80 eine singuläre Ausnahme dar. Ein Wert der Größenordnung 30000 ist aus technischer Sicht ungewöhnlich, weshalb eine **Plausibilisierung** eingefügt sei. Der hohe Wert ergibt sich, wenn wir mittels der in Abb. 2.39d skizzierten Anordnung für eine gegebene Spannung U die gebundene Ladung Q messen und gemäß $C_{NF} = \varepsilon_o \cdot \varepsilon \cdot a^2 / a = Q / U$ die entsprechende Permittivität ε berechnen. Ohne Kenntnis der vorliegenden heterogenen Struktur würde dies auf ein Dielektrikum außergewöhnlich starker Polarisation hinweisen. Tatsächlich aber liegt ein **Zweistoffsystem** vor, das durch lokale Permittivitäten der Größenordnungen 10 bzw. 80 gekennzeichnet ist. Als pauschalen Wert könnte man also einen

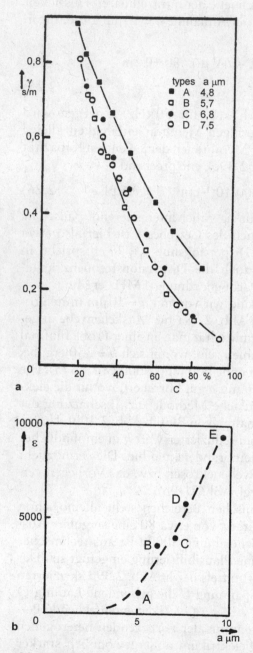

Abb. 2.40. Praktische Bedeutung der NF-Werte γ und ε (bei ca. 50 kHz) am Beispiel verschiedener Bluttypen (A Schaf, B Schwein, C Mensch mikrozytisch, D Mensch, E Elefant). (a) γ als Funktion des Hämatokrits c, d.h. des Zell-Volumsanteils. (b) ε als Funktion der Erythrozytengröße a

Wert knapp unter 80 erwarten. Dass der über alles gemittelte Wert um mehrere Größenordnungen darüber liegt, erklärt sich damit, dass die Ladung Q wegen endlicher Leitfähigkeit der zellulären Flüssigkeiten ja großteils nicht an den Elektroden des hohen Abstandes a gebunden wird, sondern an den knapp 10 nm dicken Membranen. Wäre (pro Zelle) statt der Serienschaltung zweier Membranen nur eine einzige vorhanden, so ergäbe sich eine noch höhere Permittivität der Größenordnung 60000.

Messtechnisch gesehen ist es einfacher, statt der Permittivität ε die **Leitfähigkeit** γ zu erfassen. Auch sie zeigt ausgeprägte β-Dispersion, indem die nur schwach leitfähigen Membranen durch Verschiebungsströme überbrückt werden. Wie die Abb. 2.38b aufzeigt, ist der entsprechende Hub viel kleiner als h, da durch den Stromweg 1 eine frequenzunabhängige Grundleitfähigkeit gegeben ist. Die spezifische Abhängigkeit der Größe γ_{NF} vom Medientyp erlaubt ihre medizindiagnostische Nutzung zur Ortung von Flüssigkeitsansammlungen im Körper oder auch zur Detektion von pathologischen Veränderungen von Gewebestrukturen. Neben solcher analytischer Relevanz ist die Frequenzabhängigkeit von γ bzw. ε ganz allgemein von breiter Bedeutung für die Abschätzung von Feldkonfigurationen des Organismus im Rahmen der Elektromedizin. Erinnert sei an diagnostische und therapeutische Verfahren, aber auch an den in Abschnitt 4.1 behandelten Elektrounfall.

Von spezifischem praktischen Interesse ist die **Leitfähigkeit von Blut** im Frequenzbereich 10 ... 100 kHz, d.h. deutlich unter der β-Dispersionsfrequenz (vgl. Abb. 2.38b). Entsprechend Abb. 2.40a sinkt γ mit steigendem Hämatokrit c stark ab, was dessen rasche Bestimmung im Sinne einer Augenblicksmessung erlaubt.[8] Das Verhalten erklärt sich mit zunehmender Einengung der Extrazellulärräume bzw. Reduktion deren effektiven Flächenanteils A_{EZ}. Hinsichtlich der Bioströmungsmechanik ist von Interesse, dass in zylindrischen Gefäßen **strömendes Blut** Anisotropie der dielektrischen Eigenschaften aufzeigt. Mit steigender Geschwindigkeit v ergibt sich in axialer Richtung eine deutliche Zunahme von γ und eine Abnahme von ε. Die Ursache ist eine strömungsdynamisch günstige Ausrichtung der ellipsoidförmigen Erythrozyten an Scherkräften, wie sie für den Randbereich der Gefäße typisch sind. Die Ausrichtung resultiert in einer Zunahme von A_{EZ}. Hohe Werte von v führen zu einer etwa 20 % be-

---

8 Der Hämatokrit (gr. Blut-Begutachter) ist der prozentuelle Anteil der Blutzellen (vorwiegend Erythrozyten) am Blutvolumen und wird in der klinischen Praxis meist durch Zentrifugieren bestimmt.

tragenden Sättigung der relativen Veränderungen von γ und ε entsprechend gesättigter Ausrichtung. Sehr hohes v bewirkt schließlich eine Umkehr der Effekte als Hinweis auf eine Zellverformung in Richtung der strömungsdynamisch günstigen Tropfen- bzw. Projektilform.

Letztlich sei kurz auf die in Abb. 2.38a für Muskelgewebe erkennbare, im Bereich technischer Frequenzen beobachtete α-Dispersion eingegangen. Wie die Literatur aufzeigt, gelingt es auf theoretische Weise, sie modellhaft u.a. durch dynamische Umverteilungen von an die Zelle gebundenen Ionenwolken zu erklären. Die Existenz und auch das Ausmaß der Dispersion sind aber umstritten. Vieles spricht dafür, dass für den entsprechenden Frequenzbereich berichtete sehr hohe Werte von ε zumindest teilweise auf unzureichend korrigierte

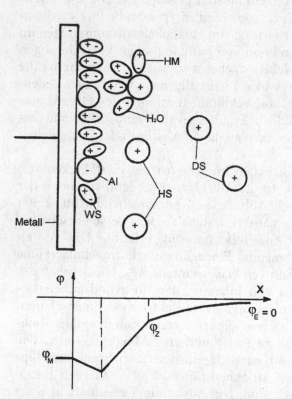

Abb. 2.41. An Elektroden zu erwartende Besetzung der Phasengrenze Metall/Elektrolyt bei Ansatz einer negativen Kontaktspannung $\varphi_M - \varphi_E$ (φ_M Potential des Metalls, $\varphi_E = 0$ als Null angesetztes Potential des Elektrolyten). WS planare Schicht von Wassermolekülen, AI die Schicht unterbrechende adsorbierte Ionen bzw. Atome, HS planare Ionenschicht (Helmholtz-Schicht), DS diffuse Ionenschicht mit dem so genannten Zeta-Potenzial φ_Z als Grenze, HM Hydratmantel der Ionen

Elektrodenimpedanz Z_E zurückzuführen ist. Sie resultiert vor allem aus in Abb. 2.41 schematisch dargestellten Ionenschichten an der zwischen Metall und Elektrolyt vorliegenden Phasengrenze. Die Schichtkomponenten behindern den Durchtritt von Ladungsträgern, denen damit regional stark reduzierte => Beweglichkeit zukommt. Pauschal gesehen liegt eine Schicht geringer Leitfähigkeit vor. Bei hohem f kann ihre Impedanz Z_E wegen der geringen Schichtdicke und damit sehr hohen Kapazität vernachlässigt werden. Bei niedrigem f aber resultiert u.U. sehr hohes Z_E kapazitiven Charakters, was zu *scheinbaren* Erhöhungen der Permittivität ε des untersuchten Mediums Anlass geben kann.

Das Obige zusammenfassend liefert die elektrische Spektroskopie biologischer Medien die folgenden analytischen **Aussagemöglichkeiten:**

(a) Das Auftreten von **γ-Dispersion** weist auf das Vorliegen polarer Moleküle (bzw. polarer, beweglicher Molekülteile) hin.

(b) Die Dispersionsfrequenz ist ein reziprokes Maß für die Größe des Moleküls.

(c) Der Dispersionshub für ε bzw. γ ist ein Maß für die Konzentration und das polare Moment des Moleküls.

(d) Das Auftreten von **β-Dispersion** weist auf das Vorliegen membranbehafteter zellulärer Strukturen hin.

(e) Die Dispersionsfrequenz ist ein reziprokes Maß für die Zellgröße.

(f) Der Dispersionshub für ε ist ein Maß für die Zellgröße.

(g) Der Dispersionshub für γ ist ein Maß für den Zellvolumenanteil.

(h) Bei bekanntem Zellvolumenanteil ist ein reduzierter Hub ein Indiz für defekte Membranstrukturen.

(i) Das Phänomen der **α-Dispersion** ist umstritten, und somit auch die allfällige Aussagemöglichkeit.

3.3 Mößbauerspektroskopie

Bewegung einer Kobaltstrahlenquelle liefert γ-Strahlung variabler Energie, als Grundlage für spektroskopische Anwendungen. Diese beziehen sich auf ein Eisenisotop, das sich spezifisch anregen lässt und somit Strahlung absorbiert. Damit lässt sich die Einbindung von Eisen in Makromoleküle – z.B. Hämoglobin – studieren, oder auch in Magnetosomen von Bakterien.

Bei der von R. Mößbauer entwickelten Spektroskopiemethode handelt es sich um ein äußerst spezifisches Verfahren, das nur in eng begrenzten Gebieten anwendbar ist – dort aber ohne Konkurrenz. Im Folgenden sei ein kurzer Überblick gegeben; allein schon deshalb, weil sich das Verfahren durch beeindruckende Einfachheit auszeichnet. Darüber hinaus haben Mößbauerspektren in der biophysikalischen Literatur ihren festen Platz. Sie sind daran erkennbar, dass das Spektrum nicht über der Frequenz oder Wellenlänge aufgetragen ist, sondern – in ungewohnter Weise – über der Geschwindigkeit.

Abb. 2.42 illustriert den einfachen **Aufbau einer experimentellen Einrichtung.** Sie besteht aus einer γ-Strahlenquelle, welche durch elektromagnetischen Antrieb mit definierter Geschwindigkeit v – z.B. im Sinne einer Schwingung – bewegt wird. Die abgegebene Strahlung wird durch ein Blendensystem auf die – in unserem Fall biologische – Probe gerichtet, welche als so genannter Absorber fungiert. Die Intensität I der durchtretenden Strahlung wird von einem Detektor erfasst und mit geeigneten Mitteln als Funktion von v aufgezeichnet. $I(v)$ repräsentiert letztlich das zur Auswertung gelangende Spektrum.

Die wichtigste Probenart ist durch molekulare Strukturen gegeben, die das Element Eisen enthalten. Eine **Strahlenabsorption** tritt allerdings nicht beim Grundisotop Fe-56 (s. Anhang 4) auf, sondern für Fe-57, das ein zusätzliches Neutron enthält. Die Analyse basiert

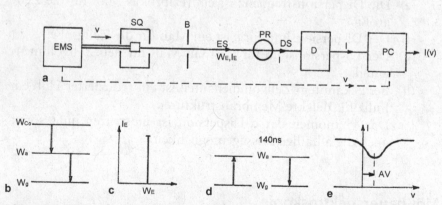

Abb. 2.42. Mößbauerspektroskopie. (a) Experimentelle Anordnung (EMS elektromagnetischer Schwinger, SQ Kobalt-Strahlenquelle mit Schirmung, B Blende, ES einfallende Strahlung, PR Probe, DS durchtretende Strahlung, D Detektor, PC Rechner zur Auswertung). (b) Energieniveaus zum radioaktiven Zerfall von Co-57 zu Fe-57. (c) Emissionsspektrum. (d) Anregung der Probe und Rückfall in den Grundzustand. (e) Bei Absorption auftretender Einbruch der Strahlungsintensität am Detektor entsprechend dem Absorptionsspektrum (AV Absorptionsverschiebung)

nun darauf, dass dem Atomkern von Fe-57 neben dem Grundzustand (Index „g") auch ein energetisch angeregter Zustand (Index „a") zukommt (Abb. 2.42d). Eine derartige Anregung können wir uns analog zur Anregung einer Elektronenhülle interpretieren: Die dichte Packung von Neutronen und Protonen, der wir einen Energieinhalt W_g zuschreiben wollen, geht verloren. Die Partikeln rücken auseinander entsprechend einer erhöhten Energie W_a, und mit einer Rückfallzeit von 140 ns geht die Anregung wiederum verloren.

Im Falle von Fe-57 ist eine **Anregung** möglich, wenn in exakter Weise die Energiedifferenz

$$W_o = W_a - W_g = 14{,}4 \text{ keV} \tag{2.27}$$

eingestrahlt wird. Wie im Abschnitt 4.5.1 näher ausgeführt ist, fällt diese Differenz in den Bereich der γ-Strahlung (vgl. Abb. 1). Als einfach realisierbare Strahlenquelle bietet sich das Kobaltisotop Co-57 an, welches mit einer Halbwertszeit von fast einem Jahr zu Fe-57 zerfällt. Zum Teil wird dabei das angeregte Niveau W_a durchlaufen (Abb. 2.42b). Daraus resultiert eine kompakte und exakt definierte Strahlungsquelle mit $W_E = W_o$ als Emissionsenergie (Abb. 2.42c).

Wie die Abb. 2.42e andeutet, tritt maximale Absorption, d.h. der stärkste Einbruch der detektierten Strahlungsintensität I, für den Fall auf, dass die Quelle mit einer endlichen Geschwindigkeit v auf die Probe zubewegt wird. Diese **Absorptionsverschiebung** (bzw. „Isomerieverschiebung") bedeutet, dass maximale Ausbeute an Anregung bei einer entsprechend dem Dopplereffekt[9] erhöhten Einstrahlungsenergie

$$W = (1 + v/c_o) \cdot W_o = W_o + W_v \tag{2.28}$$

(c_o Lichtgeschwindigkeit) auftritt. Die der Verschiebung entsprechende Energiedifferenz W_v ist umso größer, je schwächer die Fe-Kerne der Probe in ihrer molekularen Umgebung durch Elektronen verankert sind. Während kristallines Eisen im Sinne hoher **Elektronendichte** verschwindendes W_v erbringt (s. „Mößbauereffekt" i.d. Literatur), ergeben sich für Eisenionen in elementar leichter biologischer Umgebung beträchtlich höhere Werte. Die dazu proportionale Geschwindigkeit v ist somit ein analytisch bedeutsames Charakteristikum für die Einbindung von Eisen in das betrachtete biologische Medium. Typischerweise ist v von der Größenordnung einiger mm/s, womit die Verschiebung –

---

[9] γ-Strahlen kann wahlweise Teilchen- bzw. Wellennatur zugeordnet werden. Nach der Letzteren interpretieren wir den Dopplereffekt damit, dass die Annäherung des Strahlers an den Detektor an ihm pro Zeiteinheit mehr Wellen eintreffen lässt.

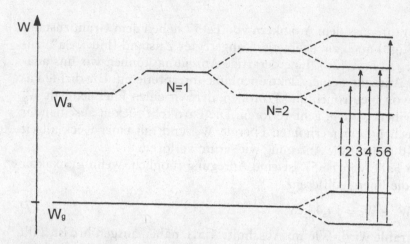

Abb. 2.43. Aufspaltung der Energieniveaus ($N = 1$ als Resultat der Verschiebung, $N = 2$ ein Hinweis auf Asymmetrie bzw. Paramagnetismus; $N = 6$ unter Feldeinwirkung ein Hinweis auf Paramagnetismus, ansonsten auf Ferromagnetismus (s. Text)

relativ gesehen – extrem schwach ausfällt. Angemerkt sei, dass der oben erwähnte Begriff der Isomerieverschiebung darauf Bezug nimmt, dass isomere Moleküle – also solche übereinstimmender chemischer Bruttoformel – verschiedene Resultate erbringen können, wenn unterschiedliche Struktur gegeben ist.

Zur Plausibilisierung der obigen Effekte sei eine grobe **Analogie** angeführt. Wird ein Gegenstand von einer Gewehrkugel getroffen, so ist die zerstörerische Wirkung umso größer, je fester er verankert ist. Ist er frei platziert, so nimmt er erhöhte kinetische Energie – analog zu W_v – auf, die bezüglich der Wirkung verloren geht. Auch die Verankerung des Schützen ist bedeutungsvoll: Nimmt der Körper durch Rückstoß hohe kinetische Energie auf, so reduziert auch dies die Wirkung der Kugel.

Gesteigerte Information resultiert aus dem Phänomen der **Absorptionsaufspaltung** in mehrere Spektrallinien. Bezüglich der Linienanzahl N ergeben sich folgende Tendenzen (Abb. 2.43):

- $N = 2$ weist darauf hin, dass ein asymmetrisch aufgebauter Kern mit einer Elektronenhülle in Wechselwirkung steht, die ein => paramagnetisches Moment aufbaut. Die Aufspaltung erklärt sich mit zwei Möglichkeiten der Richtungseinstellungen. Für die Anregung ergeben sich dabei zwei Werte der Energiedifferenz.

- $N = 6$ tritt auf, wenn ein paramagnetisches Ion einem magnetischen Fremdfeld ausgesetzt ist. Dabei ergeben sich verschiedene Einstellungsvarianten zwischen den magnetischen => Kernspinmomenten, den Elektronenspinmomenten und dem Feldvektor B (vgl. das in Abschnitt 2.3.5 gegebene analog geartete Beispiel von Spinkombinationen).

- $N = 6$ ohne Fremdfeld weist darauf hin, dass die Probe Eisen in ferromagnetischer Wechselwirkung enthält.

Bei der Anwendung des Verfahrens auf **biologische Medien** ergeben sich spezifische Probleme:

1. Zur Erzielung auflösbarer Absorptionen ist ausreichende Konzentration von Fe-57 sicherzustellen, etwa durch Anreicherung über Nährmedien bzw. Futterstoffe.

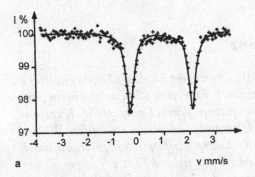

a

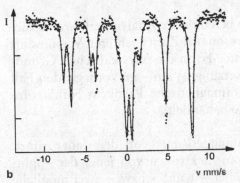

b

Abb. 2.44. Beispiele von Resultaten der Mößbauerspektroskopie. (a) Desoxidiertes, und somit paramagnetisches Hämoglobin bei 20 K . (b) Ferromagnetische => Magnetosomen von => magnetotaktischen Bakterien

2. Wegen bis zu Tagen betragenden Messzeiten muss hochwertige Probenfixierung gegeben sein.
3. Im flüssigen Medium liefert der Dopplereffekt aufgrund hoher Driftgeschwindigkeit der Partikeln starke Linienverbreiterung. Die Proben sind also zu trocknen bzw. einzufrieren.

Abb. 2.44 zeigt typische **Beispiele von Resultaten**. Hämoglobin in desoxidiertem Zustand zeigt paramagnetisches Verhalten entsprechend $N = 2$ mit einer Verschiebung von 1 mm/s. Das zweite Beispiel betrifft aus => magnetotaktischen Bakterien extrahierte => Magnetosomen. Im vorliegenden Fall schwankt ihre Größe um 50 nm, womit ferromagnetisches Verhalten vorliegt. Dies ist dadurch bestätigt, dass trotz fehlendem Fremdfeld starke Aufspaltung ($N = 6$) auftritt. Die Lage der Spektrallinien weist darauf hin, dass im Wesentlichen Magnetit (Fe_3O_4) vorliegt. Das Beispiel illustriert, dass die Methode mannigfaltige Rückschlüsse erlaubt, die neben physikalischen auch chemische umfassen.

2.3.4 Grundlagen der Spinresonanz

Im Sinne energetisch günstiger Bedingungen ist das paramagnetische Moment eines Atomkerns bzw. einer Elektronenhülle zu einem einwirkenden Magnetfeld in einem spitzen Winkel eingestellt. Kurzfristig aber ist eine Anregung des Übergangs in einen stumpfen Winkel möglich, sofern die entsprechende Energiedifferenz eingestrahlt wird. Die am Detektor resultierende Absorptionslinie fällt verschoben aus, wenn die Umgebung des Moments ihrerseits magnetisch aktiv ist – was analytisch nutzbar ist.

Die in den folgenden Abschnitten behandelten Analyseverfahren basieren auf dem Phänomen der Spinresonanz. Zum leichteren Verständnis seien hier zunächst in vereinfachter Form die physikalischen Grundzüge erläutert. Generelle Voraussetzung ist ein – im vorliegenden Fall biologisches – Medium, das paramagnetische Partikeln enthält. Im Weiteren werden dabei zwei Fälle behandelt:

(a) Es liegt **Elektronenparamagnetismus** vor, der daher rührt, dass die Anzahl der +Spin-Elektronen von jener der –Spin-Elektronen abweicht, wobei wir mit + bzw. – zwei mögliche Einstellrichtungen der Momente kennzeichnen können.
(b) Es liegt **Kernparamagnetismus** vor, indem sich die Momente der Protonen und Neutronen nicht zu Null ergänzen.

In beiden Fällen repräsentiert die Partikel ein pauschales **magnetisches Moment m**, das zur Spinresonanz angeregt werden kann. Zunächst aber wollen wir die **Magnetisierung M** eines derartige Partikeln enthaltenen Mediums betrachten. Entsprechend Abb. 2.45a sei von einem Fremdfeld der Induktion B ausgegangen und gegenüber m ein Winkel β definiert. Nach der **klassischen Theorie** des Paramagnetismus sind die den Partikeln zukommenden Werte β für $B = 0$ aufgrund der endlichen Temperatur T statistisch über den Wertevorrat 0 bis 180° gestreut, womit $M = 0$ resultiert. Zunehmendes B führt zu kontinuierlich fortschreitenden Verringerungen von β im Sinne der Langevin-Funktion (Abb. 2.45b). Sättigung ist durch generelles $\beta = 0$ gekennzeichnet.

Betrachtungen der Spinresonanz machen generell von Modellen der Quantentheorie Gebrauch. Entsprechend der **Richtungsquantelung** werden für β nur bestimmte diskrete Werte als zulässig angesetzt. Für das Weitere wollen wir annehmen, dass nur ein spitzer Winkel β und der entsprechende stumpfe Winkel $180° - \beta$ (in Abb. 2.45a strichliert) zulässig sind. Der abmagnetisierte Zustand entspricht damit einer Gleichbesetzung der beiden Winkelwerte, zunehmendes M einer Überbesetzung von β und Sättigung einer ausschließlichen Besetzung von β. In Näherung ergibt sich auch damit der in Abb. 2.45b gezeigte Magnetisierungsverlauf.

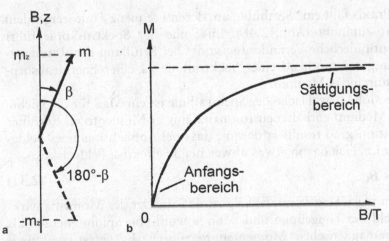

Abb. 2.45. Modellierung des Paramagnetismus. (a) Einstellung eines paramagnetischen Momentes m am Fremdfeld B entsprechend einem Winkel β bzw. einem Winkel $180°{-}\beta$ (m_z Projektion auf die zum Feld parallele z-Achse). (b) Resultierende Magnetisierung M als Funktion von B/T

Bei **Spinresonanzanalysen** wird das Medium einem endlichen Fremdfeld B ausgesetzt, womit der Zustand β gegenüber jenem $180° - \beta$ leicht überbesetzt ausfällt. Nun ist einsichtig, dass der Zustand β energetisch gesehen günstiger ausfällt. Um ein Moment m in den Zustand $180° - \beta$ überzuführen, ist eine Energie ΔW aufzubringen, die wir leicht aus Grundgleichungen des Elektromagnetismus berechnen können. Gehen wir dazu von der (nicht erlaubten) Einstellung in der neutralen $90°$-Ebene aus, welcher wir den Energieinhalt W_o zuschreiben wollen. Um das Moment nun in die energetisch ungünstige Einstellung $180° - \beta$ einzudrehen, ist eine Arbeit $m \cdot \cos \beta \cdot B = m_z \cdot B$ aufzubringen, wobei m_z die Projektion von m auf eine zu B parallel angesetzte z-Achse bedeutet. Umgekehrt wollen wir uns im Gedankenexperiment vorstellen, dass wir ein in der $90°$-Ebene festgehaltenes Moment loslassen, womit es bei Freiwerden der Energie $m_z \cdot B$ auf β einschwenkt.

Für einen Übergang von der günstigen in die ungünstige Einstellung fällt somit eine Energiedifferenz

$$\Delta W = 2\,m \cdot \cos \beta \cdot B = 2\,m_z \cdot B \qquad (2.29)$$

an. Analog zur Mößbauer-Spektroskopie kann der energetisch ungünstige Zustand durch eine Bestrahlung provoziert werden, welcher die Quantenenergie ΔW in exakter Weise zukommt. Somit resultiert eine **Resonanzbedingung**

$$h \cdot f = 2\,m_z \cdot B \,. \qquad (2.30)$$

In der Praxis fällt eine Strahlung an, deren Frequenz f mit steigendem B linear zunimmt (Abb. 2.46). Im Sinne der **Spektroskopie** führt eine kontinuierliche Veränderung von f bei Erfüllung der Resonanzbedingung entsprechend einer Spektrallinie zu einer Energieabsorption A durch das Medium.

Die Höhe bzw. Fläche der Spektrallinie ist ein Maß für die Dichte der im Medium enthaltenen resonanzfähigen Momente m. Erhöhter Informationsgrad resultiert daraus, dass bei Applikation eines Feldes B_o an m i.a. eine davon etwas abweichende effektive Feldstärke

$$B = B_o + B_U \qquad (2.31)$$

wirksam wird. Das Zusatzfeld B_U ist das am Ort des Moments wirksame **Feld der Umgebung** und kann sowohl von Spinmomenten als auch diamagnetischen Momenten herrühren. Es liefert analytisch wertvolle Rückschlüsse auf die molekulare Einbindung des betrachteten Momentes.

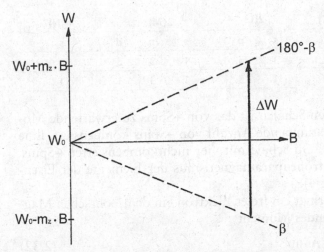

Abb. 2.46. Energiedifferenz ΔW als Funktion der Induktion B

3.5 Elektronenspinresonanz-Spektroskopie

Radikalpositionen biologischer Moleküle tragen nicht kompensierte Elektronenspins, deren starkes Moment mit Mikrowellenstrahlung zur Resonanz anregbar ist. Anwendungen betreffen die biologische Auswirkung ionisierender Strahlen oder auch das dynamische Verhalten von Zellmembranen bei Anheftung von Radikal-Sonden.

Analog zum Mößbauer-Verfahren handelt es sich auch bei der Elektronenspinresonanz (ESR) um eine sehr spezifische Methode, deren wertvolle Informationen auf enge Anwendungsbereiche begrenzt sind. Die Begrenzung ergibt sich daraus, dass der Resonanzeffekt nur an solchen Medien aufkommt, die nicht kompensierte Elektronenspinmomente enthalten. Wie in Abschnitt 4.2.1 näher ausgeführt ist, ist dieser Fall des **Elektronenparamagnetismus** für biologische Systeme atypisch. Umso schärfer zeichnet sich ein rudimentäres Vorliegen spektroskopisch ab.

Wie im technischen Bereich, so auch im biologischen: der bekannteste Träger des Paramagnetismus ist das **Eisenatom**. Für die insgesamt 26 Elektronen gilt – von im Abschnitt 4.2.1 diskutierten Ausnahmen abgesehen – die bekannte Hundsche Regel.[10] Sie liefert die folgenden Spineinstellungen:

---

[10] Nach der Hundtschen Regel sind die Elektonenschalen eines Atoms bis zur halben Füllung mit zueinander parallelen Spins als +Spins besetzt, darüber hinaus mit dazu antiparallelen –Spins (zu Ausnahmen vgl. Abschnitt 4.2.1).

Schalen Nr.	1(K)	2(L)		3(M)			4(N)
Unterschalen	s	s	p	s	p	d	s
+Spins	1	1	3	1	3	5	1
−Spins	1	1	3	1	3	1	1

In allen voll besetzten Schalen ist das von +Spins zu erwartende Moment durch übereinstimmende Anzahl von −Spins kompensiert. Eine Ausnahme bildet die 3d-Schale mit vier nichtkompensierten +Spins. Sie ist Sitz des Elektronenparamagnetismus der Elemente der Eisengruppe (vgl. Anhang 4).

Bekanntlich erbringt ein freies Elektron ein dem Bohrschen Magneton μ_B entsprechendes **Moment**

$$m = \mu_B = 9{,}28 \; 10^{-24} \, A \cdot m^2 \, . \tag{2.32}$$

Im Fall von Eisen könnten wir somit $m = 4 \, \mu_B$ erwarten. Tatsächlich weicht die effektive Zahl der Bohrschen Magnetome von diesem Wert sehr wesentlich ab – bei Eisen liegt sie meist in der Nähe des Wertes 2. Abgesehen von der Rolle der Bahnmomente kann dies in Analogie zur begrenzten Betragssumme einer geometrischen Addition gesehen werden kann. Die Abweichung ist ein Charakteristikum für die atomare bzw. ionale Einbindung.

Betrachten wir nun den Fall, dass ein von einem **Einzelelektron** herrührendes Moment m aus der zu einem Feld B günstigen, parallelen Einstellung heraus zum Übergang in die antiparallele angeregt werden soll. Beim sehr häufig vorgenommenen Ansatz $B_o = 0{,}33$ T liefert die Resonanzbedingung Glg. 2.30 eine **Resonanzfrequenz**

$$f = 2 \, \mu_B \cdot B_o \, / \, h$$

$$= 2 \cdot 9{,}28 \; 10^{-24} \, A \, m^2 \cdot 0{,}33 \, T \, / \, (6{,}63 \cdot 10^{-34} \, J \, s) = 9{,}24 \, GHz. \tag{2.33}$$

Der obige Frequenzwert fällt in das z. B. für Radarzwecke genutzte X-Band der **Mikrowellen** von ca. 3 cm Wellenlänge (vgl. Abb. 1). Experimentell gesehen ist es sehr gut aufbereitet, was bezüglich der Wahl des Wertes $B_o = 0{,}33$ T genutzt wird.

Abb. 2.47 zeigt einen entsprechenden **experimentellen Aufbau**. Unter Einsatz bewährter Hohlleiterkomponenten wird die zur Anregung benötigte hochfrequente Strahlung durch ein Klystron erzeugt. Die Strahlung wird einem Resonator zugeführt, der die Probe enthält. Die im Resonanzfall auftretende Energieabsorption A wird durch einen Detektor als Einbruch der gemessenen Intensität I registriert.

Nachdem zur **Erstellung des Spektrums** eine Frequenzvariation bei Einsatz eines Klystrons mit der hier geforderten Präzision nicht

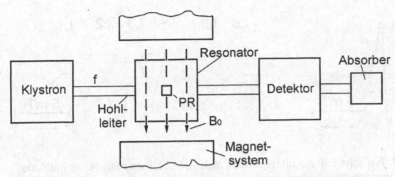

Abb. 2.47. Experimentelle Anordnung zur Aufnahme eines ESR-Spektrums einer Probe PR bei Verwendung von Mikrowellenkomponenten. Statt der Variation der Frequenz f erfolgt eine solche des Feldes B_o

gelingt, wird i.a. mit konstantem f gearbeitet. Stattdessen erfolgt eine Variation der am Ort der Probe wirksamen Induktion B_o. Somit ergibt sich das Spektrum als Funktion $A(B_o)$. Als Spezifikum wird meist ohne näheren Hinweis die Ableitung dA/dB_o (B_o) dargestellt.

Der **Informationsgehalt eines Spektrums** ist ein mehrfacher:

- Die exakte Lage einer Spektrallinie liefert Rückschlüsse auf das Moment m. Für das Einzelelektron gelingen Bestimmungen auf viele Kommastellen als Funktion der Einbindung.
- Auswertung der Linienhöhe bzw. -fläche erlaubt Konzentrationsbestimmungen paramagnetischer Substanzen.
- Absorptionsaufspaltungen erlauben äußerst spezifische Rückschlüsse auf die molekulare Umgebung des resonanzfähigen Momentes.

Anwendungsbereiche seien anhand konkreter Spektren diskutiert. Abb. 2.48a illustriert den bedeutsamen Fall des Nachweises natürlicher oder strahleninduzierter **Radikale.**[11] Die ca. 3 mT breite Absorptionslinie zeigt hohe Konzentration für Tumorgewebe (hier ein pigmentreiches Melanom) auf. Abb. 2.48b zeigt ein Spektrum von bestrahltem Paraffin, das sechs Einzellinien aufweist.

Im letzteren Beispiel liegt eine **Absorptionsaufspaltung** vor, die sich mit dem durch Glg. 2.31 definierten Feld B_U der Umgebung erklären lässt. Als Radikalposition können wir ein (beliebiges) C-Atom der Kohlenwasserstoffkette entsprechend $-CH_2-C^\bullet H-CH_2-$ ansetzen. Die nächste Umgebung ist also durch fünf H-Atome ausgemacht, de-

---

11 Radikale sind Atome oder Moleküle mit ungepaarten Elektronen, womit paramagnetische Momente aufkommen (vgl. auch Abschnitt 4.5.2)

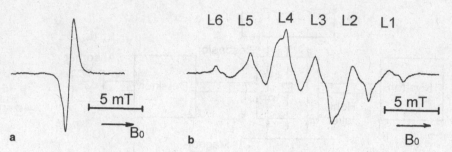

Abb. 2.48. Typische ESR-Resultate dA/dB_o (B_o). (a) Spektrum natürlicher Radikale von Melanomgewebe. (b) Spektrum von radioaktiv bestrahltem Paraffin ($C_n H_{2n+2}$) mit Aufspaltung in sechs Linien L1 bis L6 (s. Text)

ren von den Protonen generierte Kernspinmomente je nach Einstellung am Feld unterschiedliches B_U ergeben. Dabei resultieren die sechs Linien L1 bis L6 aus den folgenden – in statistischer Verteilung zu erwarten den – Kombinationen der **Spineinstellungen**:

L1	L2	L3	L4	L5	L6
+++++	−++++	−−+++	−−−++	−−−−+	−−−−−
	+−+++	+−−++	+−−−+	+−−−−	
	++−++	++−−+	++−−−	−+−−−	
	+++−+	+++−−	−++−−	−−+−−	
	++++−	−+++−	−−++−	−−−+−	
		−+−++	−−+−+		
		+−+−+	+−−+−		
	u.s.w.	u.s.w.			

Im Falle von L1 bauen die Protonen ein maximales Moment in Richtung von B_o auf. Am Ort von m ist B_U dem Feld B_o entgegen gerichtet und wirkt somit schwächend. Zur Erzielung der Resonanz ist damit gegenüber B erhöhtes B_o aufzubringen. Analoges gilt für die übrigen Linien. Betont sei, dass es sich hier um eine modellhafte Plausibilisierung handelt, während spezifische Beschreibungen von energetischen Überlegungen ausgehen.

Ein weiteres wichtiges Anwendungsgebiet ist die **Analyse von Proteinen** (z. B. Enzyme oder Vitamine), die paramagnetische 3d-Ionen enthalten, also etwa Fe^{2+} (Abb. 1.16), Co^{3+} oder Cu^{2+}. An durch => Kristallstruktur ausgezeichneten Proben zeigen sich meist kompliziert aufgespaltene Spektren. Ihre Verläufe hängen von der Lage der Molekülachse gegenüber B_o ab und ermöglichen entsprechend komplexe

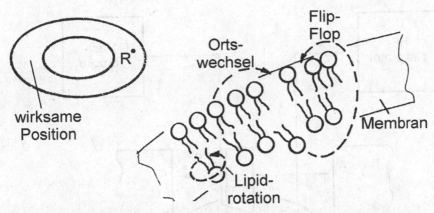

Abb. 2.49. Radikal-Sonden. Kleines Bild: Molekulare Struktur einer Sonde mit einer wirksamen Position mit Komplementarität zum Zielmolekül und einer Radikalposition R°. Großes Bild: Von der Methode erbrachte Rückschlüsse auf das dynamische Verhalten von Lipidmolekülen

Rückschlüsse. Die **Lageabhängigkeit** können wir mit Veränderungen der Vektorsumme $B = B_o + B_U$ (Glg. 2.31) plausibel machen.

Eine besondere praktische Bedeutung erfährt die Lageabhängigkeit im Rahmen von so genannten **Radikal-Sonden** (= spin labels). Dabei handelt es sich um meist ringförmige Moleküle, die entsprechend Abb. 2.49 an einer Position ein Radikal mit einem ungesättigten Elektronenspinmoment tragen. Eine andere Position ist so gewählt, dass => KL-Komplementarität zu dem interessierenden Ziel-Molekültyp gegeben ist. Derartige Sonden lassen sich an Strukturen ankoppeln, die selbst nicht paramagnetisch und somit auch nicht resonanzfähig sind.

Eine besonders interessante Anwendung betrifft das Verhalten von Proteinen oder => Lipidmolekülen in **Zellmembranen**. Dabei wird genutzt, dass sich im Spektrum auch **Bewegungen** der Sonden abzeichnen. Wie in Abb. 2.49 angedeutet, lieferten entsprechende Analysen die Erkenntnis, dass Membranen hohe Dynamik zukommt. Lipide zeigen Rotationsbewegungen und dynamische Ortswechsel bis hin zum so genannten „flip-flop". Letzterer äußert sich darin, dass Lipide die Membran z.B. auf der intrazellulären Seite verlassen, durch die Membran tauchen und sich auf der extrazellulären Seite wieder in sie einfügen. Zellmembranen zeigen also keine starre Struktur, wie es z.B. Abb. 1.21 suggerieren mag. Vielmehr sind sie durch deutliche **Fluidität** gekennzeichnet.

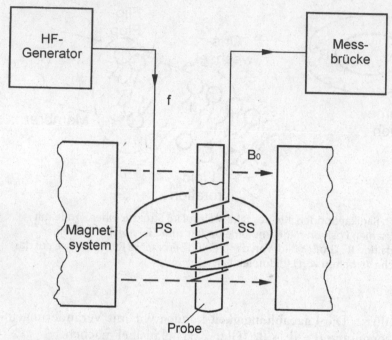

Abb. 2.50. Beispiel einer experimentellen Anordnung zur Aufnahme eines NMR-Spektrums anhand einer Variation der Frequenz f oder des Feldes B_0.
Die Messbrücke dient zur Registrierung von Veränderungen der zwischen einer Primärspule PS und einer Sekundärspule SS auftretenden Kopplung als Maß der Absorption

2.3.6 Kernspinresonanz-Spektroskopie

Der Atomkern des allgegenwärtigen Wasserstoffatoms trägt ein nicht-kompensiertes Protonenmoment, das auf einfache Weise mit Ultrakurzwellen anregbar ist. Hohe analytische Bedeutung folgt aus den mitwirkenden diamagnetischen Momenten umgebender Elektronen im Sinne der „chemischen" Verschiebung der Absorptionslinie.

Während die Elektronenspinresonanz nur bei wenigen Typen von Biomolekülen auftritt, lässt sich die Kernspinresonanz (NMR; entsprechend Nuclear Magnetic Resonance) praktisch bei allen Typen nachvollziehen. Resonanzfähigkeit ist u. a. für Wasserstoffatome gegeben, die universellen Anteil haben, wenngleich als periphere Anhängsel. Das viele Varianten umfassende Verfahren ist eine der wichtigsten Analysemethoden sowohl der Biophysik als auch der Medizin.

Voraussetzung der NMR ist das Vorliegen eines endlichen Kernmomentes m im Sinne von einander nicht voll kompensierenden

Momenten der Protonen und Neutronen. Die entsprechenden Teil-momente werden üblicherweise nicht über das Bohrsche Magneton μ_B definiert, sondern über das um drei Größenordnungen schwächere **Kernmagneton**

$$\mu_K = 5{,}05 \cdot 10^{-27} \text{ A m}^2 \,. \tag{2.34}$$

Für ein Proton gilt dabei $m = 2{,}79 \; \mu_K$, für ein Neutron $m = -1{,}91 \; \mu_K$. Qualitativ können wir uns diese Momente damit plausibel machen, dass das Proton eine um seine Achse bewegte positive Ladungswolke repräsentiert, ein Neutron hingegen eine gemischt positiv-negative.

In grober Analogie zu den Einstellungen von Elektronenspins zeigen auch Kernspinmomente einen Trend der Kompensation. Teilweise resultieren komplizierte Multipolmomente, in anderen Fällen aber auch gut beschreibbare Dipolmomente m. Der einfachste Fall ergibt sich für den **Kern des Wasserstoffs**. Für das hier alleine vorliegende Proton liefert Glg. 2.30 unter Ansatz der häufig verwendeten Feld-stärke $B_0 = 1$ T die **Resonanzfrequenz**

$$f = 2 \cdot 2{,}79 \cdot \mu_K \cdot B_0 / h$$

$$= 2 \cdot 2{,}79 \cdot 5{,}05 \cdot 10^{-27} \text{ A} \cdot \text{m}^2 \cdot 1 \text{ T} / (6{,}63 \cdot 10^{-34} \text{ J} \cdot \text{s})$$

$$= 42{,}5 \text{ MHz} \,. \tag{2.35}$$

Dieser Wert liegt im unteren UKW-Bereich. Gegenüber der bei ESR sehr hohen Frequenz erbringt die hier viel kleinere den Vorteil, dass das Feld leicht erzeugbar und seine Frequenz f in exakt definierter Weise variierbar ist. Ferner ergibt sich hohe => Eindringtiefe. Bezüg-lich der Probengröße liegen damit kaum Beschränkungen vor. (Die Methode wird ja auch am lebenden Menschen angewandt, wie im nachfolgenden Abschnitt 2.3.7 beschrieben.)

Abb. 2.50 zeigt eine mögliche Variante einer **experimentellen Anordnung**. Die in einer Messzelle platzierte Probe ist im Feldraum eines Magnetsystems untergebracht. Dabei ist höchste Homogenität notwendig, da Auflösungen im Bereich von ppm (parts per million) gefordert sind. Im skizzierten Fall geschieht die hochfrequente An-regung mittels einer Primärspule. Zur Detektion einer Absorption A wird die transformatorische Kopplung zu einer Sekundärspule erfasst. Als Alternative kann eine Einzelspule eingesetzt werden, deren Güte ($\omega L/R$) bei Absorption absinkt. Zur Aufnahme des Spektrums kann wahlweise f oder B_0 variiert werden. Meist wird das Spektrum in der Form $A(f)$ oder $A(B_0)$ dargestellt, häufig auch als über A erstrecktes Integral.

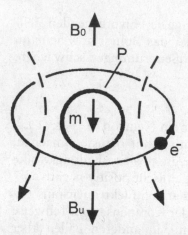

Abb. 2.51. Schematische Darstellung zum Zustandekommen des diamagnetischen Zusatzfeldes B_U, das dem Feld B_o am Ort des Protons P exakt entgegen gerichtet ist

Analytische **Rückschlussmöglichkeiten** ergeben sich analog zum ESR-Fall. Auch hier liegt eine wesentliche Informationsquelle in der von der Umgebung des Moments m erzeugten Feldkomponente B_U. Sie resultiert vor allem aus dem => diamagnetischen Moment der benachbarten Elektronen und ist dem Feld B_o somit exakt entgegen gerichtet (Abb. 2.51). Unter Einführung einer diamagnetischen **Abschirmkonstante** σ gilt für den Betrag der auftretenden Feldschwächung B_U = $\sigma \cdot B_o$ entsprechend einer reduzierten wirksamen Feldstärke

$$B = (1 - \sigma) \cdot B_o \,. \tag{2.36}$$

σ ist ein Maß für die **Elektronendichte** der Kernregion und somit ein Charakteristikum für die chemische Umgebung des Kerns. Die geringe Größenordnung von ppm macht es sinnvoll, die jeweilige Größe σ auf jene σ_R einer bekannten Referenzstruktur minimaler Elektronendichte zu beziehen und durch die so genannte **chemische Verschiebung**

$$\delta = \sigma - \sigma_R \tag{2.37}$$

zu ersetzen.

Abb. 2.52 zeigt ein Beispiel eines relativ einfachen **Spektrums** der aufzuklärenden Molekülart. Gegenüber dem Referenzstoff R zeigen sich für an drei C-Positionen angebundene H-Kerne drei voneinander deutlich abgesetzte Spektrallinien. Maximale Verschiebung tritt mit δ = 8 ppm für jenen Fall auf, in dem ein einziger H-Kern in enger Nachbarschaft von O und C liegt. Für ihn ist somit höchste Elektronendichte gegeben. Zur Identifizierung der drei molekularen Gruppen des

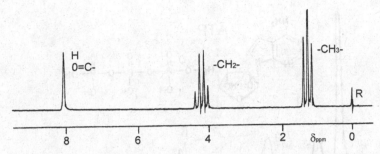

Abb. 2.52. Beispiel eines H-NMR-Spektrums, das drei resonanzfähige Gruppen der untersuchten Molekülart charakterisiert. Die geringste Verschiebung δ gegenüber der Referenz R zeigt sich für CH$_3$, da hier das Verhältnis von Elektronenanzahl zu Protonenanzahl am kleinsten ist

untersuchten Stoffes dient nicht nur δ , sondern auch eine – hier bei zwei Gruppen gegebene – etwaige **Absorptionsaufspaltung**. Sie erklärt sich mit Kopplungen zwischen eng benachbarten Kernen, die durch vermittelnde Elektronen gedeutet werden. Zur einfachen Plausibilisierung kann aber auch hier vom – weiter oben anhand der Abb. 2.48b diskutierten – Feld B_U der Umgebung ausgegangen werden.

Neben dem bisher besprochenen Fall des Wasserstoffs hat auch die **Resonanz von Kohlenstoff** hohe Bedeutung. Als Vorteil gilt der zentrale Charakter von C und indirekt auch der Umstand, dass mit $m = 0{,}7$ μ_K noch kleinere Resonanzfrequenzen anfallen; mit $B_o = 1$ T ergibt sich $f = 10{,}7$ MHz. Ein Nachteil ist, dass nicht das Grundisotop C-12 resonanzfähig ist, sondern das schwerere C-13 (s. Anhang 4), dessen natürliche Häufigkeit bei nur 1 % liegt. Ähnlich wie bei Mößbauer-Analysen fallen somit Anreicherungen an. Die auftretenden Verschiebungen δ erreichen hohe Werte bis etwa 200 ppm. Auch hier existieren Kataloge charakteristischer Verschiebungen und Aufspaltungen, die zur Aufklärung molekularer Gruppen herangezogen werden können.

3.7 In-vivo-Kernspinresonanz

Zur Anregung benötigte UKW-Felder dringen in den Organismus ein, womit die Kernspinspektroskopie kontaktlose Registrierungen von Stoffwechselprozessen ermöglicht. Durch lokale Variation des Magnetfeldes gelingt es, nacheinander verschiedene Regionen anzuregen, was letztlich in zweidimensionalen NMR-Tomogrammen mündet – etwa von Tumoren.

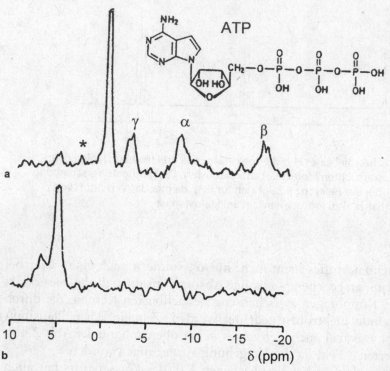

Abb. 2.53. Analyse von Stoffwechselprozessen durch Spektren von Phosphor-31. (a) Normalverlauf des durch ATP im Sinne der Linien α-γ dominierten Spektrums; am Wadenmuskel einer Ratte registriert. Der Stern markiert eine spezifisch pH-abhängige Linie. Kleines Bild: ATP-Struktur mit drei zentralen P-Atomen. (b) Den Abbau von ATP aufzeigendes Spektrum nach mehrstündiger Drosselung der Durchblutung

Gegenüber anderen Analysemethoden zeichnen sich NMR-Nutzungen dadurch aus, dass sie auch am lebenden Organismus medizinisch anwendbar sind. So fällt kein Vakuum an, und auch die Frage einer eventuellen Belastung des Patienten kann verneint werden (vgl. Kapitel 4), abgesehen von praktischen Problemen, z.B. im Zusammenhang mit Herzschrittmachern. Im Folgenden sei der Grundgedanke von zwei in-vivo anwendbaren Verfahren angegeben, der In-vivo-Spektroskopie und der Tomographie.

Anders als bei kleinen Proben ist die Realisierung exakt definierter Feldstärke B_o im Falle des Organismus besonders kritisch. Zur **Felderzeugung** werden Spulen mit Innendurchmessern bis etwa 1 m eingesetzt. Induktionswerte B_o von 1 T bis – in seltenen Fällen – 7 T werden durch Nutzung der Supraleitung erzielt, wobei zur Kühlung

Helium, ummantelt durch Stickstoff, verwendet werden kann. Medizinische Anwendungen erfolgen auch mit offenen Spulensystemen bei reduzierter Feldintensität.

Die **In-vivo-Spektroskopie** konzentriert sich auf eine begrenzte Körperregion. Zur gezielt lokalen Analyse wird eine HF-Oberflächenspule von einigen Zentimeter Durchmesser auf die Haut aufgesetzt, womit Anregungen auf den Nahbereich der Spule beschränkt sind. Für diesen Bereich ist absolute Homogenität von B_0 vorzusehen, da es gilt, Verschiebungen δ im ppm-Bereich aufzulösen.

Besondere Bedeutung ergibt sich für die **Analyse von Stoffwechselprozessen**. Als Energieträger der Zelle dient das schon erwähnte ATP-Molekül (Adenosin-Tri-Phosphat; Abb. 2.53a), das bei funktioneller Tätigkeit abgebaut wird. Die entsprechenden molekularen Veränderungen lassen sich über die **Resonanz des Phosphors** ($m = 1{,}13\ \mu_K$) registrieren. ATP enthält P–31 an drei zentralen Positionen, die sich im Spektrum – neben Linien von ATP-Vorprodukten – klar abzeichnen (Abb. 2.53a). Ein ATP-Abbau – in Abb. 2.53b durch Durchblutungsdrosselung provoziert – korreliert mit dem Verschwinden dieser Linien.

Phosphor-Spektren erlauben auch eine kontaktfreie Erfassung des für das Gewebe gültigen **pH-Wertes**. Veränderungen zeichnen sich durch Verschiebung einer spezifischen, in Abb. 2.53a mit Stern markierten Linie ab. Von weiterem Interesse sind P-Spektren auch für den Fall von **Nucleinsäuren**, die entsprechend Abb. 1.28a in jeder Position ein P-Atom enthalten.

Anders als die noch in Entwicklung stehende In-vivo-Spektroskopie wurde die **NMR-Tomographie** bereits zu einem klinischen Routineverfahren. Hier wird zunächst auf eine spektrale Auflösung verzichtet. Stattdessen erfolgt eine lokale Auflösung im mm-Bereich. Dies wird durch gezielte, exakt definierte *Inhomogenität* von B_0 innerhalb der untersuchten Körperregion erreicht.

Abb. 2.54 zeigt ein **Blockschaltbild** eines Tomographen. Der Körper wird in eine Magnetspule eingebracht, die einen Basiswert von B_0 erzeugt. Bei globaler Anregung mit der Resonanzfrequenz f würde die Absorptionslinie die Summe aller resonanzfähigen Kerne repräsentieren (Abb. 2.55a). Tatsächlich werden über Gradientenspulen zusätzliche Feldkomponenten generiert, sodass die Resonanzbedingung nur für eine kleine Region erfüllt ist. Eine Linie repräsentiert somit alleine die *regionale* **Dichte der Momente** (Abb. 2.55b). Die meist erstellten zweidimensionalen Schnittbilder ergeben sich durch „Abtastung" von beispielsweise $n = 256 \times 256$ Aufpunkten einer durch den Organismus gelegten Schnittebene (gr. tomé) durch Variation von f.

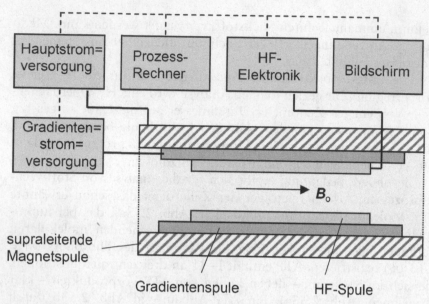

Abb. 2.54. Blockschaltbild eines NMR-Tomographen

Die obige Vorgangsweise würde n Werte der regionalen Dichte der Momente ergeben, die zur Hellsteuerung der Aufpunkte einer Bilddarstellung dienen können. Die weiter oben erwähnte Allgegenwart des Wasserstoffs würde allerdings geringen Kontrast erbringen. Der meist tatsächlich genutzte **Kontrastmechanismus** beruht auf einer Auswertung der so genannten Relaxationszeit T, d. h. der Dauer des Rückfalls vom angeregten Zustand in den Grundzustand (analog zum Fall der Mößbauer-Spektroskopie, Abb. 2.42d). Wahlweise wird zum Erreichen des Bildkontrastes von zwei verschieden definierten Größen Gebrauch gemacht:

(a) der **Spin/Gitter-Relaxationszeit** T_1, die mit der Wechselwirkung des Moments m mit seiner Umgebung als „Gitter" beschrieben wird, bzw.

(b) der **Spin/Spin-Relaxationszeit** T_2, die mit der Wechselwirkung mit Nachbarmomenten gedeutet wird.

T_2 ist zur Spektrallinienbreite b verkehrt proportional (Abb. 2.55a). Sie könnte somit aus den punktweise aufgenommenen Spektren bestimmt werden. Punktweise Analysen würden aber zu langen **Aufnahmezeiten** führen, die in der klinischen Praxis nicht akzeptabel sind. Die technologische Entwicklung ist somit darauf ausgerichtet,

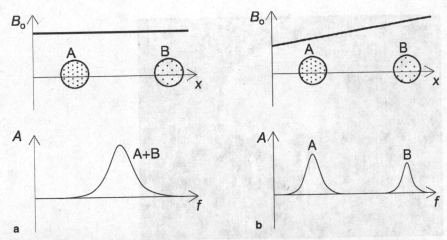

Abb. 2.55. Grundprinzip der NMR-Tomographie bei Ansatz von nur zwei resonanzfähigen Regionen A und B, bei geringerer Dichte resonanzfähiger Kerne in B. (a) Bei homogenem B_o ergäbe sich eine summarische Spektrallinie bei der Frequenz $f_{A,B}$. (b) Gegenüber dem Basiswert leicht reduziertes bzw. angehobenes B_o an A bzw. B ergibt eine Aufspaltung in zwei Linien bei f_A und f_B, wobei die Linienstärke ein Maß für die jeweilige Dichte an Kernen darstellt

Informationen zu Bildpunkt-*Scharen* pauschal zu gewinnen. Die dabei verfolgte Strategie basiert auf der Applikation von HF-Impulsen (im Sinne der Tastung), die ein endliches Frequenzspektrum repräsentieren. Mit Methoden der Fourier-Transformation gelingt es, aus der Impulsantwort Informationen über alle Aufpunkte beispielsweise einer die Schnittebene erzeugenden Gerade zu gewinnen. Dazu sei auf die sehr umfangreiche einschlägige Literatur verwiesen.

Abb. 2.56 schließlich zeigt ein **Beispiel eines Resultates** für den Fall eines Schnittes durch den menschlichen Schädel. Die verschiedenen Gewebetypen erscheinen hier mit deutlich unterschiedlicher Helligkeit. Derartige Kontraste resultieren vor allem aus **Abhängigkeiten der Relaxationszeiten** von der Viskosität η des Mediums. Als grober Trend nimmt T_1 mit steigendem η stark ab und ist – abhängig von f bzw. B_o – für trockene Haut von der Größenordnung 300 ms. Für – geringes η aufweisende – zelluläre Flüssigkeiten ergeben sich hohe Werte der Größenordnung einer Sekunde.

Im Weiteren ist zu erwarten, dass die Möglichkeiten der Tomographie durch **spektroskopische Auflösung** gesteigert werden. So ermöglichen z.B. unterschiedliche Werte der Verschiebung δ kontrastreiche Darstellungen der lokalen Verteilung von „Fett" (Lipiden) bzw. Wasser.

Abschließend seien **Beispiele zur praktischen Bedeutung** der NMR-Tomographie angegeben –

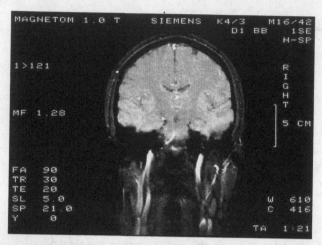

Abb. 2.56. Beispiel eines NMR-Tomogramms. Schnitt durch den Schädel mit spezifischer Kontrastanhebung für strömendes Blut, womit die großen Gefäße des Halses hell erscheinen

- Der Umstand, dass sich unterschiedliche Gewebearten hinsichtlich der Absorption und/oder der Relaxationszeiten unterscheiden, wird zur Diagnose von anomalen lokalen Gewebeverteilungen (z.B. Knochen/Nervengewebe der Wirbelsäule) genutzt. Durch Kontrastmittel können dabei Kontrasterhöhungen erzielt werden.

- Hohe Relaxationszeiten bestimmter Tumorarten erlauben deren exakte Ortung (z.B. im Schädel, wobei die regionale Verteilung in Schnittbildern durch Helligkeits- oder Farbkontrast verdeutlicht werden kann).

- Während unbewegte Regionen wie Gehirn oder Rückenmark gut analysierbar sind, ergeben sich im Thoraxbereich Artefakte durch Atmung, Peristaltik und Herztätigkeit. Artefaktunterdrückungen gelingen z.B. bezüglich Herzregionen dadurch, dass der Bildaufbau am EKG-Signal getriggert wird.

- Die geringe Viskosität von Blut erlaubt Analysen lokaler Verteilungen der Gewebedurchblutung. Wegen verkürzter Verweildauer des Mediums unter Resonanzbedingungen sinkt die effektive Relaxationszeit mit steigender Strömungsgeschwindigkeit. Wie die Abb. 2.56 veranschaulicht, lassen sich stark durchströmte Gefäße somit durch spezifischen Kontrast hervorheben.

- Die Nachweisbarkeit von Blut ermöglicht die Ortung neuronal stark erregter – und damit durch erhöhten Sauerstoffbedarf gekennzeichneter – Regionen des Gehirns. Ergänzend zur => EEG- bzw. MEG-Analyse resultieren Möglichkeiten zur Erforschung von Verarbeitungszentren der Hirnrinde.

3

Neurobiophysik

In diesem Kapitel wird auf die Funktion des Nerv/Muskel-Systems eingegangen. Es erfolgt eine Darstellung der neuronalen Signalverarbeitung, für die bereits ein in zunehmendem Maße vollständiges Verständnis erzielt werden konnte. Für die Medizintechnik sind die entsprechenden Phänomene in mehrfacher Hinsicht von unmittelbarem praktischen Interesse. So bieten sie eine Grundlage zur Herstellung von Schnittstellen zwischen elektronischen und neuronalen Systemen. Erinnert sei an die künstliche Stimulation, die mit Cochlearimplantaten ihren Ausgang nahm. Mittlerweile wird sie schrittweise auf beliebige Sinnesorgane erweitert und letztlich sogar dahin, Unterbrechungen neuronaler Verbindungen durch rein elektronische Komponenten zu überbrücken.

Das vorliegende Kapitel behandelt auch Grundmuster neuronaler Netzwerke bis hin zu höheren Hirnfunktionen, wie etwa der Informationsabspeicherung. Im physiologischen System finden sich dabei Verarbeitungsmuster, die zu solchen der Technik in weitgehender Analogie stehen, beziehungsweise die Entwicklung analoger technischer Systeme anregen. Von besonderem Interesse sind hier am Computer abgelegte Neuronennetze (Artificial Neural Networks), die bereits zu einem Routinewerkzeug moderner Datenverarbeitung geworden sind.

Abschließend erfolgt eine Diskussion des Zustandekommens von neuronal bedingten Biosignalen, wie beispielsweise der elektrischen und magnetischen Enzephalographie. Damit gelingen Einblicke in höhere Verarbeitungen des Gehirns. Was sich der physikalischen Analyse aber entzieht, das ist das Zustandekommen des Bewusstseins.

3.1 Membran und Membranspannung

3.1.1 Membranaufbau

Die Lipiddoppelschicht ist von Proteinen durchsetzt, welche als spezifische Membranporen fungieren. Ihre elektrischen Eigenschaften lassen sich mit der Patch-Clamp-Technik in sehr gezielter Weise studieren.

Bezüglich der am grundlegenden Membranaufbau beteiligten molekularen Komponenten sei auf den Abschnitt 1.2.4 verwiesen. Abb. 3.1 zeigt die damit resultierende **Gesamtstruktur der Membran** (ohne oberflächlich angelagerte Proteine). Die Grundstruktur ist durch eine Doppelschicht von Lipiden gegeben, wobei die Ordnung in der Abbildung überzeichnet ist. Wie wir vor allem durch mittels der => Elektronenspinresonanz vorgenommene Analysen wissen, handelt es sich tatsächlich um ein dynamisch bewegtes, sehr **fluides Grundgerüst**. In ihm befinden sich – durch spezielle Lipide verfestigte – so genannte **Domänen**, in welche für spezifische Stofftransporte verantwortliche Proteine eingelagert sind und die Funktion von „Poren" übernehmen.

Diese **Membranporen** zeigen äußerst unterschiedlichen Aufbau, und damit sehr spezifische Varianten der Funktion. Ihr Studium gelingt durch Anwendung der so genannten **Patch-Clamp-Technik**. Dazu wird unter dem Mikroskop das mit etwa 1 μm sehr dünne Ende einer Glaskapillare um eine Pore positioniert und durch Unterdruck um den entsprechenden Membranfleck (engl. Patch) dicht gemacht. Durch einen noch dünneren Elektrodenfaden wird an der Pore eine definierte Spannung vorgegeben, und die resultierenden Stromflüsse

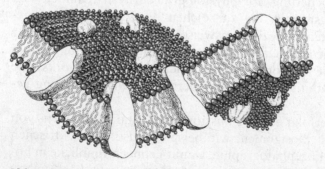

Abb. 3.1. Visualisierung der Membran-Gesamtstruktur; ohne oberflächliche Proteine, jedoch mit die Membran durchdringenden Proteinen, welche gezielten Stofftransport ermöglichen können

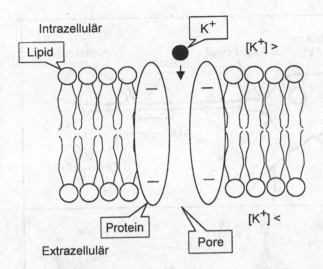

Intrazellulär

Lipid

K$^+$

[K$^+$] >

Protein

[K$^+$] <

Pore

Extrazellulär

Abb. 3.2. Schematische Darstellung des einfachsten, rein passiv funktionierenden Typs einer Membranpore

werden registriert. Porenöffnungen liefern dabei Stromimpulse von wenigen Picoampere Stärke.

Weiter unten werden wir Poren diskutieren, die elektrisch bzw. elektrochemisch steuerbar sind. Zunächst aber wollen wir die einfachste Art betrachten, welche in Abb. 3.2 schematisch dargestellt ist. Hier liegt ein rein **passiv funktionierender Porentyp** vor. Er ist von kleinen Ionen passierbar, welche unter der Einwirkung einer Diffusionskraft und einer elektrostatischen Kraft stehen. Dieser Porentyp ist sowohl für elektrisch passive Eigenschaften der Membran relevant, als auch für das Entstehen der Membranruhespannung.

1.2 Elektrisch passive Eigenschaften der Membran

Aufgrund der isolierenden Wirkung der Membran werden an einem Axonbereich eingespeiste elektrische Signale über relativ weite Entfernungen rein passiv weitergeleitet. Zur Beschreibung dienen Kabelmodelle, die auf der Kettenschaltung differenziell kleiner Leitwerts- und Kapazitätskomponenten beruhen.

Das Lipid-Grundgerüst ist molekular dicht aufgebaut und verhindert damit den Durchtritt von Ionen. Bei Einprägen eines elektrischen Fremdfeldes wird der Stromfluss somit vor allem durch Poren gemäß Abb. 3.2 vermittelt. Die entsprechenden molekularen Strukturen tragen überwiegend negative Festladungen, was sich damit erklärt, dass ihr => isoelektrischer Punkt unter dem pH-Wert des Milieus liegt (vgl. Abb. 2.31). Die Membran zeigt also a priori elektrostatische Affini-

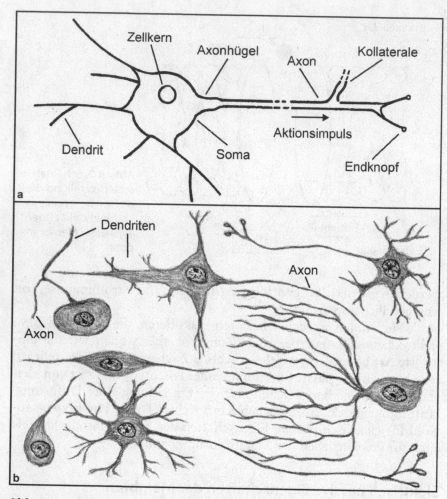

Abb. 3.3. Aufbau eines Neurons. (a) Schematische Darstellung. (b) Beispiele zur Vielfalt der Formen von Nervenzellen

tät für *positiv* geladene Ionen. Damit können wir uns plausibel machen, dass am Stromfluss vor allem die kleinen Kationen K⁺ und Na⁺ beteiligt sein werden. Aus dem integrativen Zusammenwirken vieler Membranporen resultiert ein geringer – auf die Membranfläche bezogener – elektrischer **Leitfähigkeitsbelag** G''. Die geringe Dicke der Membran hingegen liefert sehr hohe Werte für den entsprechenden **Kapazitätsbelag** C''.

Die **experimentelle Bestimmung** der pauschalen Kenngrößen G'' und C'' erfolgt vorzugsweise an Axonen von Neuronen (= Nervenzellen; Abb. 3.3) oder an Muskelfasern (Abb. 1.4d), die auch wegen ihrer

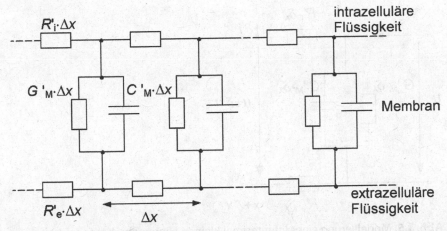

Abb. 3.4. Kabelmodell eines zylindrischen Zellabschnitts (ohne Berücksichtigung der so genannten Ruhespannung U)

Erregbarkeit von besonderem Interesse sind. In beiden Fällen ist zylindrischer Aufbau gegeben, der eine Modellierung begünstigt. Abb. 3.4 zeigt ein in der Literatur in zahlreichen Varianten dargestelltes so genanntes **Kabelmodell**, das in grober Analogie der in der Nachrichtentechnik für Leitungen üblichen Modellierung entspricht – ohne Berücksichtigung induktiver Komponenten, die hier vernachlässigbar sind. Die Faser wird durch in Serie geschaltete Vierpole dargestellt, welche z. B. $\Delta x = 1$ mm lange Abschnitte repräsentieren. Als wichtigste Elemente enthält das Schaltbild den auf die Länge bezogenen Leitwertsbelag

$$G_M' = \Delta G_M / \Delta x = G_M'' \cdot \Delta A / \Delta x = G_M'' \cdot \pi \cdot D \qquad (3.1)$$

und den Kapazitätsbelag

$$C_M' = \Delta C_M / \Delta x = C_M'' \cdot \Delta A / \Delta x = C_M'' \cdot \pi \cdot D, \qquad (3.2)$$

der die beiden Flüssigkeitsbereiche trennenden Membran (D Faserdurchmesser, ΔA Membranfläche). R_i' und R_e' stehen für die auf die Länge bezogenen Widerstandsbeläge des Intra- bzw. Extrazellulären. Das Kabelmodell erlaubt die Abschätzung der passiven Ausbreitung – eigentlich Weiterwirkung – einer an einem Ort x vorgegebenen, der => Ruhespannung U überlagerten Spannung $u(x)$.

Die Modellierung kann auch **in differentieller Form** erfolgen, d. h. für eine Kettenschaltung von Vierpolen, welche für infinitesimal kleine Längenabschnitte $\Delta x \to \delta x$ stehen. Gemäß Abb. 3.5 ergibt sich dabei für den Ort $x + \delta x$ gegenüber x die Spannungsänderung

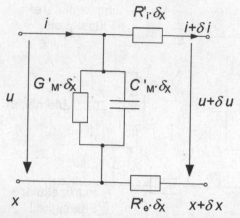

Abb. 3.5. Modellierung eines infinitesimal kleinen Längenabschnitts $\Delta x \rightarrow \delta x$

$$\delta u = -\, (\, R_i' + R_e'\,)\cdot \delta x \cdot (\, i + \delta i\,) \approx -\,(\, R_i' + R_e'\,)\cdot \delta x \cdot i \qquad (3.3)$$

bzw. die Stromänderung

$$\delta i = -\,(\, G_M' \cdot \delta x \cdot u + C_M' \cdot \delta x \cdot \partial u/\partial t\,). \qquad (3.4)$$

Daraus ergibt sich für den Orts- bzw. Zeitverlauf der Spannung die Differentialgleichung

$$d^2u/dx^2 = -\,(R_i' + R_e')\cdot \partial i/\partial x =$$

$$= (R_i' + R_e')\cdot (G'\cdot u + C'\cdot \partial u/\partial t). \qquad (3.5)$$

Derartige Modellierungen ermöglichen die Abschätzung der passiven Weiterwirkung von lokal – z.B. mit Elektroden oder über Synapsen – gesetzten Reizen, welche unterschwellig ausfallen und damit unmittelbar keinen => Aktionsimpuls auslösen.

    Abb. 3.6a zeigt eine mögliche Variante für die **experimentelle Bestimmung der Membrankenngrößen.** Am Faserort $x = 0$ wird zum Zeitpunkt $t = 0$ über eine eingestochene Mikroelektrode und eine außen angelegte Elektrode unterschwellig ein Stromsprung eingeprägt. Mit einem zweiten Elektrodenpaar wird in variiertem Abstand x die der Ruhespannung überlagerte Sprungantwort $u(x,t)$ registriert. Sie baut sich exponentiell auf (Abb. 3.6b), wobei die Ursprungstangente in Näherung die **Membranzeitkonstante**

$$T_M = \frac{C_M{}'}{G_M{}'} = \frac{C_M{}''}{G_M{}''} \qquad (3.6)$$

liefert. Ein weiterer Zusammenhang zwischen den Kenngrößen ergibt sich aus der Ursprungstangente zum Beharrungsendwert U_∞ über dem

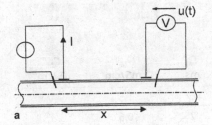

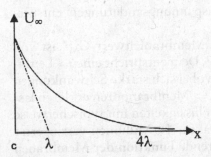

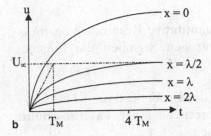

Abb. 3.6. Experimentelle Bestimmung von Membrankennwerten an einem Axon. (a) Elektrodenanordnung. (b) Antwort auf einen Stromsprung als Funktion der Zeit für verschiedene Abstände x zwischen den Elektrodenpaaren (ohne Berücksichtigung der Membranruhespannung). (c) Beharrungsendwert der Spannung als Funktion des Abstandes (vgl. Text)

Abstand x. Gemäß Abb. 3.6c liefert er die **Membranraumkonstante** (bzw. Längenkonstante)

$$\lambda = \frac{1}{\sqrt{G_M{}' \cdot (R_i{}' + \cdot R_e{}')}} . \tag{3.7}$$

Zur Bestimmung der vier Kenngrößen sind die beiden obigen Gleichungen nicht hinreichend. **Weitere Zusammenhänge** lassen sich beispielsweise damit gewinnen, dass zwischen zwei außen angelegten Elektroden variierten Abstandes s die **komplexe Impedanz** $Z(s,f)$ als Funktion der Frequenz f gemessen wird (s. Abb. 3.7). Auch diese Variante eignet sich zur unmittelbaren Bestimmung von λ.

Tabelle 3.1. Typische Resultate experimentell bestimmter Membran-Kennwerte für drei verschiedene Zelltypen (aus: B. Katz, Nerv, Muskel und Synapse, Thieme, 1970)

Fasertyp	D μm	λ mm	T_M ms	$G_M"$ 1 mS/cm²	$C_M"$ μF/cm²
Tintenfischnerv	500	5	0,7	1,5	1
Hummernerv	75	2,5	2	0,5	1
Krebsnerv	30	2,5	5	0,2	1

Die Tabelle 3.1 zeigt typische **quantitative Resultate** von messtechnisch ermittelten Membrankenngrößen, welchen die folgende **praktische Bedeutung** zukommt:

(a) Die Raumkonstante λ ist von der Größenordnung 1 mm, womit => Aktionsimpulse entsprechend lange Faserabschnitte auch passiv durchlaufen können.

(b) Die Zeitkonstante T_M ist von der Größenordnung 1 ms, was die Dynamik von Membranspannungsänderungen entsprechend begrenzt.

(c) Der auf die Fläche bezogene Membranleitwert $G_M"$ ist von der Größenordnung 1 mS/cm². Dem entspricht eine => Leitfähigkeit γ von etwa 10^{-7} S/m, wobei sich starke Schwankungen mit schwankender Dichte der => Membranporen erklären lassen. Gegenüber => zellulären Flüssigkeiten mit typischerweise 1 S/m liegt also ein um den Faktor 10 Millionen verringerter Wert vor, was die **stark isolierende Funktion der Membranen** verdeutlicht.

(d) Die auf die Fläche bezogene Membrankapazität $C_M"$ ist von der Größenordnung 1 μF/cm², was die **stark kapazitive Funktion** der Membran bestimmt. Die weitgehende Konstanz dieses Wertes verdeutlicht den in Abschnitt 1.2.4 erwähnten Begriff der „Unit membrane", d.h. einer in allen Fällen übereinstimmenden Grundstruktur. Der Wert entspricht einer => Permittivität $\varepsilon \approx 10$, was auf deutliche Beteiligung polarer Moleküle hinweist.

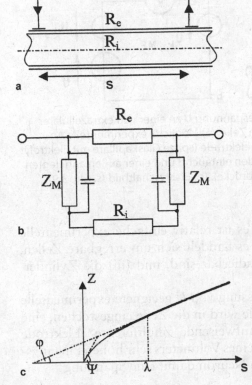

Abb. 3.7. Zur Bestimmung von Zusammenhängen zwischen den Kennwerten mögliche Variante, die den Einstich von Elektroden in die Zelle vermeidet. (a) Elektrodenanordnung. (b) Einfachstes Ersatzschaltbild. (c) Gesamtimpedanz Z als Funktion des Elektrodenabstandes s. R_e folgt aus ψ, R_i danach aus φ

1.3 Membranruhespannung

Im nicht erregten Zustand wirkt an Zellmembranen eine Spannung der Größenordnung von etwa −70 mV. Bewirkt wird sie durch unterschiedliche Konzentrationen gewisser Ionenarten, in Verbindung mit auch unterschiedlichen Permeabilitäten derselben. Der Ruhezustand entspricht einem Fließgleichgewicht zwischen Diffusion und elektrischer Rückhaltekraft, das durch aktive Ionenpumpen aufrecht erhalten bleibt.

Prinzipiell zeigt jede Zelle, welche von extrazellulärer Flüssigkeit umgeben ist, an ihrer äußeren Membran eine Spannung des Betrags von nicht ganz 100 mV. Der experimentelle Nachweis könnte also prinzipiell an beliebigen Zelltypen vorgenommen werden – etwa an einer Blutzelle. Bevorzugt werden aber auch hier **zylindrische Zellabschnitte**, d.h. Axone oder Muskelfasern herangezogen, wofür mehrere

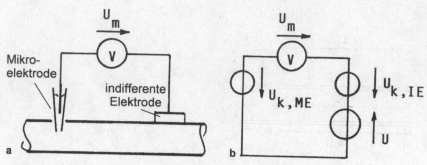

Abb. 3.8. Messung der Membranruhespannung U an einer von extrazellulärer Flüssigkeit umgebenen zylindrischen Zelle. (a) Mögliche experimentelle Anordnung einer eingestochenen Mikroelektrode (spitze Glaskapillare mit Elektrolyt gefüllt, worin ein chlorierter Metallfaden eintaucht) und einer außen angelegten indifferenten Elektrode (Metall + Salzbrücke). (b) Ersatzschaltbild (s. Glg. 3.9)

Umstände maßgeblich sind: (i) es ist relativ einfache experimentelle Manipulierbarkeit gegeben, (ii) es handelt sich um erregbare Zellen, womit auch Aktionsimpulse studierbar sind, und (iii) die Zylinderform ist leicht modellierbar.

Abb. 3.8a zeigt eine zur Messung von U geeignete **experimentelle Anordnung**. Eine Mikroelektrode wird in die Zelle eingestochen, eine zweite, größere Kontaktfläche aufweisende „indifferente" Elektrode extrazellulär angelegt. Mit Hilfe eines Voltmeters sehr hohen Eingangswiderstandes lässt sich an einem Neuron damit eine Spannung

$$U = \varphi_i - \varphi_e \approx -70 \text{ mV} \tag{3.8}$$

messen (φ_i intrazelluläres Potential, φ_e extrazelluläres Potential). Das negative Vorzeichen resultiert dabei aus der – wie allgemein üblich vorgenommenen – Bezugspfeilwahl von innen nach außen.

Trotz des relativ hohen Betrages von U ergeben sich bezüglich der messtechnischen Erfassung kritische Anforderungen. Sie resultieren aus der in Abb. 2.41 definierten **Kontaktspannung** $U_k = \varphi_M - \varphi_E$, die zwischen einem Metall und einem mit ihm in Kontakt gebrachten Elektrolyten auftritt. Diese Spannung, welche mit mehreren Volt die Größenordnung von U wesentlich überschreiten kann, hängt von der Komposition von Metall und Elektrolyt ab. Bei einer direkten Kontaktierung der zellulären Flüssigkeiten würden sich infolge von nicht-reversiblen Ionen-Diffusionsprozessen – aber auch von Temperaturschwankungen – zeitlich veränderliche Spannungen $U_{k,ME}$ und $U_{k,IE}$ ergeben (Abb. 3.8b). Die gemessene Spannung würde gemäß

$$U_m = U_{k,ME} + U - U_{k,IE} \tag{3.9}$$

in kaum korrigierbarer Weise vom interessierenden Wert U abweichen. Zur Reduktion des Fehlers werden so genannte **Bezugselektroden** angesetzt. Sie sind dadurch gekennzeichnet, dass zwischen Metall und Messelektrolyt eine Salzbrücke hoher Ionenkonzentrationen eingeschaltet wird. Beispielsweise wird bei einer Silber/Silberchloridelektrode metallisches Ag mit AgCl kontaktiert, das so hohen Gehalt an Ag^+ aufweist, dass konstantes U_k erwartet werden kann. Der – bei diesem Elektrodentyp i. Allg. über KCl als weitere Brücke – hergestellte Kontakt zum Messelektrolyt erbringt zwar weitere Kontaktspannungen, die aber als so genannte Diffusionskontaktspannung (zwischen zwei verschiedenen Elektrolyten) im Rahmen von wenigen mV verbleiben. Unter Voraussetzung gleicher Werte U_k der beiden Elektroden kommt es im geschlossenen Messkreis letztlich zur Spannungskompensation, und es gilt $U_m \approx U$.

Für das Zustandekommen einer endlichen Spannung U gelten zwei **Voraussetzungen**:

(i) Unterschiedliche Ionenkonzentrationen intra- bzw. extrazellulär.

(ii) Unterschiedliche, auf die Fläche bezogene Membran-Permeabilität g für die beteiligten Ionenarten. g berücksichtigt dabei die Dichte ionendurchlässiger Membranporen.

Tabelle 3.2 zeigt numerische Beispiele von **Ionenkonzentrationen** der für das Weitere wichtigsten Arten Na^+, K^+, Cl^- und Ca^{2+}. Mit Ausnahme von K^+ liegt eine Überkonzentration im Extrazellulären vor, d.h. die Diffusionsrichtung ist nach innen gerichtet.

Bezüglich des Zustandekommens einer Spannung U lassen sich zunächst die folgenden **qualitativen Überlegungen** anstellen:

Tabelle 3.2. Beispiele zu Ionen-Konzentrationen an zellulären Membranen in mMol/l (M Muskel, N Motoneuron, TA Tintenfisch-Axon). Die diversen Literaturstellen entnommenen Werte verstehen sich als punktuelle Resultate konkreter Labortests. Die tatsächlich auftretenden Konzentrationen zeigen starke Streuungen

	extrazelluläre Konzentration			intrazelluläre Konzentration			Konzentr. Verhältnis	Diffus. richtung
	M	N	TA	M	N	TA	für M	
$[Na^+]$	120	150	460	9	15	50	13 : 1	$\Rightarrow$
$[K^+]$	2,5	5,5	10	140	150	400	1 : 56	$\Leftarrow$
$[Cl^-]$	120	125	540	4	9	50	30 : 1	$\Rightarrow$
$[Ca^{2+}]$	1			0,001			1000 : 1	$\Rightarrow$

(a) Wäre die Membran nicht permeabel ($g = 0$) und wären nur die in Tabelle 3.2 vermerkten Ionenarten vorhanden, so ergäbe sich $U > 0$ wegen positiver Raumladungsdichte ϱ im Innenraum gegenüber annähernder Neutralität ($\varrho \ll$) im Außenraum. Tatsächlich gilt wegen negativer Dissoziation von Makromolekülen (=> Elektrophorese von Proteinen) $\varrho = 0$ auch im Innenraum, was $U = 0$ ergeben würde.

(b) Bei gleichem g für alle Ionenarten (im Gedankenexperiment bei Öffnung von Membranporen zu einem Zeitpunkt 0) ergäbe sich $U = 0$ wegen zeitlich exponentiell verlaufendem Abbau aller Konzentrationsgradienten durch Diffusion.

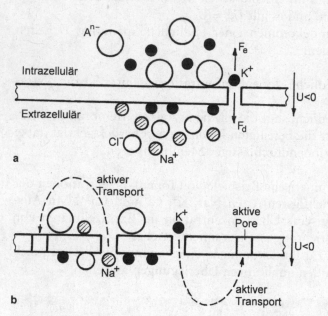

Abb. 3.9. Schematische Darstellung zum Zustandekommen der Membranruhespannung U. (a) Quantitativ grob annähernde Annahme, dass endliche Permeabilität nur für K^+ gegeben ist. Bei Kompensation der Disffusionskraft F_D durch die elektrostatische Kraft F_e würde dies zu einem statischen Gleichgewicht führen. An der Membran tritt eine Ionendoppelschicht auf, wobei den kleinen Ionen des Extrazellulären vor allem n-fach negativ geladene Makromoleküle (Anionen A^{n-}) des Intrazellulären gegenüber stehen. (b) Quantitativ und – vor allem – qualitativ besser beschreibende Annahme, dass geringe Permeabilität auch für Na^+ gegeben ist (ohne Darstellung der Ionenreservoire). Dies führt zu einem *stationären* Fließgleichgewicht. Der zeitlich unbegrenzt auftretende Ortswechsel von Na^+ und K^+ wird durch den so genannten aktiven Transport durch aktive Poren ausgeglichen. Die Doppelschicht ist gemischt besetzt, womit der Betrag von U gegenüber dem Fall (a) reduziert ausfällt

Die tatsächlich vorliegenden Verhältnisse resultieren aus der Erfüllung der weiter oben angegebenen Bedingungen (i) und (ii). Zunächst sei eine *unvollständige Beschreibung* angegeben. Sie geht davon aus, dass die **Membran nur für K⁺ permeabel ist.**

Als **Gedankenexperiment** seien die entsprechenden Poren zunächst geschlossen und werden nun zum Zeitpunkt 0 geöffnet. Wegen des starken Konzentrationsgradienten ($[K^+]_i \gg [K^+]_e$) werden K-Ionen infolge der Diffusionskraft F_d gemäß Abb. 3.9a nach außen diffundieren. Gleichzeitig baut sich wegen des Defizits an positiver Ladung im Innenraum eine Spannung $U < 0$ auf. Die entsprechende mittlere Feldstärke $E = U / d_M$ (d_M Membrandicke) führt zu einer elektrostatischen Rückhaltekraft F_e, die bei Anwachsen auf F_d die Ionenwanderung zum Stillstand bringt. Die gewanderten K-Ionen ergeben eine Schicht positiver Raumladungsdichte ϱ an der Membranaußenseite; eine entsprechende Gegenschicht mit negativem ϱ ist an der Innenseite vor allem durch Heranwandern von dissoziierten Makromolekülen zu erwarten. Insgesamt ergibt sich eine **elektrische Doppelschicht** (analog zur Ladung von Kondensatorplatten) mit der molekularen Lipid-Doppelschicht als Zentrum (analog zum Dielektrikum eines Kondensators).

Für eine **nähere Diskussion** der Verhältnisse zeigt die Abb. 3.10 den Membranquerschnitt mit größerem Maßstab. Dabei sei angenommen, dass sich die K-Konzentration vom Innenwert $[K^+]_i$ auf den Außenwert $[K^+]_e$ logarithmisch linear über die Dicke d_M abbaut. Über thermodynamische Überlegungen ergibt sich für den Gleichgewichtsfall der Potentialgradient

$$\frac{d\varphi}{d\xi} = -\frac{R \cdot T}{zF} \cdot \frac{d(\ln[K^+])}{d\xi} \tag{3.10}$$

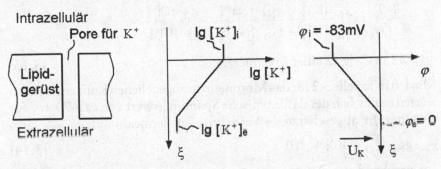

Abb. 3.10. Annahme eines konstanten Gradienten der Konzentration lg [K⁺] der potentialbestimmenden Ionenart (hier zunächst alleine Kalium) als Basis der Nernst-Gleichung

(z Zahl der Elementarladungen, T Temperatur – im physiologischen Fall ca. 300 K, R Gaskonstante, F Faraday-Konstante; s. Anhang 3). Integration über d_M liefert die **Nernst-Gleichung**

$$U = \frac{R \cdot T}{zF} \cdot \ln \frac{[K^+]_e}{[K^+]_i} = 58 \; mV / z \cdot \lg \frac{[K^+]_e}{[K^+]_i} \; . \tag{3.11}$$

Mit den in Tabelle 3.2 für den Fall eines Neurons angegebenen Konzentrationen $[K^+]_e$ und $[K^+]_i$ erhalten wir

$$U_K = 58 \text{ mV} \cdot \lg (5{,}5 \text{ mMol/l} / 150 \text{ mMol/l}) = -83 \text{ mV}. \tag{3.12}$$

Dieser Wert entspricht dem praktisch messbaren in weitgehendem Maße. Dies belegt, dass unsere „unvollständige Beschreibung" quantitativ akzeptabel ist. In qualitativer Hinsicht gilt dies aber nicht. Nach dem Obigen ergäbe sich ein **statisches Gleichgewicht**, d.h. nach Erreichen des Gleichgewichts zwischen Diffusionskraft F_d und elektrostatischer Gegenkraft F_e findet kein weiterer Ionentransport statt. Tatsächlich liegt aber ein so genanntes Fließgleichgewicht vor.

Für eine den wahren Verhältnissen nahe kommende *vollständigere Beschreibung* ist zu berücksichtigen, dass die **Membran in schwachem Maße auch für Na⁺ permeabel** ist. Hohe Permeabilität ist für Cl⁻ gegeben, was aber geringe Relevanz hat. Setzen wir nun wieder unser Gedankenexperiment an, indem wir alle Poren gleichzeitig öffnen. Dabei ist zu erwarten, dass die Diffusion von K⁺ in den Außenraum von einer schwachen Diffusion von Na⁺ in den Innenraum begleitet wird. Wie in Abb. 3.9b angedeutet, kommt es damit zu einer gemischt besetzten Doppelschichtkonfiguration. Das Resultat ist eine – dem Betrag nach – etwas schwächer ausfallende Membranspannung, die sich nach der so genannten **Goldmann-Gleichung** wie folgend abschätzen lässt:

$$U = \frac{R \cdot T}{F} \ln \frac{g_K \cdot [K^+]_e + g_{Na} \cdot [Na^+]_e + g_{Cl} \cdot [Cl^-]_i}{g_K \cdot [K^+]_i + g_{Na} \cdot [Na^+]_i + g_{Cl} \cdot [Cl^-]_e} =$$

$$= 58 \text{ mV} \cdot \lg (\text{Zähler} / \text{Nenner}). \tag{3.13}$$

Mit den in Tabelle 3.2 für das Motoneuron angegebenen Konzentrationswerten ergibt sich der dafür typische Spannungswert von ca. −70 mV für ein – iterativ abgeschätztes – Verhältnis der Permeabilitäten

$$g_K : g_{Na} : g_{Cl} = 40 : 1 : 10 \tag{3.14}$$

entsprechend

$$U = 58 \text{ mV} \cdot \lg [(40 \cdot 5{,}5 + 1 \cdot 150 + 10 \cdot 9) /$$

$$(40 \cdot 150 + 1 \cdot 15 + 10 \cdot 125)] = -70 \text{ mV}. \tag{3.15}$$

Die obige Vorgangsweise verdeutlicht, dass die **Bedeutung der Goldmann-Gleichung** nicht so sehr darin zu sehen ist, aus bekannten Kenngrößen (Konzentrationen bzw. Permeabilitäten) die Spannung U zu berechnen. Vielmehr liefert sie in iterativer Vorgangsweise für experimentell ermittelte Werte der Konzentrationen und U das nur schwer messbare Verhältnis der g-Werte (Glg. 3.14). Gegenüber dem Resultat der Nernst-Gleichung für K$^+$ ergeben sich Abweichungen für U im Übrigen vor allem im Falle von geringen Konzentrationen [K$^+$]$_e$, da der zweite Summand im Zähler der Glg. 3.13 dann besondere Bedeutung zeigt.

Der gleichzeitige Ortswechsel von K$^+$ und Na$^+$ bedeutet, dass wohl eine statische Spannung U zustande kommt, jedoch kein statischer Zustand des stofflichen Systems. Vielmehr liegt das schon erwähnte **stationäre Fließgleichgewicht** vor, das zeitlich unbegrenzt bestehen bleibt, solange die Zelle am Leben ist. Wenngleich die Ionenflüsse nur sehr schwach sind, wäre damit aber ein allmählicher **Abbau der Konzentrationsgradienten zu erwarten**, und somit auch eine Abnahme von U. Tatsächlich ist dies nicht der Fall.

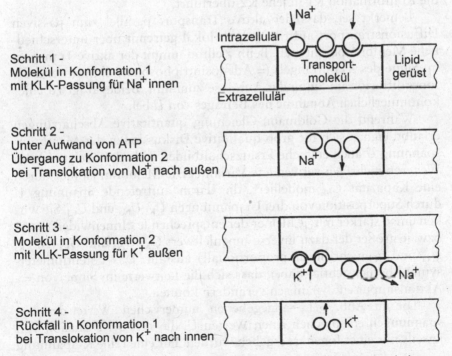

Abb. 3.11. Aktiver Transport durch die Na/K-Ionenpumpe zur Aufrechterhaltung des Fließgleichgewichtes (vier Funktionsschritte)

Die Aufrechterhaltung der Konzentrationsgradienten erfolgt durch die so genannte **aktive Ionenpumpe**, welche **unter Aufwand von Stoffwechselenergie** betrieben wird. Sie sorgt dafür, dass überschüssig ortsgewechselte Ionen auf anderen Wegen zurücktransportiert werden. Dazu dienen spezielle Membranporen, welche ein asymmetrisch aufgebautes Protein mit ionenspezifischer Wirkgruppe (im Sinne eines => Enzyms) beinhalten.

Wie in Abb. 3.11 anhand von vier Funktionsschritten schematisch dargestellt ist, ist die Wirkgruppe zunächst im Zellinneren für Na-Ionen affin (=> KLK-Passung) und gibt letztere nach **Translokation** durch molekulare Konformationsänderung (s. Abb. 1.27b) im Äußeren frei. Nun entsteht Affinität für K-Ionen und Translokation derselben in das Zellinnere.

Unter Berücksichtigung von im Kapitel 1 näher diskutierten Voraussetzungen lässt sich der Vier-Schritt-Prozess **aus rein physikalischer Sicht plausibel** machen, so wir von der Rolle des ATP absehen. Die spezifische Ionenaffinität erklärt sich mit der KLK-Passung zur Oberfläche des Transportmoleküls. Die Konformationsänderung können wir uns durch das Mitwirken eines Enzyms erklären, das die intramolekularen elektrischen Wechselwirkungen verändert und somit die Konformation K1 in jene K2 überführt.

Bemerkt sei, dass der **aktive Transport** parallel zum passiven Diffusionstransport auftritt, jedoch **lokal getrennt** über unterschiedliche Membranporentypen. Beim **Zelltod** nimmt der aktive Transport im Sinne des ATP-Mangels (= $\underline{A}$denosin$\underline{tri}$phosphat) ab, während die Ionendiffusion im Sinne der Autolyse zunimmt. Beides trägt zu einer kontinuierlichen **Abnahme des Betrages von** U bei.

Während die Goldmann-Gleichung quantitative Abschätzungen erlaubt, eignen sich für **grob qualitative Diskussionen** der Membranspannung U auch einfache **Ersatzschaltbilder**. Abb. 3.12 zeigt eine im Weiteren mehrfach verwendete Variante. Die Membran ist hier durch eine Kapazität C_M modelliert, die daran auftretende Spannung U durch Superposition von drei Urspannungen U_K, U_{Na} und U_{Cl}. Sie wirken umso stärker mit, je kleiner der entsprechende „Innenwiderstand" bzw. je größer der dazu inverse Innenleitwert G_K, G_{Na} und G_{Cl} (zu g_K, g_{Na} und g_{Cl} nicht linear proportional!) ausfällt. Das Potentiometersymbol berücksichtigt dabei, dass sich die Leitwerte im Sinne von => Aktionsimpulsen dynamisch verändern können.

Die in Abb. 3.12 angegebenen numerischen **Werte der Urspannungen** entsprechen jenen Werten U, die sich bei Diffusion von jeweils nur einer Ionenart ergeben würden. Für eine reine K-Spannung

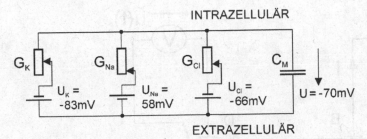

Abb. 3.12. Ersatzschaltbild zur qualitativen Diskussion der Beiträge einzelner Ionenarten zur Membranruhespannung U. Am stärksten wirkt U_K entsprechend maximalem Leitwert G_K (Potentiometer-Schleifer weit oben)

ist dies der weiter oben berechnete Wert $U_K = -83$ mV. Die Nernst-Gleichung liefert für eine reine Na-Spannung

$$U_{Na} = R \cdot T/F \cdot \ln ([Na^+]_e / [Na^+]_i) =$$
$$= 58 \text{ mV} \cdot \lg (150 / 15) = 58 \text{ mV} \tag{3.16}$$

entsprechend einer positiv geladenen Ionenschicht im Zellinneren. Für eine reine Cl-Spannung ergäbe sich mit Tabelle 3.2

$$U_{Cl} = R \cdot T / F \cdot \ln ([Cl^-]_i / [Cl^-]_e) =$$
$$= 58 \text{ mV} \cdot \lg (9 / 125) = - 66 \text{ mV} . \tag{3.17}$$

Dieser Wert kommt der üblichen Membranspannung U sehr nahe. Das heißt, dass Cl⁻ eine indifferente Rolle spielt. Nur bei so genannten => inhibitorischen Synapsen werden entsprechende Membranporen verstärkt aktiviert, womit eine gewisse Relevanz aufkommt.

1.4 Aktionsimpulse

Mechanistisch gesehen besteht die Auslösung eines Aktionsimpulses in der – auf vielseitige Art bewirkbaren – Freimachung von Membranporen für Na⁺. Es resultiert ein in die Zelle hinein gerichteter Diffusionsstrom. Zu einem Stromkreis ergänzt wird er durch einen aus der Zelle gerichteten Ausgleichsstrom.

Die bisher angestellten Überlegungen zur Membranspannung gelten prinzipiell für jeden Zelltyp. Neuronen und Muskelzellen hingegen weisen **elektrisch erregbare Membranen** auf, die durch das Auftreten von so genannten Aktionsimpulsen gekennzeichnet sind.

Abb. 3.13 skizziert eine **experimentelle Untersuchung** eines Axons in physiologischer Kochsalzlösung (inkl. Zusätzen) zur Bewahrung

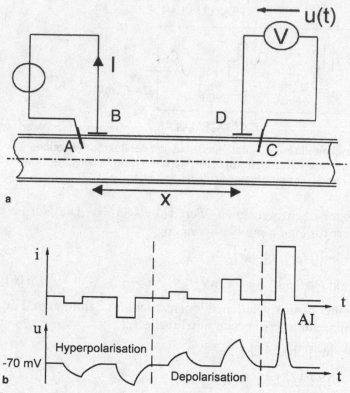

Abb. 3.13. Elektrische Reizung eines Axons durch Reizstromimpulse *i(t)* von unterschiedlicher Stärke bzw. Flussrichtung. Als entsprechende Veränderung der Membranspannung *u* zeigen sich Hyperpolarisationen bzw. Depolarisationen, die mit steigendem Abstand *x* zwischen den Elektrodenpaaren abklingen. Überschreitung der so genannten Schwelle führt zu einem Aktionsimpuls AI, dessen Zeitverlaufstyp von *x* unabhängig ausfällt

nativen Verhaltens. Zur definierten Vorgabe der Reizstromstärke *i(t)* dient eine Stromquelle in Verbindung mit einer eingestochenen Mikroelektrode A und einer extrazellulär angelegten Elektrode B. Im – gegenüber dem Abstand der beiden Einzelelektroden großen, hier unterzeichnet dargestellten – Abstand *x* dient ein zweites Elektrodenpaar C und D zur sehr hochohmig vorgenommenen Registrierung der durch den Reiz veränderten Membranspannung *u(t)*. Anders als bei den linken Elektroden, sind hier Bezugselektroden (vgl. Abb. 3.8) einzusetzen, um auch die Membranruhespannung erfassen zu können.

    Zum leichteren Verständnis der etwas komplexen Verhältnisse wollen wir zunächst einen Fall betrachten, der grundsätzlich nicht-erregend wirkt. Wir setzen einen **negativen Stromimpuls** ($i < 0$) an. Das heißt, dass an der Zellmembran ein Stromdichtevektor S aufkommt, der nach innen gerichtet ist – positive Ionen nicht-spezifischer Art wandern nach innen, negative nach außen, um diesen Stromfluss zu vermitteln. Deutlich maximale Stärke wird die Stromdichte im Nahbereich der flächenhaften Elektrode B haben. In der Folge kommt es zu einer – von der Ruhespannung $U = -70$ mV ausgehenden – exponentiell aufgebauten **Hyperpolarisation**, das heißt zu einer Verstärkung der a priori vorhandenen Membranpolarisation. Größtes Ausmaß hat die Hyperpolarisation im Bereich der Elektrode B, wo die Membranspannung nun – je nach der Stromstärke i beispielsweise -110 mV erreichen könnte. Mit steigendem Abstand x nimmt der Effekt exponentiell ab (vgl. Abb. 3.6c). Für geringes x könnte das Elektrodenpaar C/D z. B. -100 mV registrieren.

Das Verhalten erklärt sich mit dem **Kabelmodell** entsprechend Abb. 3.14. Der eingeprägte Strom i fließt vor allem als i_1 durch das erste Kabelsegment, an dem die Elektroden A und B angesetzt sind. Deutlich kleinere Anteile ergeben sich als i_2, i_3, etc., die zu gleichen Ausmaßen auch auf der linken, nicht skizzierten Seite zu erwarten sind. Im ersten Moment liegen reine Verschiebungsströme durch C_M' vor, entsprechend $\Delta u = 0$. Und erst exponentiell baut sich die Hyperpolarisation auf.

Analoges Verhalten rein passiver Reizantwort zeigt sich für einen **begrenzt gehaltenen positiven Stromimpuls**, Die entsprechenden Stromdichtevektoren sind nun von innen nach außen gerichtet. An der Membran kommt es also zu Spannungsabfällen, welche der Ruhe-

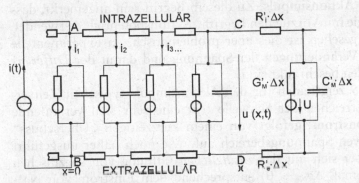

Abb. 3.14. Der Abb. 3.13 entsprechendes Ersatzschaltbild zur Beschreibung der aus einem Stromimpuls $i(t)$ resultierenden, passiv verlaufenden, exponentiellen Reizantwort $\Delta u(x,t)$. Sie überlagert sich der a priori durch die Urspannungsquellen vorgegebenen Ruhespannung U. Die an der Membran auftretende Stromdichte nimmt mit steigendem Abstand x ab

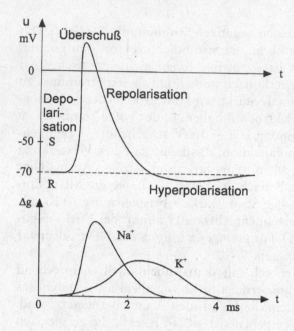

Abb. 3.15. Für ein rasches Neuron typischer Zeitverlauf des Aktionsimpulses (R Niveau der Ruhespannung, S Niveau der Schwelle). Der Zeitverlauf erklärt sich mit zeitlich begrenzter Zunahme der Permeabilitäten g_{Na} und g_K

spannung entgegen gerichtet sind. Als Beispiel könnte sich die an den Elektroden C und D registrierte Spannung u von –70 mV ausgehend auf –65 mV verändern. Man spricht dabei von einer **Depolarisation**, welche sich ihrerseits exponentiell aufbaut.

Ein mit dem Ersatzschaltbild nicht erklärbares spezifisches Verhalten ergibt sich für den Fall, dass das Ausmaß Δu der Depolarisation mit z. B. 20 mV zu einen **Schwellwert** hin führt, der – je nach Zelltyp – bei –50 mV liegen könnte. Hier zeigt sich als Antwort auf den Reiz ein so genannter **Aktionsimpuls**. Zu diesem Begriff sein angemerkt, dass die Physiologie mit Vorzug den Begriff „Aktionspotential" verwendet. Physikalisch gesehen ist dies aber problematisch, da experimentelle Befunde auf Veränderungen der Spannung und damit der *Differenz* von Potentialen beschränkt sind.

Abb. 3.15 zeigt einen für den Aktionsimpuls typischen **Zeitverlauf**. Nach Erreichen der Schwelle tritt eine sehr steil verlaufende **Depolarisationsfront**, gefolgt von einem kurzzeitigen „Überschuss" in den positiven Spannungsbereich auf. Wie noch näher ausgeführt wird, erklärt er sich mit der *zusätzlichen* Öffnung von spezifischen Na-Poren (gemäß $\Delta g_{Na} > 0$) entsprechend dem Einstrom von Na⁺-Ionen in die Zelle.

Auf den Überschuss folgt eine ebenso steil verlaufende **Repolarisationsfront**, welche sich mit dem Schließen der Na-Poren erklärt. Unterstützt wird der Vorgang durch verzögert aufkommende, relativ lang andauernde Öffnung von zusätzlichen K-Poren. Der zeitlich

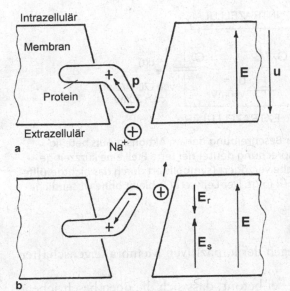

Abb. 3.16. Variante eines Modells der elektrischen Porensteuerung. (a) Ruhezustand, in dem die Pore durch ein in der Zellmembran verankertes Protein mit polarem Ende des Moments *p* verschlossen ist. (b) Reduktion der Ruhefeldstärke *E* auf die Schwellfeldstärke E_s führt zur Freigabe der Pore

entsprechend verlaufende Ausstrom von K⁺ erklärt, dass sich an den eigentlichen Aktionsimpuls so genannte Nachpotentiale anschließen, während derer die Membran „relativ" **refraktär** – d.h. nur sehr begrenzt neu reizbar – ist. Während des eigentlichen Impulses besteht „absolutes" Refraktärverhalten.

Von besonderem Interesse ist der **Mechanismus der Porenöffnung**, welcher sich in geschlossener Form elektrostatisch plausibel machen lässt. Als einfaches Modell skizziert Abb. 3.16 eine potentiell für Na⁺ durchlässige Membranpore. Als wichtiges Merkmal ist sie asymmetrisch – konisch – aufgebaut. In ihr sitzt als gut diskutierbare Variante ein einseitig fest verankertes Protein, das am frei beweglichen Ende ein **polares Moment** *p* aufweist. Im Ruhezustand wird *p* durch die Membranruhefeldstärke der Größenordnung

$$E = U / d_M \approx 70 \text{ mV} / 7 \text{ nm} = 100 \text{ kV/cm} \qquad (3.18)$$

(d_M Membrandicke) nach oben eingestellt (vgl. Abb. 1.7a). Das Molekülende wird somit nach unten „gebogen", womit die konische Pore von innen verschlossen ausfällt. Wird die Feldstärke *E* durch einen der Feldstärke E_r entsprechenden Reizstrom auf die Schwellenfeldstärke E_s reduziert, so kippt das Proteinende in seine – mechanisch bedingte – energetisch günstigere Ruhestellung und gibt die Pore für Na⁺ frei. Was nun folgt ist ein vehementer, in die Zelle hinein gerichteter **Diffusionsstrom**. Er repräsentiert das primäre Ereignis der Erregung. Der Aktionsimpuls in Form eines Spannungssprunges ist nichts mehr als ein leicht registrierbares Indiz für das Aufkommen dieses Stromimpulses,

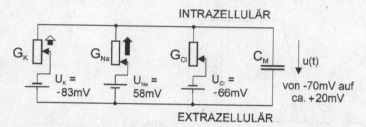

Abb. 3.17. Ersatzschaltbild zur Beschreibung der am Aktionsimpuls beteiligten Ionenarten. In grober Entsprechung deutet der fette Pfeil eine kurzzeitige Erhöhung von G_{Na} an, auf welche verzögert (symbolisiert durch das nichtgefüllte Pfeilende) eine Erhöhung von G_K folgt. Der Leitwert G_{Cl} bleibt ohne wesentliche Auswirkung

wobei die Zeitverläufe wegen der kapazitiven Membraneigenschaften nicht streng korrelieren.

Schon an dieser Stelle sei betont, dass sich die oben beschriebene Porenfreigabe nicht auf elektrische Auslösung beschränkt. Bei physiologischen **Sensoren** erfolgt sie in weitgehender Analogie durch andere physikalische Größen, wie mechanischer Zug oder Druck, Änderung der Temperatur, Einwirken eines chemischen Reizmittels oder eines Lichtquants. All diese Faktoren münden in Diffusionsströmen, welche durch Ausgleichsströme in Richtung des zentralen Nervensystems weiter wirken und somit die sensorische Information vermitteln.

Abb. 3.17 illustriert letztlich die Mitwirkung der verschiedenen Ionenarten zum Aktionsimpuls an Hand eines **Ersatzschaltbildes**. Es zeigt das Zusammenwirken der drei weiter oben abgeschätzten Nernst-Spannungen zur Ausbildung der summarischen Spannung $u(t)$. Auf eine kurzzeitige Zunahme des Membran-Leitwerts G_{Na} für Natrium folgt verzögert eine etwas länger anhaltende Zunahme von G_K. Derartige Schaltbilder eignen sich für effektive qualitative Diskussionen, nicht aber für genauere rechnerische Behandlungen. Hier ist die Goldmannsche Theorie eine besser geeignete Grundlage.

3.1.5 Weiterleitung des Aktionsimpulses

Der einen Diffusionsstrom in benachbarten Membranregionen ergänzende, nach außen gerichtete Ausgleichsstrom reduziert die Membranruhefeldstärke bis hin zur Schwelle, womit sich das Ereignis des Aktionsimpulses regional versetzt wiederholt. Bei Myelinisierung „springt" der Impuls von einem Schnürring zum nächsten, ohne sie bleibt die Fortlaufgeschwindigkeit in der Größenordnung von einigen Millimetern pro Sekunde.

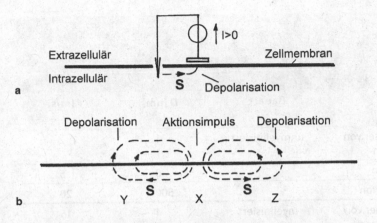

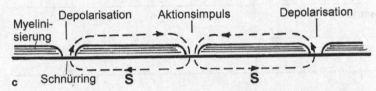

Abb. 3.18. Mechanismus der Fortleitung eines Aktionsimpulses entlang eines Axons. (a) Durch Reizelektroden wird in der Region X des skizzierten Abschnitts der Zellmembran ein nach außen gerichteter Strom erzeugt, der zur lokalen Depolarisation führt. (b) Nach Erreichen der Schwelle baut sich als Antwort ein AI an X auf. Der nun nach innen gerichtete Diffusionsstrom ergänzt sich durch beidseitig verteilte Ausgleichsströme zu in sich geschlossenen Stromkreisen. Die Ausgleichsströme wirken links und rechts des Reizortes depolarisierend, womit AIs in den Regionen Y und Z auftreten. (c) Im Falle der Myelinisierung konzentriert sich der Stromfluss am Schnürring, womit er über die Länge eines Isolationsabschnittes hinausgreift und sich die AI-Fortleitungsgeschwindigkeit v entsprechend erhöht

Während unterschwellige Reize mit Störungen der Membranruhespannung beantwortet werden, die mit steigendem Abstand x vom Reizort mit der => Raumkonstante λ exponentiell abnehmen, zeigt der Aktionsimpuls **ungedämpfte Fortbewegung**. Abb. 3.18 verdeutlicht den entsprechenden **Mechanismus** in zwei Zeitschritten:

(1) Für den ersten (Abb. 3.18a) sind Elektroden angedeutet, die am Reizort X einen nach außen gerichteten Stromfluss bewirken. Die nach dem Ohmschen Gesetz resultierende Depolarisation wird nach Erreichen der Schwelle von einem Aktionsimpuls im Sinne eines Alles-oder-Nichts-Ereignisses beantwortet, für dessen Verlauf die Elektroden irrelevant sind. Es setzt nach innen gerichteter **Diffusionsstrom** ein, d.h. an X kehrt sich die Richtung der Stromdichte S damit um.

Tabelle 3.3. Typische, diversen Quellen entnommene Werte der Ausbreitungsgeschwindigkeit v von Aktionsimpulsen als Funktion des Faserdurchmessers D. Für nicht dringende Informationen bzw. in kleinen, niedrig entwickelten Organismen kommen langsame Fasern zum Einsatz, im umgekehrten Fall rasche, myelinisierte Fasern

Fasertyp	Bauart	D [μm]	v [m/s]
afferente Faser von Eingeweiden	unmyelinisiert	1	2
Krabbenaxon		30	5
Tintenfischaxon		500	20
afferente Faser von Wärmedetektor	myelinisiert	4	15
efferente Faser zu Muskel		6	40
afferente Faser von Muskel		15	80

(2) Die Grundlagen der Elektrophysik postulieren in sich geschlossene Stromlinien S; d.h. zu beiden Seiten des Reizortes X treten in einem zweiten Schritt nach außen gerichtete **Ausgleichsströme** auf (Abb. 3.18b). An den Orten Y und Z erfolgt damit eine Depolarisation, wobei die Eigenschaften der Zellen im Sinne der Evolution so eingerichtet sind, dass die Schwelle hier sicher erreicht wird, indem ausreichend hohes E_r aufkommt. Somit liegt eine Übertragung des Aktionsimpulses nach Y und Z vor, und in der Folge ein **kontinuierliches Fortlaufen** nach links und rechts.

Im physiologischen Fall resultiert ein quasi-kontinuierlicher Weiterlauf des Aktionsimpulses. Für einen festgehaltenen Zeitpunkt ergibt sich entlang des gerade erregten Membranabschnitts ein **örtlicher Verlauf der Spannung** u entsprechend dem AI-Zeitverlauf. Die Impulsfront ist durch Depolarisation gekennzeichnet, die Impulsspitze durch positives u – entsprechend zusätzlich geöffneter Na-Poren. Der schon durchlaufene Bereich zeigt Repolarisation, gefolgt von geringer Hyperpolarisation entsprechend zusätzlich geöffneter K-Poren.

Die **Weiterlaufgeschwindigkeit** v eines Aktionsimpulses ist umso größer, je weiter die Ausgleichsströme in die Peripherie hinausgreifen, und sie steigt damit mit zunehmendem Faserdurchmesser D an. Tabelle 3.3 zeigt aber, dass v mit D nur unterproportional ansteigt. Für rasche Informationsweiterleitungen im „intelligenten" und groß gewachsenen menschlichen Organismus ergäbe sich damit die Forderung nach sehr dicken Fasern. Im Sinne der Platzeinsparung hat die Evolution so genannte **myelinisierte Fasern** hervorgebracht, die bei D um 10 µm hohes v bis 100 m/s liefern. Der an die zwei Meter lange Weg Fuß-Gehirn wird damit in 20 ms durchlaufen, was rasche Reaktionen auf bedrohliche Einwirkungen (z.B. thermische) begünstigt.

Der **Beschleunigungsmechanismus** ist in Abb. 3.18c illustriert. Die Myelinisierung ergibt sich, indem die Faser abschnittsweise durch um sie „gewickelte", flache **Glia-Zellen** (Schwannsche Zellen) im eigentlichen Sinne der Elektrotechnik isoliert ist. Pro Umwicklung ergeben sich zwei zusätzliche Membranschichten. Der Ausgleichstrom kann sich somit im Wesentlichen nur an den kurzen nichtisolierten Abschnitten – den so genannten Schnürringen – schließen. Als Resultat werden millimeterlange Abschnitte sprunghaft (= saltatorisch) überbrückt, wobei die lokale Stromkonzentration zur Erreichung der Schwelle ausreichende Stromdichtewerte garantiert. Frühes Erreichen resultiert in wesentlicher weiterer Beschleunigung, indem der neu ausgelöste Diffusionsstrom beginnt während der alte noch im Gange ist.

Für das Verständnis des **Mechanismus der Erregungsweiterleitung** ist der myelinisierte Fall die bessere Grundlage. Er verdeutlicht die in fünf Schritten ablaufenden physikalischen Verhältnisse in einfacher Weise:

(i) Depolarisation, d.h. etwa 30-prozentige Verringerung der Membranfeldstärke an einem Schnürring A bewirkt ein „Kippen" von Porensteuerproteinen.

(ii) Poren werden (zunächst) für Na^+-Ionen freigegeben, womit ein vehementer, in das Zellinnere gerichteter Diffusionsstrom aufkommt.

(iii) Der Diffusionsstrom wird durch einen nicht-spezifischen Ausgleichsstrom zu einem geschlossenen Stromkreis ergänzt. Im Inneren wird er von A bis zu einem nachfolgenden Ring B vor allem durch K^+-Ionen getragen, im Extrazellulären von B nach A zurück durch Na^+-Ionen und Cl^--Ionen – eben von jenen Arten, die stark vertreten sind.

(iv) Im Bereich B durchsetzt der Ausgleichsstrom die Membran durch Poren, die für kleine Ionen – wie oben genannt – a priori geöffnet sind. Der entsprechende Ohmsche Spannungsabfall führt somit zur lokalen Depolarisation der Membran.

(v) Mit Verringerung der Membranfeldstärke wiederholen sich die Mechanismen (i) bis (iv) nun von B ausgehend. Damit wird die Erregung in einem weiteren Sprung zu einem nachfolgenden Ring C verlagert.

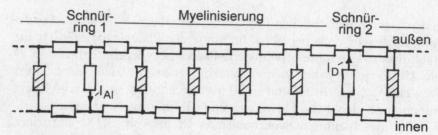

Abb. 3.19. Ersatzschaltbild (ohne Berücksichtigung der Ruhespannung) zur Modellierung der sprunghaften Impulsweiterleitung durch Myelinisierung. Besteht ein Aktionsimpuls am Schnürring 1 entsprechend einer nach innen gerichteten Diffusionsstromstärke $I_{AI} > 0$, so ergibt sich am Schnürring 2 ein depolarisierender Ausgleichsstrom der Stärke $I_D < 0{,}5\,I_{AI}$ (I_{AI} fließt ja zur Hälfte nach links). Dazwischen fließt durch die Membran nur sehr geringer Strom, da $G_M{'}$ und $C_M{'}$ (vgl. Abb. 3.4) um einen Faktor $2k + 1$ reduziert ausfallen, was durch Schraffur angedeutet ist

Die Verhältnisse lassen sich in sehr effektiver Weise durch das **Kabel-Ersatzschaltbild** der Abb. 3.19 nachvollziehen. Beispielsweise mündet eine Umwicklungszahl $k = 5$ in Absenkungen von $G_M{'}$ und $C_M{'}$ um den Faktor $2\,k + 1 = 11$, d.h. auf $G_M{'}/11$ bzw. $C_M{'}/11$. Dies bedeutet eine um eine Größenordnung gesteigerte „Leitungsgüte" sowie eine entsprechende Erhöhung der Raumkonstante λ. In den isolierten Abschnitten fallen sowohl Leitungsströme als auch Verschiebungsströme um eine Größenordnung reduziert aus. Am Schnürring hingegen kommt es zur vorteilhaften depolarisierenden Stromkonzentration und somit zum Aktionsimpuls. Das heißt, dass Na-Poren frei gegeben werden und ein vehementer Diffusionsstrom in die Zelle nun an dieser versetzten Region einsetzt.

Abschließend sei erwähnt, dass die Myelinisierung des Gehirns einen langjährigen Prozess darstellt. Erst mit dem Erwachsenwerden ist er abgeschlossen. Bekanntlich kann die Myelinisierung auch wieder verloren gehen. Die Multiple Sklerose (MS) bedeutet einen fortschreitenden Defekt der Isolationswirkung und damit eine Verlangsamung des Impulsweiterlaufes, die sich u.a. durch Lähmungserscheinungen äußern kann.

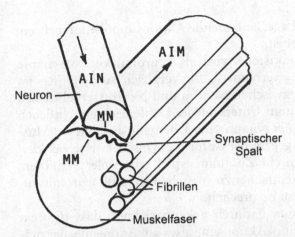

Abb. 3.20. Schematische Darstellung des synaptischen Kontaktes zwischen dem Axonende eines Neurons und einer Muskelfaser. Zwischen der präsynaptischen Membran des Neurons (MN) und jener der Muskelfaser (MM) liegt der so genannte synaptische Spalt. Ein Aktionsimpuls des Neurons (AIN) bewirkt in einigem Abstand von der Synapse einen solchen der Muskelfaser (AIM), welcher letztlich zur Kontraktion der so genannten Fibrillen führt

3.2 Biophysik des Muskels

3.2.1 Neuronale Steuerung des Muskels – Überblick

Motorisch aktive Neuronen geben Aktionsimpulse über neuro-muskukäre Synapsen an Muskelfasern weiter. Eine Übersicht zu synaptischen Teilfunktionen verdeutlicht, dass es auch hier im Wesentlichen darum geht, präsynaptisch einwirkenden Ausgleichsstrom in postsynaptischen Diffusionsstrom zu wandeln, der letztlich in einer Kontraktion der Muskelfaser mündet.

Wie wir in Abschnitt 1.1 gesehen haben, tritt **Muskelgewebe** mit unterschiedlicher zellulärer Struktur auf: als glatter Muskel, quergestreifter Muskel und – in sehr spezifischer Form (s. Abschnitt 3.4.2) – als Herzmuskel. Allen drei Fällen ist gemein, dass Zellen vorliegen, die wie Neuronen erregbar sind. Aktionsimpulse (AIs) werden von Neuronen über Synapsen an den Muskel überspielt und führen letztlich zu seiner Kontraktion. Im Folgenden wird dieser Mechanismus für den Fall quergestreiften Muskelgewebes beschrieben.

Für eine Verbindung zwischen Neuron und Muskel typische **globale Verhältnisse** sind in Abb. 3.20 skizziert. Gezeigt ist das üblicherweise myelinisierte Axon eines Motoneurons. Das Ende ist i. Allg. verzweigt und somit in der Lage, einlaufende Aktionsimpulse an mehrere Muskelfasern weiterzugeben.

Die eigentliche Kontaktstelle wird als **neuromuskuläre Synapse** bezeichnet (gr. synapto = verbinden). Im Vergleich zu Synapsen im engeren Sinn, d.h. denen zwischen Neuron und Neuron, ergeben sich in der Funktionsweise kaum Unterschiede. Dank der beträchtlichen Größe reicht hier jedoch *ein* synaptischer Übergang aus, um die Muskelfaser zu erregen. Dem gegenüber ist für die typischerweise viel kleineren **zentralen Synapsen** ein Zusammenspiel sehr vieler vonnöten. Somit ist es sinnvoll, den einfacher zu verstehenden Fall neuromuskulärer Synapsen zunächst zu besprechen.

Generell sind Synapsen dadurch gekennzeichnet, dass die rein elektrische Ausbreitung eines Aktionsimpulses am Axonende, der **präsynaptischen Membran**, endet. Die Übergabe zur **postsynaptischen Membran** der nachfolgenden Zelle erfolgt über einen **Zwischenprozess**, der in der Biologie meist als „chemisch" eingestuft wird. Im Folgenden aber wird gezeigt, dass er im Wesentlichen als **ein elektrophysikalisches Ereignis** interpretiert werden kann.

Abb. 3.21 zeigt eine **Gesamtdarstellung der einzelnen Funktionsschritte**, welche sich wie folgend zusammenfassen lassen:

(1) Ein präsynaptischer Aktionsimpuls führt über Einströmen von Ca^{2+} in die Zelle zur Aktivierung von Vesikeln. Sie enthalten spezifische Transmittermoleküle, die in den extrazellulären Spalt diffundieren.

(2) Über den Mechanismus der => KL-Komplementarität kommt es zum Andocken der Transmittermoleküle an Rezeptorstellen der postsynaptischen Membran und in der Folge zur Öffnung von Poren für kleine positive Ionen. Damit strömt Na^+ in die postsynaptische Zelle ein und K^+ aus ihr aus.

(3) Eine Folge des Diffusionsstromes ist eine starke Depolarisation der Membranregion, ein EPSP. Die entsprechenden Ausgleichsströme führen zu Aktionsimpulsen der Muskelfaser.

(4) Die Impulse laufen in die Faser ein, führen zur Kontraktion der so genannten Fibrillen und damit letztlich zu einer Verkürzung des Muskels.

Auf der rechten Seite der Abb. 3.21 sind Beispiele von Möglichkeiten vermerkt, den Funktionsablauf an definierten Stellen zu stoppen. So wird die Na-Schleusenöffnung durch TTX blockiert, dem somit lähmenden Gift des japanischen Kugelfisches. Derartige Mechanismen bieten eine wertvolle Hilfe zur systematischen Erforschung der Teilfunktionen und auch zur gezielten **Hemmung** durch Pharmaka.

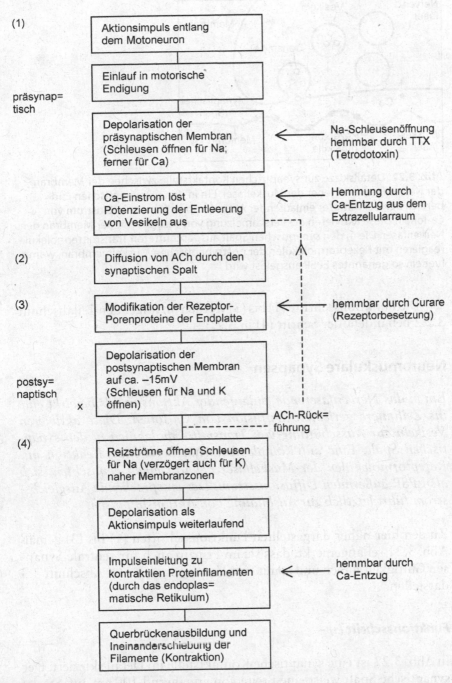

(1) **Aktionsimpuls entlang dem Motoneuron**

Einlauf in motorische Endigung

präsynap= tisch

Depolarisation der präsynaptischen Membran (Schleusen öffnen für Na; ferner für Ca) ← Na-Schleusenöffnung hemmbar durch TTX (Tetrodotoxin)

Ca-Einstrom löst Potenzierung der Entleerung von Vesikeln aus ← Hemmung durch Ca-Entzug aus dem Extrazellularraum

(2) **Diffusion von ACh durch den synaptischen Spalt**

(3) **Modifikation der Rezeptor-Porenproteine der Endplatte** ← hemmbar durch Curare (Rezeptorbesetzung)

postsy= naptisch

x **Depolarisation der postsynaptischen Membran auf ca. –15mV (Schleusen für Na und K öffnen)** ACh-Rück= führung

(4) **Reizströme öffnen Schleusen für Na (verzögert auch für K) naher Membranzonen**

Depolarisation als Aktionsimpuls weiterlaufend

Impulseinleitung zu kontraktilen Proteinfilamenten (durch das endoplas= matische Retikulum) ← hemmbar durch Ca-Entzug

Querbrückenausbildung und Ineinanderschiebung der Filamente (Kontraktion)

Abb. 3.21. Funktioneller Ablauf der neuromuskulären Impulsübertragung (Funktionsschritte 1–3) und des Mechanismus der Muskelkontraktion (Schritt 4). Bis zum mit „x" bezeichneten Schritt gilt das Ablaufschema auch für zentrale Synapsen

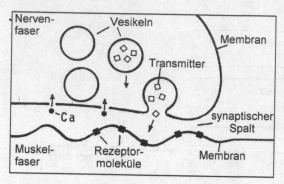

Abb. 3.22. Detailskizze zur synaptischen Kontaktstelle zwischen der Membran der Nervenfaser und jener der Muskelfaser. Ein in den präsynaptischen End-bereich der Nervenfaser einlaufender Aktionsimpuls führt zum Einstrom von Ca-Ionen. Diese aktivieren die Verschmelzung von Vesikeln mit der Membran der Nervenfaser. Die in den synaptischen Spalt ausgeschütteten Transmittermoleküle reagieren mit Rezeptormolekülen der postsynaptischen Muskelmembran, womit hier ein so genanntes EPSP ausgelöst wird

Die Funktionsschritte (1) bis (3) werden im folgenden Teilabschnitt 3.2.2 behandelt, der Schritt (4) in 3.2.3.

3.2.2   Neuromuskuläre Synapsen

Ein in das Nervenfaserende einlaufender Aktionsimpuls bewirkt eine ins Zellinnere gerichtete Diffusion von Ca-Ionen. Diese aktivieren Vesikeln zur Ausschüttung von Transmittermolekülen in den synaptischen Spalt. Eine auf Komplementarität beruhende Reaktion mit Rezeptormolekülen der Muskelfaser bewirkt einen gemischten, sich als EPSP äußernden Diffusionsstrom. Der entsprechende Ausgleichs-strom führt letztlich zur Ausbildung von Aktionsimpulsen.

Zu den hier näher dargestellten Funktionsschritten (1) bis (3) gemäß Abb. 3.21 sei angemerkt, dass sie im Prinzip auch für zentrale Synap-sen Gültigkeit haben und somit eine Voraussetzung zum Abschnitt 3.3 darstellen.

Funktionsschritt (1) –

In Abb. 3.22 ist eine synaptische Kontaktstelle im Detail skizziert. Der **synaptische Spalt** weist eine Breite von annähernd 100 nm auf. Starke Schwankungen resultieren daraus, dass die postsynaptische Membran zur Vergrößerung der effektiven Oberfläche Furchen aufweist.

Nehmen wir nun an, dass ein Aktionsimpuls in die präsynaptische Membran einläuft. Damit kommt es zur Öffnung von Poren für Na^+ und (verzögert) für K^+. Zusätzlich öffnen Poren für Ca^{++}. Die entsprechend dem Konzentrationsgradienten ($[Ca^{++}]_e \gg [Ca^{++}]_i$) in die Zelle diffundierenden Ca-Ionen (vgl. Tabelle 3.2) führen zur **Aktivierung der Vesikeln**, welche durch eine Einfachmembran umhüllt sind. Die Vesikeln kommen über einen rein physikalisch kaum erklärbaren Mechanismus in Kontakt zur Zellmembran, und die Membranen verschmelzen in Analogie zu Abb. 1.36c. Die resultierende Vesikelöffnung führt zur Vesikelentleerung, d.h. zur **Ausschüttung von Transmittermolekülen** – im speziellen Fall etwa 5000 ACh-Moleküle (Acetylcholin). Die Moleküle diffundieren in den Spalt, gelangen an die postsynaptische Membran und reagieren hier mit den Rezeptormolekülen, welchen die Aufgabe der Porensteuerung zukommt.

Funktionsschritt (2) –

Abb. 3.23 skizziert das sehr spezifische **Zusammenspiel zwischen Transmitter, Rezeptor und Poren-Steuermolekülen** aus physikalischer Sicht. Es basiert darauf, dass das Transmittermolekül zwei funktionelle Positionen P1 und P2 aufweist. Während die präsynaptische Zelle auf einen bestimmten Transmitterstoff spezialisiert ist, zeigen postsynaptische Membranen generell Zwittercharakter, d.h. sie verfügen über **Rezeptorpositionen** für verschiedene Transmitterstoffe. Der hier vorliegende Transmitter ACh kann mit P1 nur an komplementären Positionen P3 andocken, was schematisch durch komplementäre Form (mechanische Schlüssel/Schloss-Funktion) und Ladung (+ gegenüber –) angedeutet ist.

Als nächster Schritt ist P2 nun in der Lage, eine Wechselwirkung mit der funktionellen Position P4 am **Porensteuermolekül** einzugehen. Es wird über elektrostatische Kraftwirkung „hochgeklappt", und somit wird eine Pore für kleine, positive Ionen – d.h. K^+ oder Na^+ – freigegeben.

Aus dem Obigen resultiert, dass eine Porenöffnung nur dann auftritt, wenn **KL-Komplementarität** sowohl zwischen P1 und P3 als auch zwischen P2 und P4 vorliegt. Beispielsweise zeigt das Pharmakon **Curare** (bekannt als Pfeilgift der Indianer) Komplementarität zwischen P1 und P3. Es dockt damit an P3 an und blockiert potentielle Rezeptoren für ACh. Wegen fehlender Passung zwischen P2 und P4 unterbleibt aber die Porenfreigabe. Dies erklärt die lähmende Wirkung von Curare. Ergänzend sei erwähnt, dass auch andere Pharmaka – z.B.

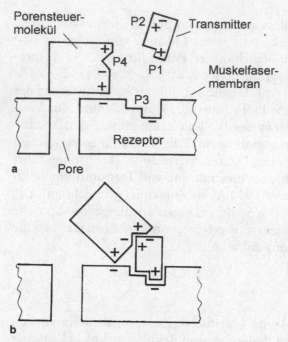

Abb. 3.23. Möglicher Mechanismus zur Steuerung einer Pore der Muskelfaser-Membran durch Transmittermoleküle. Die Position P1 zeigt KL-Komplementarität zur Position P3 des Rezeptors. Die Position P4 des Porensteuermoleküls ist komplementär zur Position P2. (a) Vor Andocken des Transmitters ist die Pore durch das Steuermolekül versperrt. (b) Nach Andocken wird sie über Wechselwirkungen P1/P3 und P2/P4 für extrazelluläre Na-Ionen, aber auch intrazelluläre K-Ionen freigegeben

Psychopharmaka, oder auch **Drogen** wie Alkohol – bezüglich ihrer spezifischen Wirkung mit hemmenden Eingriffen in das Funktionsschema gemäß Abb. 3.23 erklärbar sind. Die Spezifität resultiert dabei daraus, dass bei => zentralen Synapsen auch andere Transmitterstoffe – und damit auch andere Kombinationen von Positionen P1 bis P4 im Spiele sind.

Zur Erklärung der **elektrischen Funktionsabläufe** der Synapse zeigt Abb. 3.24 Ersatzschaltbilder für die präsynaptische und die postsynaptische Membran. **Präsynaptisch** liegt ein neuronaler Aktionsimpuls vor, womit die in Abb. 3.17 gezeigte Schaltung voll übernommen werden kann. Zusätzlich ist aber die **Rolle von Kalzium** berücksichtigt. Die Nernst-Gleichung Glg. 3.11 führt hier wegen der äußerst geringen intrazellulären Konzentration $[Ca^{2+}]_i$ (gemäß Tabelle 3.2) mit $z = 2$ zum hohen Wert

$U_{Ca} = 58 \text{ mV} / z \cdot \lg(\, [Ca^{2+}]_e / \, [Ca^{2+}]_i \,) =$

$= 29 \text{ mV} \cdot \lg(1,3 / 0,001) = 90 \text{ mV} .$ (3.19)

Trotzdem wirkt sich U_{Ca} auf die Membranspannung U nicht aus, da der Leitwert G_{Ca} effektiv gesehen äußerst klein ist. Kalzium ist also elektrisch gesehen irrelevant, biologisch gesehen aber äußerst wichtig: Ca-Mangel bedeutet eine Hemmung der Synapsenfunktion, wie in Abb. 3.21 vermerkt ist.

Funktionsschritt (3) –

Für die **postsynaptische Membran** sind in Abb. 3.24 Spannungswerte angegeben, die aus den in Tabelle 3.2 für den Fall von Muskel angegebenen Ionenkonzentrationen resultieren. Wesentlich ist, dass die hier freigegebenen Poren für K+ und Na+ *gleichzeitig* öffnen. Somit kommt es zu einem gemischten Diffusionsvorgang. Obwohl Natrium die dominante Rolle spielt, tritt im postsynaptischen Bereich damit kein Aktionsimpuls auf. Dem entspricht auch, dass die Depolarisation abgeschwächt ausfällt – die Membranspannung verbleibt im negativen Bereich. Nach Abb. 3.24 verändert sie sich hin bis zu etwa –15 mV, als dem etwaigen Mittelwert aus U_K und U_{Na}. Allgemein spricht man hier vom Vorliegen eines **EPSP**, einer „exzitatorischen

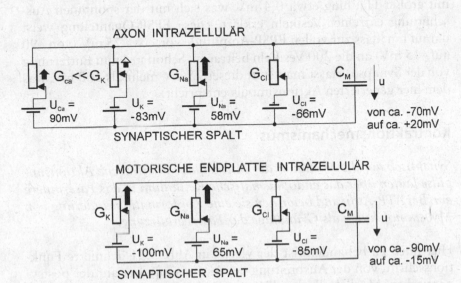

Abb. 3.24. Ersatzschaltbilder zur Erklärung der Spannungsänderungen der präsynaptischen neuronalen Membran (oben) und der postsynaptischen muskulären Membran (unten)

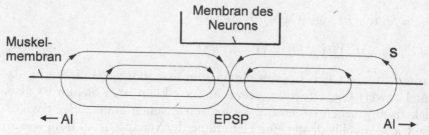

Abb. 3.25. Strömungsverhältnisse im Bereich einer aktivierten Synapse. Durch die postsynaptische Muskelmembran fließt im Sinne des EPSP ein summarischer Diffusionsstrom nach innen. Der Stromkreis schließt sich in den die Synapse umgebenden Membranregionen durch nach außen gerichtete Ausgleichsströme, womit hier Aktionsimpulse generiert werden

postsynaptische Potentialdifferenzänderung". Bei zentralen Synapsen fallen EPSPs an, die wesentlich schwächer sind. Hier bei neuromuskuläre Synapsen ist das Diffusionsereignis so stark, dass die entsprechenden Ausgleichströme in der Lage sind, in einigem Abstand von der Synapse **Aktionsimpulse** zu generieren (Abb. 3.25).

Experimentell kann man die elektrischen Verhältnisse an neuromuskulären Präparaten mit Hilfe einer in die Muskelfaser eingestochenen Mikroelektrode erfassen. Direkt im synaptischen Bereich zeigen sich dabei auch ohne Aktivierung der Synapse so genannte **Miniatur-EPSPs**. Die Amplitude dieser schwachen Spike-Signale beträgt mit großer Häufung etwa 0,4 mV, was sich mit der spontanen Ausschüttung einzelner Vesikeln erklärt. Diese **EPSP-Quantelung** weist darauf hin, dass zur vollen EPSP-Amplitude von etwa 75 mV (von −90 auf −15 mV) an die 200 Vesikeln beitragen. Schon in 1 mm Entfernung von der Synapse erfasst man statt dieser 75 mV mehr als 100 mV, was dem hier generierten Aktionsimpuls entspricht.

3.2.3 Kontraktionsmechanismus

Synaptisch auf die Membran der Muskelfaser übertragene Aktionsimpulse laufen über das endoplasmatische Retikulum in das Faserinnere ein. Bei ATP-Aufwand bewirken sie eine Konformationsänderung von Myosinmolekülen als Grundlage der Faserverkürzung.

Hier noch zu behandeln ist der vierte, in Abb. 3.21 definierte Funktionsschritt, von der Ausbreitung des Aktionsimpulses auf der postsynaptischen Muskelzelle bis hin zur Kontraktion derselben. Gemäß Abb. 3.26a erfolgt sie erst nach Beendigung des Impulses, um ihren Höhepunkt mit Verzögerung zu erreichen.

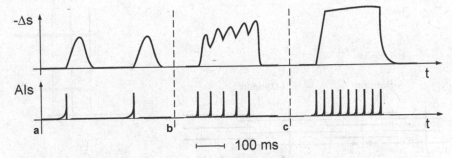

Abb. 3.26. Typische zeitliche Abfolge von Aktionsimpulsen (AIs) an der Membran der Muskelfaser und der resultierenden Faserverkürzung -Δs. (a) Niedrige Impulsfolgefrequenz f von ca. 5 Hz führt zu Einzelkontraktionen von zumindest 10 ms Dauer. (b) Für $f \approx 20$ Hz tritt eine integrative Wirkung auf. (c) Für $f \approx 50$ Hz ergibt sich Dauerkontraktion – so genannter Tetanus

Funktionsschritt (4) –

Die an der Peripherie der neuromuskulären Synapsen generierten Aktionsimpulse breiten sich entlang der Muskelfasermembran über den in Abschnitt 3.1.4 diskutierten Mechanismus aus, wobei die Geschwindigkeit der **Erregungsweiterleitung** – allein schon wegen der fehlenden Beteiligung von Myelinisierung – von der geringen Größenordnung 1 m/s ist. In räumlich verteilter Weise läuft die Erregung über

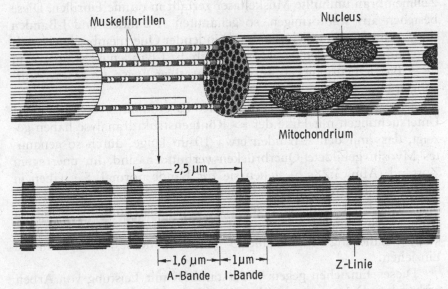

Abb. 3.27. Innerer Aufbau einer Muskelfaser (Dicke 10 bis 100 μm). Das untere Detailbild zeigt die Struktur einer Fibrille (Dicke einige μm)

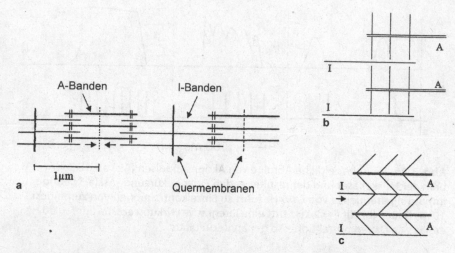

Abb. 3.28. Schematische Darstellung des Kontraktionsmechanismus. (a) A-Banden mit Querbrücken bei minimal eingezogenen I-Banden. (b) Ohne Erregung Querbrücken in 90°-Lage. (c) Bei Erregung Querbrücken etwa in 45°-Lage

das Membrangeflecht des endoplasmatischen Retikulums (Abb. 1.1) in das Faserinnere ein. Die somit auch hier auftretende Depolarisation führt zur plötzlichen Freisetzung von Ca-Ionen, die – ähnlich zum Fall der synaptischen Vesikelaktivierung – die Kontraktion initiieren.

Zur Diskussion des Kontraktionsmechanismus ist in Abb. 3.27 der **innere Aufbau quergestreifter Muskelfasern** skizziert. Die von der Zellmembran umhüllte Muskelfaser zerfällt in dünne **Fibrillen**. Diese bestehen aus stabförmigen, so genannten **A-Banden und I-Banden** (bzw. „Bändern"), welche dank verbindender Quermembranen jeweils eine Einheit darstellen. Somit lassen sich die I-Banden teleskopartig in die A-Banden einschieben, was in integrativer Weise die Faserverkürzung ergibt.

Unter Nutzung des quasikristallinen Faseraufbaus vorgenommene Untersuchungen mit Hilfe der => Röntgenstrukturanalyse haben gezeigt, dass mit den A-Banden etwa 10 nm lange, durch so genanntes Myosin gebildete **Querbrücken** verbunden sind. Im unerregten Zustand (Abb. 3.28a,b) stehen sie zur Bande normal. Sie haben in diesem erschlafften Zustand keinen Kontakt zu den I-Banden, und der Muskel hat damit geringen **Dehnungswiderstand**. Bei Erregung (Abb. 3.28c) hingegen „erfassen" die Querbrücken die I-Banden, klappen näherungsweise in eine 45°-Lage um und bewirken damit das Einziehen.

Dieses Einziehen gegen Widerstand ist mit Leistung von Arbeit verbunden. Die entsprechende **energetische Versorgung** setzt ausreichende lokale Konzentration von => ATP voraus. Die „chemisch" gespeicherte ATP-Energie wird dabei zu einem Teil in thermische Energie gewandelt und zum anderen in die – praktisch genutzte – mechanische Arbeit.

Kommen im Sinne einer AI-Folge nach Abb. 3.26b **weitere Erregungen** auf, so wiederholt sich der obige Vorgang als zyklische Folge von Ergreifung, Querstellung und Loslassen, analog zu einem Rudervorgang. Daraus resultiert eine – letztlich freilich begrenzte – Steigerung des Einziehens. Die maximale **Faserverkürzung** beträgt etwa ein Drittel der Ausgangslänge (vgl. auch Isotonie in Abb. 3.29). Zum als Rigor (lat. für Starre) bezeichneten Stadium des Zugriffs sei betont, dass der Dehnungswiderstand hier sehr groß ist. Dies gilt im Übrigen auch für die Totenstarre (Rigor mortis), die nach Erschöpfung der ATP-Vorräte eintritt.

Für die praktische Muskelfunktion besonders bedeutsam ist, dass die **Kontraktionsdauer** die AI-Dauer deutlich überschreitet. In Abb. 3.26a beträgt sie fast 100 ms. Daraus folgt, dass der Zeitverlauf der Kontraktion wesentlich von der Impulsfolgefrequenz f aufeinander folgender AIs abhängt. Nur für sehr niedriges f (bis 10 Hz) lassen sich synchrone Einzelzuckungen der Muskelfaser erwarten. Bei höherem f ergibt sich das schon erwähnte integrative Zusammenwirken der Impulse, und schon mit 50 Hz zeigt sich ein statisch aufrecht bleibender Kontraktionszustand. Dieser Umstand hat besondere Bedeutung für den => **Elektrounfall** und erklärt die Schwierigkeit, sich aus der Umklammerung eines unter Spannung stehenden Gegenstandes zu befreien.

Nach den obigen Ausführungen ergeben sich mehrere Möglichkeiten zur – durch Regelmechanismen optimierten – **Dosierung von Kontraktion und Kraftentfaltung** eines Muskels:

- Aktivierung zunehmend vieler Fasern eines Muskels erbringt gesteigerte Kraft.
- Aktivierung zunehmend vieler Synapsen einer Faser (bei Zentimeter großen Abständen) erbringt gesteigerte Kontraktion.
- Zunehmende AI-Impulsfolge-Frequenz steigert das Ausmaß des I-Bandeneinzugs und damit die Kontraktion, bis hin zur Sättigung.
- Zunehmende Impulsfolge-Dauer steigert die Kontraktion und verlängert ihre Wirksamkeit.

Die gestreute Variation dieser Parameter in Verbindung mit der gegenüber der AI-Dauer großen Kontraktionsdauer garantiert die im gesun-

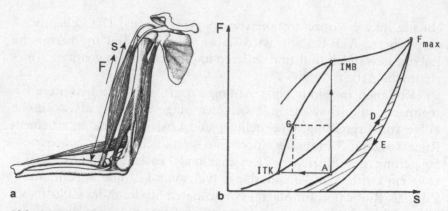

Abb. 3.29. Typische Zusammenhänge zwischen der Kraft F und der Länge s eines Muskels. (a) Definitionen am Beispiel des Musculus biceps. (b) D Dehnungskurve, E Entlastungskurve, IMB Kurve isometrischer, von einem Arbeitspunkt A ausgehender Belastbarkeit ($\Delta s = 0$). ITK Kurve isotonischer Kontraktionsfähigkeit ($\Delta F = 0$). G Grenzkurve für den Allgemeinfall von endlichem Δs und ΔF

den Zustand gegebene **Kontinuität der Bewegungen** des Organismus und seiner Elemente.

Eine spezifische Aufgabe der **Biomechanik** ist es, die Arbeitscharakteristik des Muskels mit Methoden der Physik zu beschreiben. Abb. 3.29 zeigt typische Zusammenhänge zwischen der Muskellänge s und der dabei auftretenden Kraft F. Die Nichtlinearität der **Dehnungskurve** D zeigt, dass der Elastizitätskoeffizient nicht konstant ist, sondern mit steigender Dehnung zunimmt. Die Belastbarkeitsgrenze – entsprechend dem Punkt F_{max} – beträgt dabei bis zu 10 kg/cm². Bei **Entlastung** geht die Dehnung im Sinne von Hysterese nur unvollständig zurück; die zwischen den Kurven D und E resultierende Fläche beschreibt die entsprechende Verlustenergie.

Abb. 3.29 berücksichtigt auch den Fall, dass die Kontraktion bzw. Mehrbelastung von einem bestimmten **Arbeitspunkt** A ausgeht. Bei **Isometrie**, d.h. konstant gehaltener Länge s, ist die Mehrbelastung durch die Kurve IMB begrenzt und fällt bei starker Streckung, da hier nur geringe Überlappung zwischen A- und I-Banden gegeben ist. Bei **Isotonie**, d.h. konstant gehaltenem F wie im Falle des Anhebens einer vorgegebenen Masse, ist die maximal mögliche Kontraktion $-\Delta s$ durch die Kurve ITK begrenzt. Auch sie – und die zu ihr proportionale geleistete **Arbeit** – sinkt, wenn a priori starke Streckung vorliegt. Die dabei maximal leistbare Arbeit $F \cdot \Delta s$ wird umso rascher aufgebracht, je kleiner F ist. Maximale Werte der **Leistung** hingegen ergeben sich für mittlere Belastungen.

.3 Neuronen und neuronale Netze

.1 Synapsen im engeren Sinn

Gegenüber neuromuskulären Synapsen liegen kleinere Abmessungen vor, womit die Auslösung eines Aktionsimpulses des Zusammenwirkens vieler Synapsen bedarf. Zellen sind auf die Ausschüttung exzitatorischer oder aber inhibitorischer Transmitterstoffe spezialisiert. Andererseits tragen sie gemischte Rezeptoren, woraus ein Konkurrenzverhalten von EPSPs und IPSPs resultiert.

In diesem Abschnitt wird auf Synapsen im engeren Sinn eingegangen, das heißt auf solche, welche neuronale Informationen von Neuron zu Neuron weitergeben und für das zentrale Nervensystem (Gehirn, Rückenmark) typisch sind. Bezüglich der grundlegenden Funktion kann dabei auf den Abschnitt 3.2.2 verwiesen werden. Zentrale Synapsen zeigen aber zwei wesentliche **Unterschiede gegenüber neuromuskulären Synapsen**:

(i) Ihre Größe tendiert dazu, wesentlich kleiner zu sein, womit Aktionsimpulse nur durch das Zusammenspiel vieler Synapsen ausgelöst werden.

(ii) Neben erregend (exzitatorisch) wirkenden Synapsen gibt es auch hemmende (inhibitorische) Synapsen, welche in antagonistischer Wechselwirkung stehen.

Zur Veranschaulichung der globalen Verhältnisse zeigt Abb. 3.30 verschiedene **Varianten synaptischer Verbindungen**. In allen Fällen rührt die übertragene Information von einem Axon her, wie es in Abb. 3.3 anhand verschiedener Typen von Neuronen dargestellt ist. Die Informationsübergabe aber kann an einen Dendriten, ein Soma oder – unter Umständen – auch an ein Axonende erfolgen. Das Ende ist gegenüber dem Axondurchmesser i. Allg. verdickt, weshalb man von einem Endknopf (frz. Bouton) spricht.

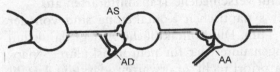

Abb. 3.30. Beispiele von zwischen Neuronen möglichen synaptischen Verbindungen (AD zwischen Axon und Dendrit, AS zwischen Axon und Soma, AA zwischen Axon und einem Axonende)

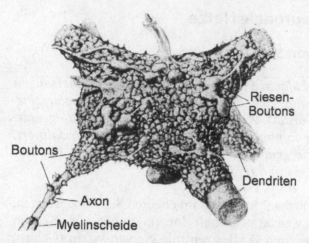

Riesen-
Boutons

Boutons

Dendriten

Axon

Myelinscheide

Abb. 3.31. Neuron mit dichter Konzentration von als Boutons bezeichneten End-knöpfen (Rekonstruktion nach elektronenmikroskopischen Serienaufnahmen, ohne Darstellung der Dendritenenden und der afferenten Axone)

Abb. 3.31 skizziert ein Neuron mit dichter **Konzentration von Endknöpfen** und veranschaulicht, dass dem einzigen Output der Zelle – dem so genannten Axonhügel – bis zu mehrere tausend Inputs gegenüber stehen können. Ob das Neuron feuert, d. h. einen Aktions-impuls generiert, hängt vom zeitlich/räumlichen Zusammenspiel aller Inputs ab.

Hinsichtlich der **synaptischen Kontaktzone** gilt das in Ab-schnitt 3.2.2 für den Fall neuromuskulärer Synapsen Gesagte. Der zwischen dem Endknopf und der Membran des postsynaptischen Neurons liegende synaptische Spalt hat allerdings deutlich geringere Breite (etwa 20 nm). Die i. Allg. sehr kleinen Endknöpfe sind von Vesikeln erfüllt, welche – anders als bei neuromuskulären Synapsen – unterschiedliche Transmitterstoffe beinhalten können (neben ACh z. B. Noradrenalin oder Aminosäuren, wie Glycin). Wesentlich ist, dass eine betrachtete Zelle in für sie spezifischer Weise **eine Transmitterart** produziert, was für die Entwicklung spezifischer Pharmaka genutzt werden kann. Andererseits weist die postsynaptische Membran **unter-schiedliche Rezeptorarten** für verschiedene Transmitterarten auf.

Die Abmessungen der synaptischen Kontaktzone sind von der geringen Größenordnung 1 µm. Die **Kontaktfläche** A liegt damit um etwa zwei Größenordnungen unter der für neuromuskuläre Synap-sen typischen. Damit ist a priori nicht zu erwarten, dass die Anzahl der ausgeschütteten Vesikeln ausreicht, das postsynaptische Neuron zum Feuern zu veranlassen. In der Regel beträgt die Höhe der postsy-naptischen Spannungsänderung Δu nur wenige mV.

Grundsätzlich lassen sich – neuerlich unter Ansatz des Daten-beispiels von Tabelle 3.2 – zwei **Synapsentypen** unterscheiden:

(i) Exzitatorische Synapsen –

Die grundlegende Funktion entspricht jener der => neuromuskulären Synapsen. Dort werden an die 200 Vesikeln ausgeschüttet. Damit wird die Membranspannung u gemäß dem Zahlenwertbeispiel in Abb. 3.24 auf die durch den Mittelwert von $U_K = -100$ mV und $U_{Na} = 65$ mV festgelegte „Zielspannung" U_{Ziel} von etwa **–15 mV** angehoben. Letztere wollen wir entsprechend dem theoretisch maximal möglichen oberen Potentialwert des **EPSPs** definieren.

Auch für den hier interessierenden Fall können wir von Abb. 3.24 ausgehen, wobei nun aber auch postsynaptisch ein Neuron anzusetzen ist. Mit $U_K = -83$ mV und $U_{Na} = 58$ mV ergibt sich auch hier $U_{Ziel} \approx -15$ mV. Eine derartig starke Depolarisation ist aber im Falle der kleinen Endknöpfe nicht zu erwarten. Abb. 3.32a illustriert die hier tatsächlich auftretenden Verhältnisse. Das EPSP baut sich etwa 1 ms nach dem präsynaptischen Aktionsimpuls auf und erreicht seine Amplitude Δu nach einigen ms. Die Gesamtdauer des Ereignisses ist deutlich höher als die eines Aktionsimpulses – sie entspricht der Dauer der Diffusionsprozesse.

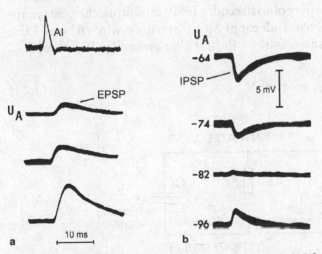

Abb. 3.32. Auf einen präsynaptischen Aktionsimpuls (AI) folgende postsynaptische Veränderungen der Membranspannung u gegenüber der Ausgangsspannung U_A. (a) Zunehmend starke EPSPs mit zunehmender Kontaktfläche A (ganz oben der auslösende ca. 100 mV starke präsynaptische Aktionsimpuls). (b) IPSPs für unterschiedliches U_A

Der Wert von Δu steigt mit steigender Kontaktfläche A an und hat im gezeigten Fall eine Größenordnung von nur etwa 5 mV. Die **lokale Membranspannung** erreicht einen Absolutwert

$$u = U_A + \Delta u < U_{Ziel} \approx -15 \text{ mV.} \tag{3.20}$$

Dabei ist U_A jene lokale **Ausgangsspannung**, die zum Zeitpunkt des *beginnenden* EPSPs an der postsynaptischen Membranregion herrscht. Je nach dem zeitlich/räumlichen Zusammenwirken aller übrigen Synapsen kann U_A dabei von der Membranruhespannung U (z.B. -70 mV) deutlich abweichen. Jedenfalls aber hat die betrachtete Synapse depolarisierende Wirkung in Richtung U_{Ziel}.

(ii) Inhibitorische Synapsen –

Die entsprechenden, hemmenden Transmitterstoffe der präsynaptischen Zelle bewirken, dass sich postsyaptisch Poren öffnen, welche für K^+, geringfügig aber auch für Cl^- durchlässig sind. Somit kommt es zu einem K-Ausstrom, der von einem sehr begrenzten Cl-Einstrom begleitet ist (vgl. Ersatzschaltbild in Abb. 3.33). Es ergibt sich eine **Zielspannung** U_{Ziel} von etwa **-80 mV** nahe $U_K = -83$ mV. Die geringe positive Abweichung erklärt sich mit dem schwachen Mitwirken von $U_{Cl} = -66$ mV.

Das Obige bedeutet, dass die Synapse für den meist vorliegenden Fall $U_A > U_{Ziel}$ ein **hyperpolarisierendes IPSP** (inhibitorische postsynaptische Potentialdifferenzänderung) $\Delta u < 0$ erzeugen wird (Abb. 3.32b). Die lokale Membranspannung u drängt aber *generell* in Richtung U_{Ziel} entsprechend

$$u = U_A + \Delta u \to U_{Ziel} \approx -80 \text{ mV} . \tag{3.21}$$

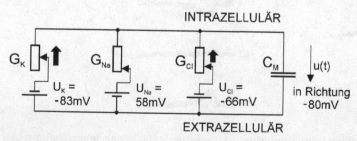

Abb. 3.33. Ersatzschaltbild zur Erklärung der lokal auftretenden Spannungsänderung der postsynaptischen Membran einer inhibitorischen Synapse. Als Trend ergibt sich eine Hyperpolarisation mit einer Zielspannung von etwa -80 mV. (Vgl. den Text)

Daraus folgt, dass die Synapse für $U_A \approx U_{Ziel}$ wirkungslos ist (Fall 3 gemäß Abb. 3.32b) und dass sie für $U_A < U_{Ziel}$ sogar *depolarsierende* Wirkung zeigt (Fall 4).

3.2 Informationsverarbeitung des Neurons

Ein Neuron befeuernde Synapsen erbringen lokale Diffusionsströme, die sich durch Ausgleichsströme zu Stromkreisen schließen. Am Axonhügel sind exzitatorische Ausgleichsströme nach außen gerichtet, inhibitorische nach innen. Ein Aktionsimpuls wird ausgelöst, wenn die zeitlich/räumliche Überlagerung aller Stromkomponenten eine Depolarisation zur Schwelle ergibt. Ab dem Axonhügel besteht digitale Informationsverarbeitung, wobei die Stärke der Erregungen durch die Impulsfolgefrequenz codiert ist.

Abb. 3.34 skizziert den **funktionellen Aufbau eines Neurons** in schematischer Weise, wobei nur ein Dendrit dargestellt ist. Er ist durch vier exzitatorische Synapsen 2, 3, 4, 7 besetzt. Das Soma ist mit einer exzitatorischen Synapse 6 und zwei inhibitorischen Synapsen 1 und 5 besetzt. Dies entspricht dem groben Trend, wonach sich inhibitorische Synapsen bevorzugt am Soma finden. Die Nummerierung 1 bis 4 bzw. 5 bis 7 berücksichtigt den Abstand a vom Beginn des Axons, dem so genannten **Axonhügel (AH)**. Die besondere Bedeutung des AH liegt darin, dass er durch niedrigste Schwelle $U_{S,AH}$ ausgezeichnet ist (z.B. $U_{S,AH} = -50$ mV, statt $U_S = -40$ mV an den übrigen Membranregionen). Somit ist die Auslösung eines Aktionsimpulses (AI) hier am wahrscheinlichsten, und es ergibt sich eine definierte Output-Region.

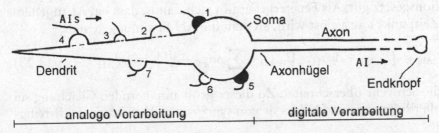

Abb. 3.34. Schematische Darstellung eines Neurons mit sieben Synapsen als Input und einem Axon als Output. Inhibitorische Synapsen sind schwarz dargestellt. Eine Synapse ist umso effektiver, je größer ihre Kontaktfläche A bzw. je kleiner ihr Abstand a vom Axonhügel ausfällt. Sehr großes a kann durch aktive Prozesse kompensiert werden

Das **Grundprinzip der Informationsverarbeitung** liegt nun darin, dass die durch Befeuerung mit AIs an den postsynaptischen Membranen ausgelösten PSPs (d.h. EPSPs *und* IPSPs) **Ausgleichsströme** bewirken, welche am Axonhügel **summarisch wirksam** werden. Betrachten wir eine exzitatorische Synapse, so tritt hier analog zu Abb. 3.25 ein in das Neuron gerichteter Diffusionsstromfluss auf, welcher sich peripher durch räumlich verteilte, nach außen gerichtete Ausgleichsströme zu einem geschlossenen Kreis schließt. Somit kommt es auch am Axonhügel zu einem depolarisierenden Stromfluss, der umso stärker ausfallen wird, je größer die Kontaktfläche A ist und je kleiner die Entfernung a zwischen der Synapse und dem AH ausfällt.

Mit der Intensität Δu eines EPSPs von nur wenigen mV wird eine einzige Synapse kaum zur AI-Auslösung am Axonhügel führen. Vielmehr muss weitgehend synchron eine große Anzahl von EPSPs – bei geringer Gegenwirkung durch IPSPs – zusammenwirken, damit die Schwelle $U_{S,AH}$ erreicht wird. Dabei kommt eine **zeitlich/räumliche Integration** über alle N PSPs zum Tragen.

Da es sich im Dendriten/Soma-Bereich um passive Fernwirkung der PSPs handelt, kann eine Abschätzung der Signaldämpfung anhand des Kabelmodells gemäß Abb. 3.4 vorgenommen werden, wobei die Vierpolglieder den mit a veränderlichen Dicken anzupassen wären. Für eine **qualitative Modellierung** können wir annehmen, dass ein PSP Δu_k am Axonhügel eine Spannungsänderung

$$\Delta u_{AH,k} = \Delta u_k \cdot e^{-a_k/\lambda_k}$$

(3.22)

erbringt (mit a_k als Abstand der k-ten Synapse und λ_k als der Zellgeometrie angepasster => Raumkonstante).

In Näherung zeigen Membranen lineares elektrisches Verhalten, womit bezüglich des Zusammenwirkens der Synapsen das **Superpositionsgesetz** gilt. Als **Feuerregel** ergibt sich damit, dass ein AI zu jenem Zeitpunkt t ausgelöst wird, an dem die AH-Spannung gemäß

$$u_{AH} = U_{A,AH} + \Delta u_{AH} = U_{A,AH} + \sum_N \Delta u_k \cdot e^{-a_k/\lambda_k} > U_{S,AH}$$

(3.23)

die Schwelle überschreitet. Zu dieser grob annähernden Gleichung sei allerdings angemerkt, dass sie von synchronen Aktivitäten der beteilig-

▶**Abb. 3.35.** Konkretes Beispiel zur Informationsverarbeitung. (a) Betrachtetes Neuron mit drei erregten Synapsen 1–3. (b) Ausgleichsströme und am Axonhügel verursachte Spannungsänderung bezüglich Synapse 1, (c) bezüglich Synapse 2 und (d) bezüglich Synapse 3. (e) Gesamt-Spannungsänderung auf der Basis des Superpositionsgesetzes

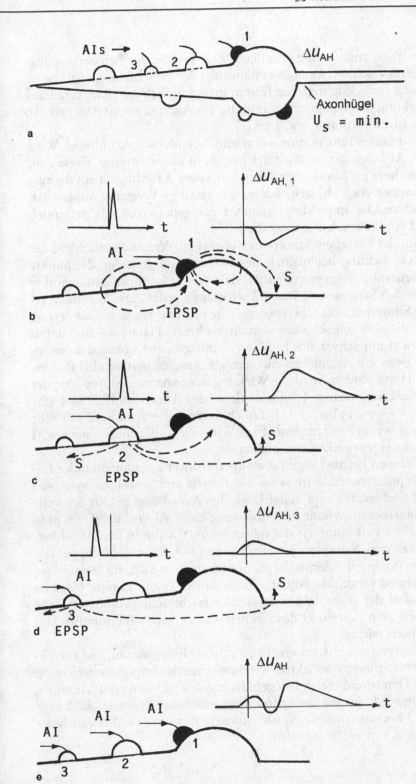

ten Synapsen ausgeht, die jeweiligen Zeitversätze der Befeuerung also nicht berücksichtigt. Auch das Phänomen der Verschiebungsströme ist hier nicht berücksichtigt. Sie führen grundsätzlich zu einer verzögerten Wirkung der synaptischen Impulse am Axonhügel im Ausmaß der Membranzeitkonstante (ca. 1 ms).

Die analoge Informationsverarbeitung endet am Axonhügel. Wird hier ein AI ausgelöst, so läuft der Impuls in ungedämpfter Weise dem **Axon** entlang bis hin zum Endknopf. Ab dem Axonhügel liegt **digitale Verarbeitung** vor, d.h. steigende eingangsseitige Erregung äußert sich in zunehmender **Impulsfolgefrequenz** der generierten AIs, wie noch anhand von Beispielen gezeigt wird.

Abb. 3.35 zeigt ein **konkretes Beispiel** zur Veranschaulichung der Signalverarbeitung bei zusätzlicher Berücksichtigung der **Zeitpunkte der Befeuerung**. Angenommen ist, dass AIs in knapper Aufeinanderfolge an den Synapsen 3, 1 und 2 wirksam werden. Die Synapse 3 ergibt im Sinne analoger Übertragung eine positive Spannungsänderung $\Delta u_{AH,3}$, die aber nur schwach ausfällt, da kleine Fläche A – und damit ein a priori nur schwaches EPSP Δu_3 – mit großem Abstand a gekoppelt ist (was am Axonhügel nur geringe Ausgleichsstromdichte S erwarten lässt). Zudem wird die Wirkung der Synapse 3 durch jene der inhibitorischen Synapse 1 – mit dank hohem A starkem IPSP und sehr kleinem a – rasch abgebaut. Letztlich kommt die Synapse 2 mit sehr großem A weitgehend ungestört zur Wirkung – allerdings ohne ein AI alleine aus eigener Kraft auszulösen.

Im obigen Beispiel ergibt die Superposition zwei aufeinander folgende depolarisierende Impulse. Sie rühren von einzelnen Synapsen her und sind somit kaum in der Lage, den Axonhügel bis zur Schwelle zu depolarisieren, womit die Auslösung eines AI entfällt. Dem physiologischen Fall kommen wir näher, wenn wir die in den Abbildungen skizzierten Synapsen jeweils als Symbol für eine **Gruppe verwandter Synapsen** interpretieren. Somit ergeben sich am Axonhügel entsprechend verstärkte Potentialänderungen. Damit könnte $U_{S,AH}$ im Beispielsfall der Abb. 3.35 sehr wohl erreicht sein, womit die Zelle zumindest zum Zeitpunkt des zweiten – stärkeren – Teilimpulses von Δu_{AH} feuern würde.

Ergänzend sei auf neuere Erkenntnisse hingewiesen, die für bestimmte Neuronentypen **aktive Mechanismen** der Impulsweiterleitung auch **im Dendritenbereich** belegen. Es handelt sich um ein Phänomen, das geringere Relevanz der Entfernung a im Sinne von Glg. 3.22 bzw. Glg. 3.23 bedeuten würde. Von weiterem Interesse ist es bezüglich der Generation von => Biosignalen.

.3 Neuronale Grundschaltungen

Zwei Beispiele von auf mehreren Ebenen vorfindbaren Schaltmustern betreffen die zeitliche bzw. räumliche Kontrastierung. Sie begrenzt die das Gehirn beschäftigende Informationsfülle auf Aktuelles bzw. vordringlich Bedeutungsvolles. Ein drittes Beispiel betrifft die Beantwortung von Reizen. Lineare Verarbeitungen ergeben rasche Reflexe, iterativ beeinflusste Verarbeitungskreise verzögerte, differenziertere Reaktionen.

Es kann davon ausgegangen werden, dass ein individuell betrachtetes Neuron über komplexe Vernetzungswege mit allen anderen Milliarden Neuronen des menschlichen Nervensystems in irgendeiner Verbindung steht. Die große Zahl liefert eine potentiell gegen unendlich gehende Mannigfaltigkeit neuronaler Verschaltungen. Doch finden sich im Nervensystem **auf mehreren Ebenen wiederkehrende Grundschaltungen**. So etwa gelten die weiter unten angeführten Kontrastprinzipien

- (a) auf der Ebene einzelner Neurone,
- (b) für weitgehend parallel geschaltete Neuronengruppen, und
- (c) auch global für Wechselwirkungen zwischen einzelnen Bereichen des Gehirns.

Im Folgenden sind Schaltungsbeispiele anhand einzelner Neurone angeführt. Schon im Abschnitt 3.3.2 wurde darauf hingewiesen, dass im zentralen Nervensystem die Leistungsfähigkeit einer Synapse in der Regel nicht ausreicht, einen Aktionsimpuls (AI) auszulösen. Zur Diskussion von „Grundschaltungen" ist es somit angebracht, ein skizziertes Einzelneuron als Neuronengruppe aufzufassen, die – im lebenden System mit den Vorteilen der Redundanz und der verringerten Verletzbarkeit – in weitgehender **Parallelschaltung** liegt.

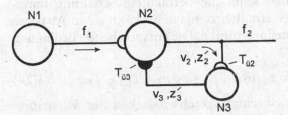

Abb. 3.36. Serienschaltung zweier exzitatorischer Neuronen N1 und N2 (bei stark schematisierter Darstellung). Mitwirken eines über eine Kollaterale erregten, gegenkoppelnden Zwischenneurons N3 liefert zeitliche Kontrastierung (s. Text)

Betrachten wir an der Peripherie des Körpers sensorisch – z.B. über mechanische => Rezeptorzellen – generierte AIs, so werden diese nicht über eine durchgehende Bahn an das Gehirn weitergeführt, sondern über so genannte Umschaltungen. Das heißt z.B., dass entsprechend Abb. 3.36 eine **Serienschaltung** exzitatorischer Neurone N1 und N2 vorliegt. Dafür typisch ist, dass die durch die AI-Folge gegebene Information über Verzweigungen (Kollaterale) der Axone im Sinne der „**Divergenz**" von einem Neuron an viele nachfolgende Neurone abgegeben wird. Ebenso übernimmt ein betrachtetes Neuron – wie wir schon anhand von Abb. 3.35 gesehen haben – im Sinne der „**Konvergenz**" Informationen von einer Vielzahl anderer Axonen. Ob also z.B. N2 auf von N1 eingehende AIs seinerseits mit AIs reagiert hängt somit auch von den übrigen Eingängen und deren synaptischer Leistungsfähigkeit ab. Ein Nebenaspekt der Konvergenz liegt in ihrer ausgleichenden Wirkung: Aktionsimpulse – und gewissermaßen auch PSPs – sind dynamische Prozesse von Impulscharakter. Ihre zeitlich streuende Überlagerung führt zur Glättung.

In Abb. 3.36 ist die Serienschaltung durch einen **Neuronenkreis** erweitert, indem der Ausgang von N2 auf das Soma von N2 rückgekoppelt ist. Dazu dient eine Verzweigung in Verbindung mit einem inhibitorischen Zwischenneuron N3. In Analogie zur Nachrichtentechnik resultiert eine hemmende **Gegenkopplung** – ein exzitatorisches N3 ergäbe eine unterstützende **Mitkopplung**.

In sehr wesentlicher Weise hängt das **Übertragungsverhalten** von Neuronenschaltungen – und von neuronalen Regelkreisen im speziellen – von der **Signallaufzeit** T_S ab. Zur Veranschaulichung wollen wir am Ausgang von N1 eine AI-Folge konstanter Impulsfolgefrequenz f_1 – entsprechend einer Folgezeit $T_1 = 1/f_1$ – ansetzen. Nehmen wir nun an, dass ein erster Impuls von N1 auf N2 erfolgreich übertragen wird. Das am Axonhügel von N2 generierte AI läuft über N3 an N2 zurück und wirkt nun hemmend. Die konkrete Auswirkung hängt wesentlich von T_S ab.

Trotz ihrer Einfachheit kann die betrachtete Schaltung unterschiedliches Übertragungsverhalten zeitigen. So kann sie in Analogie zur Technik zur **Frequenzteilung** führen. Die entsprechende Bedingung ist

$$T_S = {}_M\Sigma\, z_k\, /\, v_k \cdot + {}_N\Sigma\, T_{\text{Ü},i} = z_2\, /v_2 + T_{\text{Ü}2} + z_3/\, v_3 + T_{\text{Ü}3} = T_1\,. \qquad (3.24)$$

Dabei bedeuten v_k die Ausbreitungsgeschwindigkeit der M entsprechenden Axonabschnitte der Länge z_k und $T_{\text{Ü},i}$ die Übertragungszeiten der N durchlaufenen Synapsen. Zur Veranschaulichung der Dimensionen sei der folgende Ansatz gemacht:

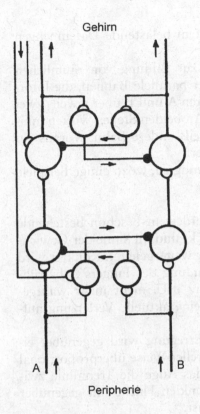

Gehirn

A   **B**

Peripherie

Abb. 3.37. Räumliche Kontrastierung am Beispiel zweier paralleler, durch hemmende Zwischenneurone verkoppelter Bahnen von Rezeptoren A und B in Richtung Gehirn. Zusätzlich sind für A erregend bzw. für B hemmend wirkende Bahnen vom Gehirn angedeutet (s. Text)

$f_1 = 100\,\text{Hz}$,

d.h. $T_1 = 10\,\text{ms}$,

$T_{\text{Ü}2} = T_{\text{Ü}3} = 1\,\text{ms}$, $v_2 = v_3 = 1\,\text{mm/ms}$.

Damit ist unsere Bedingung erfüllt, wenn die Gesamtlänge der im Kreis durchlaufenen Axonabschnitte $z_2 + z_3 = 8\,\text{mm}$ beträgt. In diesem Fall wird jeder zweite Impuls durch N3 unterdrückt, und N2 feuert mit $f_2 = f_1/2 = 50\,\text{Hz}$. Andere Längen $z_2 + z_3$ würden abweichendes Übertragungsverhalten ergeben.

Das Obige verdeutlicht, dass die Wirkung selbst eines einzigen Neurons von vielen Parametern abhängen kann. Im physiologischen Fall werden auch hier nicht einzelne Neuronen vorliegen sondern Neuronengruppen bzw. -bündel. Tatsächlich liegt die Bedeutung einer Schaltung entsprechend Abb. 3.36 vor allem in der **Bildung von zeitlichem Kontrast** in dem Sinn, dass der Einsatz von neuen Informationen, Ereignissen oder Störungen voll registriert wird. Die bereits registrierte und eventuell schon verarbeitete und durch Gegenmaßnahmen beantwortete Aufrechterhaltung hingegen wird als nachrangig behandelt. Das zentrale Nervensystem belastende Datenmengen werden somit eingeschränkt.

Abb. 3.37 zeigt ein Schaltmuster zur **Bildung von räumlichen Kontrast**. Skizziert sind zwei zueinander parallele Bahnen, die Informationen von zwei peripheren Rezeptoren A und B über jeweils zwei Umschaltstellen an das Gehirn führen. An beiden Stellen wirken inhibitorische Zwischenneurone in die jeweils andere Bahn, woraus ein Verhalten gegenseitiger Rivalität resultiert.

Der Schaltung kommt breite Bedeutung zu, wozu einige Beispiele angeführt seien:

- Tritt an A Erregung auf, so werden an B schon bestehende schwache Erregungen unterdrückt und im Sinne der Gewichtung bzw. Aktualität nicht mehr weitergeleitet. Konkret wird z.B. von einer früheren Verwundung des Fingers A herrührender schwacher Dauerschmerz u.U. nicht mehr wahrgenommen, sobald am Finger B eine aktuelle Verletzung auftritt.

- Eine z.B. von B herrührende Erregung wird gegenüber einer schwächeren von A in genereller Weise überproportional stark weitergeleitet. So liefert das Auge die Trennlinie zwischen einer hellen und einer dunklen Fläche mit gegenüber der Realität überhöhtem Kontrast.

- Die in Abb. 3.37 zusätzlich skizzierten Bahnen vom Gehirn ermöglichen mit Aufkommen von Bewusstsein gesetzte Kontrastbeeinflussung – etwa eine Konzentration auf die vom Finger A herrührende schwache Dauererregung über exzitatorische Unterstützung der Bahn, oder ein (ev. erlernbares) Unterdrücken der Schmerzempfindung von B durch inhibitorisches Einwirken.

- Stark einsetzende Erregung eines Gehirnteils B kann dazu führen, dass vom Gehirnteil A herrührende stationäre Erregungsinhalte entfallen, im Sinne einer Kontrastierung globalen Ausmaßes.

- Hypothetisch gesehen mag das in Abb. 3.37 gezeigte Kontrastschema schmerzhemmende Wirkungen der Akupunktur oder ihr vergleichbarer Methoden erklären.

Als drittes Beispiel einer Grundschaltung zeigt Abb. 3.38 eine in sich geschlossene **Reflexschleife**. Skizziert ist der gut bekannte **Kniereflex**, der durch einen Hammerschlag auf die Streckmuskelsehne ausgelöst wird und zum – von Seiten des Gehirns nicht unterdrückbaren – Vorschnellen des Beines führt.

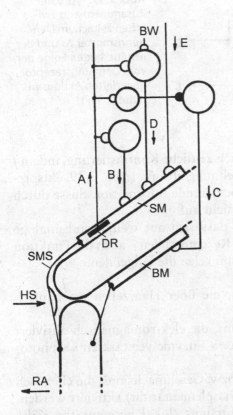

Abb. 3.38. Reflexschleifen am Beispiel des Kniesehnenreflexes. Ein Hammerschlag HS auf die mit der Kniescheibe verwachsene Sehne SMS des Streckmuskels SM führt zur Aktivierung von Dehnungsrezeptoren DR. Die ausgelösten Als erregen über die Bahn A im Rückenmark Motoneurone, welche über B zur Kontraktion von SM-Fasern führen. Als Reflexantwort RA schnellt das Unterbein vor. Über Zwischenneurone wird die den Beugemuskel BM versorgende Bahn C dabei gehemmt. Zusätzlich angedeutet ist die Möglichkeit der Schleifenschließung im Gehirn über die Bahn D. Bei Bewusstwerdung (BW) ist sie beeinflussbar vom Gehirn, das auch eine unmittelbare, willentliche Aktivierung des Streckmuskels über E in Gang setzen kann

Zum Verständnis der Reflexschleife ist zunächst auf das Funktionieren des in sie integrierten mechanischen Rezeptors – auch als Dehnungsrezeptor oder Muskelspindel bezeichnet – einzugehen. Funktionell gesehen können wir den Rezeptor als Neuron auffassen, dessen spezialisierter Dendrit mit Muskelfasern durch Umschlingung mechanisch verbunden ist. Bei Muskeldehnung kommt es zur Mitdehnung des Rezeptors, womit sich im Sinne eines EPSP Poren für Na$^+$ und K$^+$ öffnen. Das Dehnungsausmaß Δs wird durch die AI-Fol-

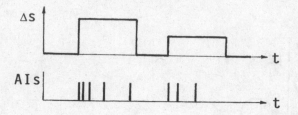

Abb. 3.39. Typischer Zusammenhang zwischen zeitlichem Dehnungsmuster Δs und der resultierenden Folge der vom Dehnungsrezeptor generierten Aktionsimpulse (s. Text)

gefrequenz f codiert. Dabei zeigt sich **zeitliche Kontrastierung**, indem f mit steigendem Fortbestand der Dehnung absinkt (Abb. 3.39, entsprechend der => Akkomodation). Blockierende Informationsflüsse durch Dauerdehnungen kommen somit nicht auf.

An dieser Stelle sei bemerkt, dass sich auf weitgehend analoge Weise – teils bei Einsatz axonloser Rezeptorzellen – auch die **Funktion anderer Rezeptoren** erklärt. Erwähnt seien die Folgenden:

- Rezeptoren des Hörsinns, die über Haarzellen mechanisch aktiviert werden,
- Rezeptoren des => Sehsinns, die elektromagnetisch aktiviert werden (über einen durch => Enzyme verstärkten => photochemischen Effekt),
- Rezeptoren des Geruchs- bzw. Geschmackssinns, die chemisch (über spezifische => KL-Komplementarität) aktiviert werden,
- Rezeptoren des Temperatursinns (lokal getrennt für Kälte bzw. Wärme), die thermisch aktiviert werden.

Im Falle unseres Dehnungsrezeptors ergeben sich folgende **Teilabschnitte der Kniereflexschleife** (Abb. 3.38):

(i) Das dem Hammerschlag entsprechende zeitliche Dehnungsmuster löst in der Bahn A im Zuge einer Analog/Digital-Umsetzung eine Folge von AIs fallender Impulsfolgefrequenz aus.

(ii) Die AIs laufen in Richtung Rückenmark, wo eine Umschaltung stattfindet. Sie erzeugen eine Folge von EPSPs auf Motoneuronen (Bahn B), welche den gedehnten Streckmuskel versorgen.

(iii) Gemeinsam mit EPSPs anderer Synapsen entsteht ein zeitliches Depolarisationsmuster analoger Natur am jeweiligen Axonhügel. In der Folge generiert das Motoneuron eine AI-Folge mit fallender Impulsfolgefrequenz.

(iv) Die AIs laufen über B zum Streckmuskel und bringen ihn im Sinne einer Digital/Analog-Umsetzung zur Kontraktion, womit das Bein vorschnellt.

(v) Der Vorgang wird unterstützt, indem die AI-Folge des Dehnungsrezeptors über eine Verzweigung auch an inhibitorische Zwischenneuronen läuft, welche Motoneuronen C des Beugemuskels erregen. Damit wird sichergestellt, dass dieser Antagonist des Streckmuskels entspannt ist und den Reflex somit nicht behindert.

Wie schon erwähnt, entzieht sich der Kniereflex der **Beeinflussbarkeit** durch das Gehirn, da sich die monosynaptische Schleife mit kurzer Signallaufzeit T_S in der Peripherie schließt. Zunehmende Beeinflussbarkeit hingegen ergibt sich für Reflexe, die sich in **höheren Regionen des Nervensystems** schließen – d.h. im verlängerten Rückenmark (Medulla), Mittelhirn, Zwischenhirn oder gar in der äußeren Hirnrinde

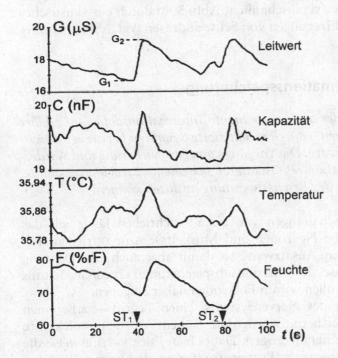

Abb. 3.40. Akustisch ausgelöster Fremdreflex, provoziert durch zwei kurze Signaltöne ST (über Kopfhörer abgegeben). Als Effekt zeigen sich im Bereich eines Fingers Erregungen von Schweißdrüsen, die zu spontanen Erhöhungen von Leitwert, Kapazität, Temperatur und Feuchte der Haut führen

des Großhirns. Diese Fälle sind durch großes T_S gekennzeichnet, das analog zu Glg. 3.24 aus hohen Axonlängen und mehreren synaptischen Übertragungszeiten resultiert. Schließlich kommt das Vielfache eines derartigen Resultats dann zum Tragen, wenn die Beantwortung das beinhaltet, was wir als **Denkprozess** bezeichnen. Mechanistisch deutbar ist er mit dem mehrmaligen Durchlauf eines Erregungsmusters durch eine neuronale Verarbeitungsschleife bei iterativer Beeinflussung durch Fremdfaktoren. Der Reflex wird somit zur zwar verzögerten, dafür aber wohl differenzierten **Reaktion**.

Vom Großhirn aus kann mit Bewusstwerdung letztlich auch eine **willentliche Bewegung** des Beines ausgelöst werden, indem AIs an Motoneuronen gelenkt werden, die den Streckmuskel versorgen. Und letztlich kann die Bewegung durch einen so genannten **Fremdreflex** zustande kommen, bei dem der Auslösungsort vom Ort des Effektes abweicht. So könnte eine Beinbewegung z.B. durch starkes Erschrecken verursacht sein, indem starke Erregungen des Gehirns in nicht definierter Weise an den Streckmuskel laufen. Als konkretes Beispiel eines Fremdreflexes veranschaulicht Abb. 3.40 durch ein akustisches Signal ausgelöste Erregungen von Schweißdrüsen (vgl. Abb. 1.6) eines Fingers.

3.3.4   Neuronale Informationsspeicherung

Die kurzzeitige oder auch permanente Informationsablegung erklärt sich mit Engrammen – durch modifizierte Synapsen bevorzugt durchlaufene Erregungswege. Die Vorgänge von Abspeicherung und Wiederaufruf der Information repräsentieren vehemente Erregungszustände, die das Phänomen der Bewusstwerdung auslösen können.

Mit neuronalen Schaltungen wie oben beschrieben lässt sich das Zusammenspiel von Neuronen und Muskelfasern in zufrieden stellender Weise deuten. Ansatzweise ist damit aber auch eine Deutung des Phänomenkreises Informationsabspeicherung/Lernen/Gedächtnis möglich. Darauf wollen wir im Folgenden näher eingehen.

Zur Fähigkeit des Nervensystems, einen Begriff – z.B. einen Namen – abzuspeichern, wurden in frühen Arbeiten **molekulare Erklärungsmodelle** herangezogen. Dabei bietet sich vorzugsweise die => Aminosäure-Sequenz der **Proteinstruktur** an, da hier mit 20 codierenden Elementen grundsätzlich wesentlich höhere Speicherdichte zu erzielen wäre als z.B. bei technisch üblichen binären Systemen. Spätere Arbeiten konzentrieren sich eher auf die => Basen-Sequenz der **RNA-Struktur**, die von immerhin vier Elementen Gebrauch macht.

Die entsprechenden Modellbildungen halten den zunehmend verdichteten Erkenntnissen aber nicht stand und können als überholt eingestuft werden.

Die Gesamtheit vorliegender Erkenntnisse spricht dafür, dass die Informationsabspeicherung – also z.B. das Merken eines zunächst ungewohnten Namens – als **Engramm** (= Einschreibung) in das Geflecht von Neuronen(gruppen) des Gehirns zustande kommt. Das heißt, es bilden sich Erregungsbahnen aus, die für AI-Folgen bevorzugt passierbar sind, indem der **Prozess des Lernens** die entsprechenden synaptischen Verbindungen verstärkt. Das Engramm codiert sodann für den Namen.

Zur Plausibilisierung des Engramm-Begriffes sei ein **einfaches Analogon** angeführt. Das dichte Netz untrainierter Neuronen sei einem gleichmäßig verschneiten Berghang gleichgesetzt, der potentiell für unendlich viele Varianten von Bobbahnen Eignung zeigt. Wird nun eine konkrete Bahn gezogen und mehrfach auf gleichem Wege durchfahren, so kommt es zu einer „eingeschriebenen" Bahn. Wird ein Schlitten aus Zufall in sie hineingelenkt, so wird er sie ohne weitere Lenkmanöver durchfahren und an das dem Engramm entsprechende Ziel gebracht.

Als konkretes **Beispiel zum Lernprozess** wollen wir das Erlernen des Buchstabens „A" durch ein Kind heranziehen. Bei Betrachten des geschriebenen A liefert der Sehnerv ein der optischen Vorlage entsprechendes zeitlich/räumliches Muster von AIs im Gehirn. Bei begleitendem Hören oder Selbst-Aussprechen des akustischen A liefern die Hörbahnen ein der akustischen Vorlage entsprechendes Muster. Freilich können nicht alle optisch bzw. akustisch angebotenen Informationen in Engramme umgesetzt werden – die Speicherkapazität wäre rasch überfordert. Wie in Abb. 3.41a angedeutet kann eine Voraussetzung in Motivation gesehen werden. Sie können wir als einen entsprechenden Informationsbedarf des Gehirnes deuten.

Nach Abb. 3.41b gilt Analoges auch für den **Prozess des Erinnerns**. Besteht Bedarf nach in Engrammen abgelegten Informationen, so werden potentiell relevante Engramme durch suchend gesetzte AI-Folgen „abgetastet". Das im Sinne von Assoziation als richtig erkannte wird erfasst und weiter verarbeitet bzw. verwertet. Der erfolgreiche Lernvorgang kann also darin bestehen, dass bei einem neuerlichen optischen *oder* akustischen Eindruck die als Engramm abgelegte Verknüpfung neuerlich verfügbar wird.

Sehr relevante den Speichern zugeführte oder entnommene Informationen können uns auch bewusst gemacht werden. Das, was Menschen – wie weitgehend übereinstimmend berichtet – als **Bewusstsein**

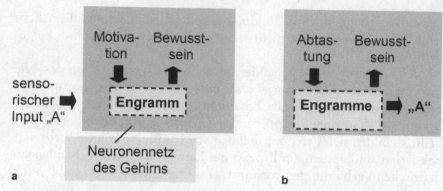

Abb. 3.41. Hypothetische Darstellung von Lernen und Erinnern des Buchstabens „A". (a) Sensorische Inputs (akustische bzw. optische) führen zur Ablegung der Information „A" in ein Engramm. Voraussetzung dafür ist, dass Informationsbedarf im Sinne von Motivation besteht, womit uns der Lernvorgang auch bewusst werden kann. (b) Späterer einschlägiger Informationsbedarf kann zur Wieder-Aktivierung der im Engramm angelegten Erregungsmuster führen, was uns neuerlich bewusst werden kann

erleben, kann mit den Modellen der Physik nicht gedeutet werden – wenngleich manche Hirnforscher[1] meinen, dass sich aus hoher Komplexität Neuartiges ergeben könnte, womit sie sogar Computern Bewusstsein zuschreiben.

Von Seiten der Biophysik kann Bewusstsein als **ein *physischer* Faktor** gedeutet werden, der das hoch konzentrierte Vorliegen zentraler Neuronen voraussetzt und dann aufkommt, wenn vehemente Erregung gegeben ist. Er kann in Analogie zu *physikalischen* Faktoren gesehen werden, wie der Gravitation oder den Phänomenen des Magnetismus. Sie alle sind wohl beschreibbar, aber tatsächlich nicht erklärbar. Wegen Kompatibilität mit den auch in lebenden Systemen als gültig erkennbaren Gesetzen der Physik ist anzunehmen, dass der Faktor Bewusstsein auf andere Faktoren nicht rückwirkt.

Zur Absicherung des Engrammkonzepts ist festzuhalten, dass die weiter oben verantwortlich gemachten Mechanismen zum Teil hypothetischer Natur sind. Für ihre prinzipielle Gültigkeit spricht aber die Kompatibilität sehr unterschiedlicher wissenschaftlicher Annäherung – Erfahrungen von Hirnverletzungen (Läsionen), experimentelle Studien am Nervensystem etwa von Schnecken oder Fliegen, morphologische Studien mit Hilfe der Elektronenmikroskopie bis hin zu Analysen genetischen Materials. Im Folgenden seien die sich daraus ableitbaren Hypothesen hinsichtlich ihrer Grundgedanken dargestellt.

---

[1] vgl. z.B. W. Singer: Ein neues Menschenbild. Suhrkamp, Frankfurt am Main (2003).

Das **Kurzzeitgedächtnis** (KZG) wird mit einer vorübergehenden – unter Einschluss des so genannten Intermediärgedächtnisses etwa bis zu einer Stunde andauernden – Leistungsfähigkeitssteigerung der im Sinne des Engramms durchlaufenen Synapsen erklärt. Als entsprechender Mechanismus drängt sich zunächst die so genannte **Bahnung** auf. Sie äußert sich darin, dass eine gerade erst aktivierte Synapse für einen nachfolgenden Impuls erhöhte Spannungsänderung Δu erbringen kann. Eine Erklärung des Phänomens ist, dass durch den ersten Impuls aktivierte Vesikeln die Ergiebigkeit des zweiten unterstützen.

Eher als das unspezifische Phänomen der Bahnung wird die so genannte **posttetanische Potenzierung** als Mechanismus postuliert. Sie äußert sich in verstärkten EPSPs nach Aktivierung der betrachteten Synapse mit – grob dem => Tetanus entsprechenden – Salven von AIs. Erklärt wird dies mit einer Verzögerung des K-Ausstroms aus der präsynaptische Zelle, einer Verlängerung des Ca-Einstroms und in der Folge einer Vermehrung der Transmitter-Ausschüttung. Für die K-Blockade werden kleine exzitatorische Endknöpfe mitverantwortlich gemacht, die den eigentlichen Endknopf der Synapse bei bestimmten Neuronentypen besetzen können (s. Verbindung AA in Abb. 3.30).

Das **Langzeitgedächtnis** (LZG) ist durch bis zu Jahrzehnte während-, permanente Synapsenmodifikation gekennzeichnet, die offensichtlich morphologischer Natur ist. Abb. 3.42 skizziert dies in schematischer Weise anhand der Verknüpfung von fünf Neuronen über Synapsen unterschiedlicher effektiver Kontaktfläche A und damit unterschiedlicher Leistungsfähigkeit. Der Mechanismus der Modifikation im Zuge des Lernens bzw. Trainings kann nun darauf reduziert werden, dass A bei starker Aktivierung der betreffenden Synapse durch Wachsen (Hyperthrophie, gr. für Überernährung) oder Verzweigung ansteigt, bei fehlender Aktivierung hingegen sinkt und u.U. so-

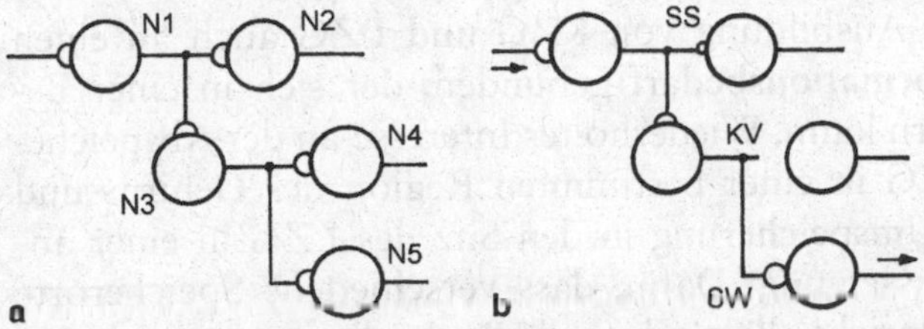

Abb. 3.42. Morphologische Veränderungen von Synapsen als Erklärungsmechanismus des Langzeitgedächtnisses. (a) Untrainierter Zustand ausgeglichener Kontaktflächen A (bzw. tatsächlich eher statistisch gestreuter). (b) Trainierter Zustand mit Bahnung des Pfades N1-N3-N5 einerseits durch Synapsenwachstum (SW), andererseits durch Schrumpfung (SS) oder sogar Kontaktverlust (KV)

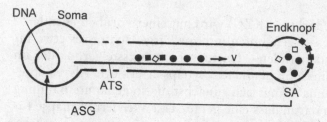

Abb. 3.43. Funktionelle Basis morphologischer Veränderungen von Synapsen. Synaptische Aktivität (SA) führt zur Anregung spezifischer Genexpression (ASG) der DNA des Zellkerns für synaptische Aufbaustoffe. Der Transport vom Soma zu den Endknöpfen erfolgt über ein axonales Transportsystem (ATS) mit Geschwindigkeiten v der Größenordnung 10 mm/h

gar – im Sinne eines Kontaktverlustes zu Null entartet. Analog zum Verlust scheint auch der Fall möglich zu sein, dass eine synaptische Verbindung erst im Zuge einer Engrammausbildung aufkommt.

Zur Verstärkung der Leistungsfähigkeit fallen **molekulare Stoffe** an, die zum Teil am Ort der Synapse durch Recycling aufgebracht werden. Darüber hinaus aber werden Proteine benötigt, die erst über den => genetischen Code synthetisiert werden müssen (Abb. 3.43). Der entsprechende Stofftransport vom Zellkern bis zur Synapse läuft über ein schienenartiges System (Mikrotubulus) mit Geschwindigkeiten von nur etwa 10 mm/h ab. Dies allein erklärt schon, dass zum Aufbau des LZG relativ lange Zeiten anfallen.

Die nicht voll geklärte Steuerung des Prozesses scheint die Mitwirkung der – die beteiligten Neuronen umgebenden – **Gliazellen** vorauszusetzen. Sie haben nicht nur Stützgewebe bildende und den Stoffwechsel regelnde Aufgaben. Vielmehr zeigen experimentelle Untersuchungen, dass sie auch zur Steigerung der Synapsen-Leistungsfähigkeit über molekulare Wechselwirkungen beitragen.

Letztlich ist die Ausbildung von KZG und LZG auch an einen entsprechenden **Informationsbedarf** gebunden, der sich in einer Bewusstwerdung äußern kann. Wiederholtes Interesse an der Abspeicherung ist für das KZG in einer bestimmten Region des Gehirns und wohl auch für die **Umspeicherung** in den Sitz des LZG in einer anderen Region Voraussetzung. Dafür, dass verschiedene Speicherorte verwendet werden, spricht allein schon die Beobachtung, wonach sich Verletzungen des Gehirns (z. B. im Zuge von schweren Unfällen) auf KZG und LZG sehr unterschiedlich auswirken können.

.5 Künstliche Neuronale Netze

Am Computer meist seriell implementierte ANNs zeigen einen ge-schichteten Aufbau, welcher der Hirnrinde nachempfunden ist. Zum Training verknüpfender Synapsen werden Eingangsvektoren bekann-ten Ausgangsvektoren gegenübergestellt. Bei der eigentlichen Anwen-dung werden die Letzteren vom Netzwerk prognostiziert.

In jüngerer Zeit wurde die Auseinandersetzung mit dem Engramm-Konzept dadurch stimuliert, dass es für technische Simulationen im Sinne künstlicher Neuronaler Netze (**Artificial Neural Networks = ANNs**) aufgegriffen wurde. Das dabei ursprünglich verfolgte Ziel war es, die für physiologische Netze typische **Parallelstruktur** zur Vor-lage von Computern zu nehmen, welche gegenüber seriell abarbei-tenden rascher und weniger verletzbar sein sollten. Inzwischen sind ANNs zur routinemäßig genutzten lernfähigen Datenverarbeitungs-einrichtung geworden. Anwendungsbeispiele sind die Zeichen-erkennung, die Signalfilterung, bis hin zur Prognose der Wetter- oder Börsenentwicklung. Meist erfolgt die ANN-Ablegung dabei allerdings auf konventionellen Computern, deren zunehmend hohe Prozessor-geschwindigkeit den Nachteil der seriellen Verarbeitung wettmacht. Im Folgenden soll die Technologie anhand eines einfachen Beispiels veranschaulicht werden, das zugleich auch dem besseren Verständnis des physiologischen Falles dienen kann.

Abb. 3.44 zeigt ein konkretes **Engramm-Beispiel**, welches den Lern-Vorgang betrifft, Asymmetrie einer binären Zahlenfolge gegen-über ihrem Zentrum zu erkennen. Zur Darstellung des Prinzips sei das Problem auf vier Zahlen – zwei links, zwei rechts – reduziert, entspre-chend vier Eingangsneuronen E1 bis E4 des neuronalen Netzes.

In Abb. 3.44a ist eine potentiell geeignete Netzstruktur zunächst unter Verwendung physiologischer Symbolik dargestellt. Gezeigt ist der **untrainierte Fall**, wobei nur jene Neuronen skizziert sind, die für den Lernvorgang in potentieller Weise relevant sind, d.h. bei nur vier Stellen etwa ein Dutzend Neuronen (bzw. im physiologischen Fall Neuronenbündel). Neben exzitatorischen Verbindungen sind auch inhibitorische angegeben. Der skizzierte untrainierte Zustand ist da-durch charakterisiert, dass die verbindenden Synapsen statistisch ge-streute Kontaktflächen A aufweisen. Somit ist nicht anzunehmen, dass sich die Eingangssituation in definierter Weise am Ausgang abbildet.

Der **Netzausgang** besteht aus einem einzigen Neuron A, da ja nur zwischen Symmetrie (fehlende Erregung am Ausgang) und Asymme-trie (ein AI am Ausgang) zu unterscheiden ist. (Eine Variante wäre, den beiden Zuständen zwei Ausgangsneuronen A1 und A2 zuzuordnen.)

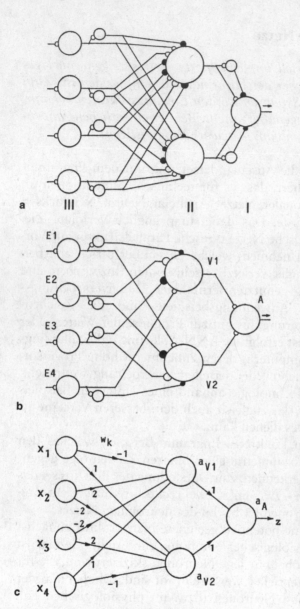

Abb. 3.44. Gegenüberstellung von physiologischen und künstlichen neuronalen Netzen anhand einer im Text beschriebenen Engrammfunktion. (a) Untrainiertes physiologisches Netz, das drei Schichten I, II und III umfasst. (b) Trainiertes physiologisches Netz. (c) Trainiertes ANN, wobei für die Gewichte w_k numerische Angaben gemacht sind, die den für den physiologischen Fall skizzierten näherungsweise entsprechen

Zwischen Eingang und Ausgang liegt eine wegen ihres Black-Box-Charakters als „verborgen" bezeichnete Schicht, die mit zwei Neuronen V1 und V2 bestückt ist.

Die für ANNs typische **Netzstruktur** der Abb. 3.44 entspricht in grober Analogie dem geschichteten Aufbau der Hirnrinde. Gemäß Abb. 3.45 ist auch die Großhirnrinde (Cortex) aus Schichten aufgebaut, die miteinander neuronal verknüpft sind. Anders als bei ANNs beschränken sich die Verknüpfungen aber nicht auf benachbarte Schichten. Darüber hinaus vermitteln die beteiligten Neuronen nicht nur in Richtung höherer Schichten, sondern auch in Gegenrichtung. Die entsprechenden Axone verlaufen zueinander weitgehend parallel, was für das Zustandekommen des im nächsten Abschnitt behandelten EEGs bedeutsam ist.

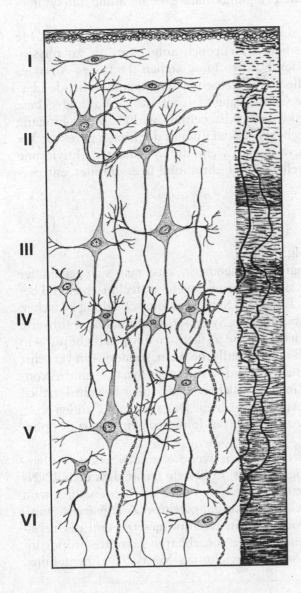

Abb. 3.45. Veranschaulichung der vorzugsweise radial und parallel zueinander verlaufenden, neuronalen Verbindungen zwischen den einzelnen sechs Schichten I–VI der Großhirnrinde

Abb. 3.44b zeigt einen – von vielen möglichen – trainierten **Zustand**, wie er mit Abschluss des noch zu behandelnden Lernprozesses erreicht werden kann. Entsprechend der gegebenen Aufgabe ist er durch Symmetrie der Synapsenleistungsfähigkeit charakterisiert. Wie leicht überprüfbar ist, befriedigt er die weiter oben definierte Aufgabe: Beispielsweise führt Aktivierung alleine von E2 zum Feuern von V1 und letztlich auch von A – entsprechend der vorgegebenen asymmetrischen Folge. Wird zusätzlich auch E3 aktiviert, so verhindern die hemmenden Synapsen die Erregungsweitergabe im Sinne der symmetrischen Folge.

Ein zu Abb. 3.44b analoges, **trainiertes ANN** ist in Abb. 3.44c gezeigt. Es ist aus künstlichen Neuronen aufgebaut, die zu physiologischen in weitgehender Entsprechung stehen. Statt des Ansatzes von Endknöpfen wird die den einzelnen Synapsen zukommende Leistungsfähigkeit durch die Gewichtung w_j (engl. weighting) angegeben. Bei der üblicherweise zyklischen Abarbeitung wirkt z.B. am Eingang von V1 zu einem vorgegebenen Taktzeitpunkt der Eingangsvektor $X = (x_1, x_2, x_3, x_4)$. Das Neuron feuert, wenn die so genannte Aktivierung α die vorgegebene Schwelle T (engl. threshold) überschreitet, entsprechend der **Feuerregel**

$$\alpha = \sum_N x_j w_j > T \tag{3.25}$$

in grober Analogie zu Glg. 3.23.

Bezüglich der **Analogien** sei angemerkt, dass man sich gegenüber der weitgehend fixen physiologischen Schwelle im technischen Fall beliebig ansetzbarer Werte T bedient. Statt der Unterscheidung zwischen exzitatorischen und inhibitorischen Synapsen setzt man w_j wahlweise positiv bzw. negativ an. In die Größe w_j fließt im übrigen nicht nur – in proportionaler Weise – die Synapsenfläche A ein, sondern – in verkehrt proportionaler – auch der Abstand a zwischen Synapse und Axonhügel (vgl. Glg. 3.22). Ein wesentlicher Unterschied besteht letztlich bezüglich der Ein- und Ausgangsgrößen. Die analogen Größen x_j, z_j stehen in Entsprechung zur Momentan-Impulsfolgefrequenz des physiologischen Falles.

Schließlich sei noch der üblicherweise ebenfalls zyklisch abgewickelte **Trainingsvorgang** erwähnt. Er besteht darin, dass dem ANN-Eingang ein Eingangsvektor X angeboten wird und der entsprechend auftretende, zunächst bekannte Ausgangsvektor Z registriert wird. Z wird zum Ausgangs-Sollvektor in Relation gesetzt, und der resultierende Fehler wird in eine – einer vorgebbaren Lernrate proportionale – geringe Modifikation der Gewichtungs-Matrix *(W)* übergeführt, welche alle Größen w umfasst. Der Vorgang wird für u. U. tausende Elemente X, Z enthaltendes Trainingsmaterial wiederholt bis der Fehler akzeptabel klein erscheint.

Nach dieser knappen Einführung in die Nomenklatur kann die **Funktionalität** des in Abb. 3.44 gezeigten ANN leicht nachvollzogen werden. Setzen wir dazu der Einfachheit halber für alle Neuronen $T = 0$ an. Als Beispiel für eine symmetrische Folge und ihre Auswirkung gilt

$$X = (0,1,1,0) => \alpha_{V1} = 2 - 2 = 0 = T_{V1} => z_{V1} = 0$$

$$\alpha_{V2} = -2 + 2 = 0 = T_{V2} => z_{V2} = 0$$

$$=> \alpha_A = 0 = T_A \quad => \quad Z = z = 0 , \tag{3.26}$$

d. h. der Ausgang liefert Null. Dem gegenüber gilt als Beispiel für eine asymmetrische Folge und ihre Auswirkung

$$X = (1,1,1,0) => \alpha_{V1} = -1 + 2 - 2 = -1 < T_{V1} => z_{V1} = 0$$

$$\alpha_{V2} = 1 - 2 + 2 = 1 > T_{V2} => z_{V2} = 1 => \alpha_A = 1 > T_A$$

$$=> Z = z = 1, \tag{3.27}$$

d. h. der Ausgang liefert Eins, so wie gefordert.

Die beiden Zahlenbeispiele bestätigen dem ANN absolute **Genauigkeit** bei der Bewältigung der äußerst einfachen, hier gestellten Aufgabe. Dazu sei abschließend festgestellt, dass dies nicht allgemein gilt. Typischerweise resultiert auch aus großem Trainingsmaterial ein endlicher Restfehler. ANNs sind zur *exakten* Bewältigung von Rechenaufgaben größeren Umfanges ungeeignet, womit auch diesbezüglich Analogien zum physiologischen Fall gegeben sind.

3.4 Neuronal generierte Biosignale

Dieser Abschnitt behandelt Biosignale neuronalen Ursprungs. Dies bedeutet, dass der Organismus ein dynamisch verlaufendes Signal in *aktiver* Weise generiert. Davon zu unterscheiden sind induzierte **Biosignale**. Ein entsprechendes Beispiel ist durch die elektrische **Feldplethysmographie** gegeben. Dabei wird durch ein auf die Haut aufgeklebtes Elektrodenpaar im Inneren des Thorax ein hochfrequentes Feld aufgebaut. Die physiologische Aktivität von Herz und Lunge führt wegen Veränderungen lokaler elektrischer Eigenschaften im Zuge der Umverteilung von Blut bzw. Atemluft zu dynamischen Veränderungen

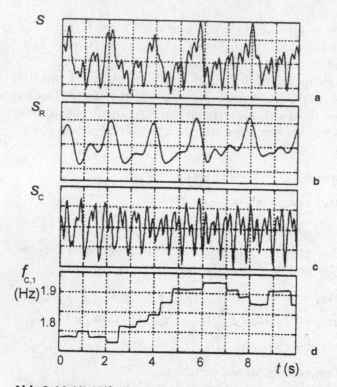

Abb. 3.46. Mit Hilfe. der Feldplethysmographie erzeugte induzierte elektrische Biosignale. (a) Rohsignal s, das sowohl respiratorische als auch kardiale Komponenten enthält. (b) Mit Methoden der Signaltrennung gewonnenes, zur Ventilation proportionales respiratorisches Signal s_R. (c) Zur Blutausschüttung proportionales kardiales Signal s_C. (d) Aus s_C gewonnene zeitliche Veränderung der Grundharmonischen $f_{c,1}$ der kardialen Frequenz

der Feldkonfiguration. Ein weiteres Elektrodenpaar liefert somit Potentialdifferenzen, welche die Blutausschüttung des Herzens bzw. die Ventilation der Lungen widerspiegeln (Abb. 3.46).

Anders als induzierte Biosignale werden die im Folgenden behandelten Biosignale ohne Zutun technisch erzeugter Felder durch das neuromuskuläre System selbst generiert. Im weiteren Sinn könnte somit auch ein Aktionsimpuls als Biosignal aufgefasst werden. Im Allgemeinen ist die **Definition** des Begriffes aber auf an der Peripherie des Körpers auftretende Signale eingeschränkt, welche die physiologische Aktivität innerer Organe (Nerven, Muskeln, Herz, Gehirn u.a.) widerspiegeln. In allen Fällen treten dabei elektrische *und* magnetische Biosignale in enger Verkopplung auf. Die biophysikalische Aussage ist aber nicht dieselbe. Wir werden nämlich sehen, dass das elektrische Signal ausschließlich durch extrazellulär verlaufende Ströme verursacht wird, das magnetische hingegen vor allem durch intrazelluläre.

.1 Entstehungsmechanismus elektrischer Biosignale

Neuronal erregbare Organe generieren Ausgleichsströme, die bis an die Haut heran fließen können. Es resultieren Potentialdifferenzen, die – mit Hautelektroden registriert – das physiologische Geschehen widerspiegeln.

Generell lassen sich alle Formen elektrischer Biosignale auf die schon mehrfach behandelten extrazellulären **Ausgleichsströme** zurückführen, welche mit der Entstehung von Aktionsimpulsen (AIs) verknüpft sind. Abb. 3.47 veranschaulicht dies in schematischer Weise anhand einer Nervenfaser, die – z.B. entlang unseres Unterarmes – in konstantem Abstand von der Haut verläuft. Nehmen wir dabei an, dass die Faser zum skizzierten Zeitpunkt im zentralen Bereich von einem AI erregt ist.

Hinsichtlich des Biosignals ist wesentlich, dass im Erregungszentrum ein diffusionsbedingter Einstrom von Na^+ im Sinne eines in die Zelle gerichteten Stromes auftritt. Wie schon mit Hinblick auf die => AI-Ausbreitung beschrieben wurde (Abb. 3.18), schließt sich der Stromkreis vor und nach der erregten Zone durch konzentrierten Stromfluss hoher Stromdichte S im Inneren der erregten Zelle und

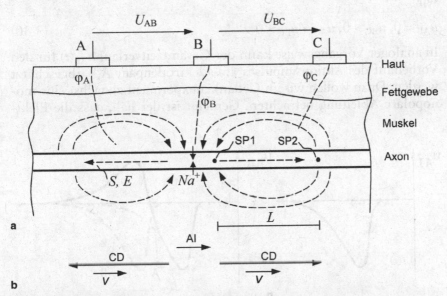

Abb. 3.47. Grundprinzip der Entstehung eines elektrischen Biosignals anhand eines unter der Haut verlaufenden Axons, das von einem Aktionsimpuls durchsetzt wird. (a) Konfiguration der Strömungsfelder mit SP1 und SP2 als „Schwerpunkte" der Ausgleichsstrom-Generation. (b) Ersatz der erregten Axonabschnitte durch „Current dipoles" (CDs; s. Text)

durch verteilten **Ausgleichsstrom-Fluss** (engl. meist backflow) entsprechend geringerer Dichte S im umgebenden Medium. Letzteres ist damit durch inhomogene Verteilung des Potentials φ gekennzeichnet. Mit steigendem Abstand vom Axon nimmt S stark ab – vor allem ist dies für das meist schlecht leitende Unterhaut-Fettgewebe zu erwarten. Die das Feld charakterisierenden Äquipotentialflächen (φ = const) aber durchsetzen das Fettgewebe und auch die noch schlechter leitenden Schichten der Haut. Setzen wir auf ihr nun zwei Elektroden A und B an, so ergibt sich zwischen ihnen als so genanntes **Biosignal** (BS) eine endliche Spannung

$$u_{AB}(t) = {}_{AB}\!\int E(t) \cdot ds = \varphi_A(t) - \varphi_B(t) \, , \tag{3.28}$$

die sich im Sinne des AI-Fortlaufes zeitlich ändert. Die Potentialwerte φ_A und φ_B entsprechen dabei jenen Äquipotentialflächen, welche die Elektroden A bzw. B als Erzeugende haben.

Zum skizzierten Zeitpunkt liegt A – und auch die dritte skizzierte Elektrode C – auf höherem Potential als B. So ergeben sich qualitativ gesehen die folgenden Augenblicksspannungen:

$$u_{AB} > 0, u_{BC} < 0 \, , u_{AC} \approx 0 \, . \tag{3.29}$$

Läuft der Aktionsimpuls nach rechts unter die Elektrode C, so finden wir

$$u_{AB} \approx 0, u_{BC} > 0, u_{AC} \approx u_{BC} > 0 \, . \tag{3.30}$$

In analoger Vorgangsweise kann der **Gesamtzeitverlauf** $u_{AB}(t)$ für den Vorbeilauf des Aktionsimpulses am Elektrodenpaar A,B abgeschätzt werden. Dazu wollen wir im Gedankenexperiment zunächst eine **monopolare Ableitung** betrachten. Gemeint ist der Fall, dass die Elekt-

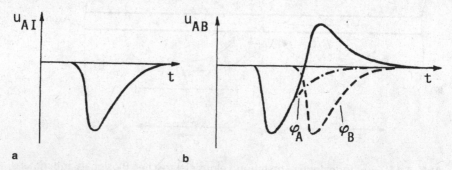

Abb. 3.48. Für den Fall der Abb. 3.47 zu erwartende Biosignalverläufe $u(t)$. (a) Einzelimpuls für eine Elektrode A gegenüber einer indifferenten Elektrode I, die sich außerhalb des Einflussbereiches der Erregung befindet. (b) Doppelimpuls für ein Elektrodenpaar A,B geringen Abstandes

rode B durch eine indifferente Elektrode I ersetzt wird, die außerhalb des Einflussbereiches des AI platziert ist. Für I wollen wir willkürlich ein fixes Potential $\varphi_I = 0$ ansetzen, womit sich die gemessene Spannung zu $u_{AI}(t) = \varphi_A(t) - \varphi_I = \varphi_A(t)$ ergibt. Nähert sich der Aktionsimpuls – von links kommend – der Elektrode A, so gerät diese in den Einflussbereich des an der AI-Front im Wesentlichen nach links gerichteten Feldes E. Somit sinkt φ_A gemäß Abb. 3.48a in zunehmendem Maße in den negativen Bereich. Es erreicht sein Minimum zu jenem Zeitpunkt, in dem das durch maximalen Na-Einstrom charakterisierte Erregungszentrum unter A zu liegen kommt. In der Folge kommt A in den Einflussbereich der nach rechts gerichteten Feldlinien E, womit φ_A wiederum ansteigt und letztlich erneut den Ausgangswert 0 erreicht. Insgesamt resultiert also ein **Einzelimpuls**, der an ein AI erinnert. Er repräsentiert aber kein Alles-oder-Nichts-Ereignis. Vielmehr hängt seine Stärke vom geometrischen Verlauf und den elektrischen Eigenschaften der zwischen Axon und Haut gelegenen Medien ab.

Im praktischen Fall sind die beiden Ableitelektroden meist eng benachbart, womit eine **bipolare Ableitung** vorliegt. Die entsprechende Spannung $u_{AB}(t) = \varphi_A(t) - \varphi_B(t)$ ist dadurch gekennzeichnet, dass die Elektrode B in den Einflussbereich der Ausgleichsströme gerät, bevor A aus ihm entlassen wird. Gemäß Abb. 3.48b liefert die Differenz der beiden strichliert skizzierten Einzelpotentiale einen **Doppelimpuls**. Sein Zeitverlauf weicht von jenem eines AIs grundsätzlich ab. Dies illustriert, dass Biosignale – selbst im hier angesetzten fiktiven Fall einer einzigen aktivierten Faser – komplexe Signalmuster aufweisen können. Andererseits ist leicht einzusehen, dass zwei einander nicht überlappende Einzelimpulse zu erwarten sind, wenn der Elektrodenabstand die Gesamtlänge der gestörten Faserzone überschreitet.

Eine vorteilhafte Methode zur groben Abschätzung der Ausgleichsstromverläufe ist die **Einführung von Ersatzstromquellen**. Betrachten wir z.B. die rechte Hälfte von Abb. 3.47a, so können wir den entsprechenden Axonabschnitt als eine Stromquelle interpretieren. Anders als in der Technik weist sie aber nicht punktförmig definierbare „Klemmen" auf, sondern axial verteilte. Somit lässt sich die Länge L des stromerzeugenden Elementes nicht exakt angeben. Man kann aber die „Schwerpunkte" SP2 des an der AI-Front aus der Faser austretenden Stromes und SP1 des im Erregungszentrum in die Faser eintretenden Stromes als Begrenzungspunkte von L definieren. Die so nachvollzogene Annahme konzentrierter Klemmen erbringt in deren Nähe den Fehler einer lokalen Konzentration des Strömungsfeldes. Das Ausmaß des Fehlers sinkt aber mit steigendem Abstand und wirkt sich an den Ableitelektroden nur begrenzt aus.

Das Konzept einer so definierten, durch Diffusionsvorgänge gespeisten Ersatzstromquelle wird in der Literatur vor allem zur Deutung => magnetischer Biosignale verwendet. Dabei wird die L lange, räumlich definiert ausgerichtete Stromquelle als „Current dipole" (CD) bezeichnet. Der in Abb. 3.47a skizzierte Gesamtabschnitt des Axons lässt sich hinsichtlich seiner felderzeugenden Wirkung nun durch ein CD-Paar ersetzen, das sich mit der AI-Fortlaufgeschwindigkeit v nach rechts bewegt (Abb. 3.47b).

Die Größenordnung der CD-Länge L entspricht der halben Länge L_{AI} des vom Aktionsimpuls erfassten Faserabschnitts. Als quantitatives Beispiel wollen wir von einer AI-Dauer $T_{AI} = 1$ ms und einer Geschwindigkeit $v = 10$ mm/ms (vgl. Tabelle 3.1) ausgehen. Damit errechnet sich

$$L_{AI} = T_{AI} \cdot v \approx 10 \, \text{mm} \,, \tag{3.31}$$

was darauf hinweist, dass sich ein AI über einen Faserabschnitt verteilt, dessen Länge die Faserdicke um mehrere Größenordnungen übertrifft. (Die Skizze Abb. 3.47 ist also als rein schematisch aufzufassen.)

Die eben abgeschätzte Länge ist auch wesentlich bezüglich der Frage, inwieweit eine zumindest einige Millimeter tief unter der Haut verlaufende Faser an der Haut ein messbares Signal erwarten lässt. Als grobes Maß für ein auflösbares Signal kann davon ausgegangen werden, dass die potentiell wirksame „Reichweite" der maximalen Abmessung des felderzeugenden Systems entspricht und damit der Länge L. Diese Überlegung deckt sich mit Erfahrungen der praktischen Messung von Biosignalen.

Die tatsächliche Signalstärke hängt allerdings von vielen Parametern ab. Neben dem Abstand von der Haut hängt die Feldkonfiguration wesentlich von der Geometrie und den elektrischen Eigenschaften der Gewebeschichten (z. B. Muskel/Fettgewebe/Haut entsprechend Abb. 3.47a) und Einschlüsse (z. B. gut leitendes Blut oder sehr schlecht leitendes Knochengewebe) ab. Für numerische Abschätzungen bietet sich u. a. die Methode der Finiten Elemente an. Ihre Anwendung wird aber schon alleine dadurch erschwert, dass insbesondere Muskelgewebe durch extreme Anisotropie der => Leitfähigkeit ausgezeichnet ist.

In besonderem Maße werden die Intensität und der Zeitverlauf des Biosignals durch die Anzahl und Synchronität der erregten Fasern bestimmt. Entsprechend Abb. 1.4e verlaufen Axone im peripheren Nervensystem als Axonbündel, wobei sich ein Nerv in mehrere Teilbündel (Faszikel) gliedert. Zwischen den Axonen bestehen relativ große Extrazellulärräume. Somit kann davon ausgegangen werden, dass sich die Ausgleichsströme innerer Fasern großteils über die Extrazellulärbereiche des Bündelinneren schließen. Gemäß Abb. 3.49a resultiert das für das Biosignal relevante Strömungsfeld damit vor allem aus den äußersten Fasern des Bündels. Bei den in der Skizze angenommenen synchron verlaufenden CD-Paaren nimmt der totale Ausgleichsstrom also mit steigender Faseranzahl zu. Steigende Tendenz folgt daraus auch für die Stärke des an der Haut zu erwartenden Biosignals.

Auch bei verwandter Funktion der Fasern eines Bündels führen aber alleine schon Streuungen der Faserdicke zu Unterschieden von v und damit zu **Asynchronität** der einzelnen Durchläufe der AIs und der ihnen entsprechenden CD-Paare (Abb. 3.49b). Die Folge ist eine gesteigerte Gesamtlänge des erregten Bündelbereiches in Verbindung mit reduzierter Amplitude und erhöhter Dauer des Biosignals. Mit steigender Unabhängigkeit der zusammenwirkenden Erregungen letztlich resultieren Signalverläufe, die mit AI-Verläufen zunehmend wenig korrelieren.

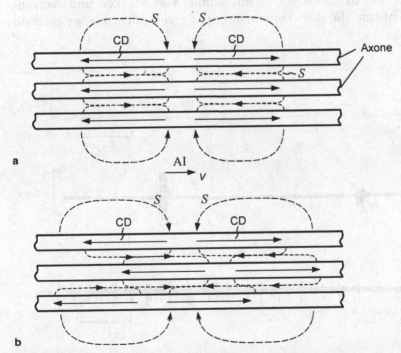

Abb. 3.49. Schematische Darstellung der für ein Faserbündel zu erwartenden Konfiguration von Ausgleichsströmen, wobei intrazelluläre als CDs bezeichnet werden (s. Text). (a) Synchroner Fall. (b) Asynchroner Fall, aus dem sich eine Verlängerung der Erregungszone ergibt

3.4.2 Beispiele elektrischer Biosignale

Registrierbare Signale resultieren aus der annähernd synchronen Aktivierung von Bündeln erregter Zellen – EMG-Signale von Muskel- und Nervenfasern, EEG-Signale von Axonen und Dendriten der Hirnrinde, und EKG-Signale von räumlich komplex verlaufenden Herzmuskelfasern.

Elektrische Biosignale werden seit vielen Jahrzehnten routinemäßig in äußerst wertvoller Weise genutzt. Diagnostische Aussagen sind meist empirischer Natur, was in der medizinischen Praxis aber kaum von Nachteil ist. Ein volles Verständnis des Zustandekommens fehlt generell, und grundlegende Erklärungsmodelle sind durch **Widersprüchlichkeit** gekennzeichnet, was zur folgenden knappen Übersicht mit Deutlichkeit vermerkt sei.

Ein der in Abb. 3.47 skizzierten Situation am besten entsprechender Biosignaltyp ist durch das **Elektromyogramm** (EMG) gegeben. Betrachten wir z. B. den Bereich des Beugemuskels des Handgelenks (Abb. 3.50), so haben wir es mit Bündel von **Muskel- und Nervenfasern** zu tun, die dem Unterarm entlang verlaufen, bei weitgehend

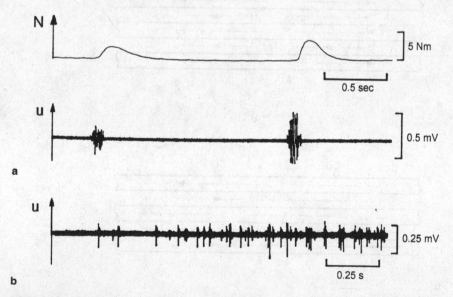

Abb. 3.50. Im Bereich des Beugemuskels des Handgelenkes registrierte EMG-Signale. (a) Zeitverlauf des mechanischen Momentes *N* für zwei rasch durchgeführte Gelenksbeugungen. Darunter der entsprechende Signalverlauf *u*. (b) Signalverlauf für eine langsam durchgeführte Beugung

konstantem Abstand zur Haut. Zwei auf die Haut aufgesetzte oder durch sie eingestochene Elektroden A und B registrieren damit ein Summensignal, das sich vor allem aus den oberflächlich passierenden AIs ergeben wird.

Abb. 3.50a zeigt den Fall zweier rasch ausgeführter Gelenksbeugungen bei unterschiedlichem **Drehmoment** N. Wie nach Abb. 3.26 zu erwarten ist, tritt das EMG-Signal vor bzw. zu Beginn der Beugung auf. Es zeigen sich zeitlich statistisch verteilte, bipolare Signalsalven mit bis zu 1 mV betragenden Amplituden. Mit Einschränkungen ist die Amplitude dabei ein Maß für N. In der medizinischen **Diagnostik** ergeben sich aus Abweichungen von Normalverläufen weitgehende Rückschlussmöglichkeiten sowohl auf Defekte der Muskulatur als auch der versorgenden Neuronen.

Wollen wir nun das vom Gehirn generierte **Elektroenzephalogramm** (EEG) betrachten. Es kann zwischen Paaren von an der Kopfhaut definierten Ableitungsorten registriert werden. Das Vorliegen von Milliarden Neuronen mag dazu verleiten, a priori *starke* Signale zu erwarten. Wären die beteiligten Fasern statistisch ausgerichtet und in ihrer Gesamtheit erregt, so sollte aber wegen gegenseitiger Egalisierung der Strömungsfeldkomponenten eher ein weißes Rauschen – im Sinne eines Nullsignals – zustande kommen. Tatsächlich lassen sich

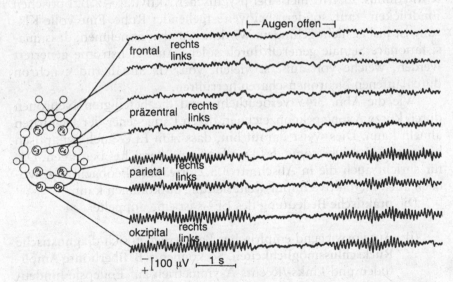

Abb. 3.51. An acht Aufpunkten der Schädeldecke monopolar – d.h. entspr. Abb. 3.48a – registrierte EEG-Signale. Im Zustand der Ruhe zeigt sich der α-Rhythmus, welcher beim Öffnen der Augen verloren geht

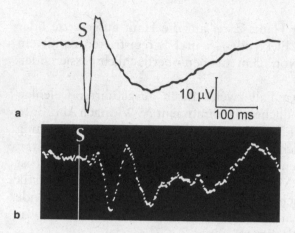

Abb. 3.52. Beispiel zu evozierten Signalen. (a) Ein visuell gesetzter Stimulus (S) wird spontan mit einem im Augenbereich registrierbaren Elektroretinogramm-Signal (ERG, analog zum => MRG) beantwortet. (b) Nach etwa 30 ms baut sich an der visuellen Hirnregion das „evozierte" EEG-Signal auf

generell nur schwache Signale, mit Amplituden um 100 µV, registrieren, die zum Teil aber definierten, stationären Charakter aufweisen. Dies erklärt sich mit dem schon erwähnten Umstand, dass die einzelnen Schichten der Gehirnrinde durch zueinander parallel verlaufende, radial ausgerichtete Neuronen verbunden sind (vgl. Abb. 3.45).

In Teilabschnitten von Abb. 3.51 zeigt sich das bekannteste, weitgehend sinusförmig verlaufende EEG-Signal, der so genannte **α-Rhythmus**. Er tritt nicht bei psychischer Aktivität – z.B. optischen Eindrücken – auf, sondern bei weitestgehender Ruhe. Eine volle Klärung ist bisher nicht gelungen. Wir können aber annehmen, dass quasistationäre Signale generell durch solche Ausgleichströme generiert werden, welche von äußerst vielen, von AIs annähernd synchron durchlaufenen Neuronenscharen herrühren.

Wie die Abb. 3.45 verdeutlicht, sind die beteiligten Neuronen durch kurze Axone gekennzeichnet, deren Länge jener der **Dendriten** ähneln kann. Dies weist darauf hin, dass zum EEG auch synaptisch bedingte Ausgleichströme des Dendrit/Soma-Bereiches beitragen. Dafür spricht auch die in Abschnitt 3.3.2 erwähnte Beobachtung, wonach auch hier aktive Impulsweiterleitung aufkommen kann.

Die **praktische Bedeutung** des EEGs ist eine doppelte:

(i) Auf vorwiegend empirischer Basis ergeben sich **diagnostische Rückschlussmöglichkeiten**. So können z.B. überhöhte Amplituden und Links-/Rechts-Asymmetrien auf Epilepsie hindeuten.

(ii) Aus dem Ort maximaler Amplituden kann auf die **Zuständigkeit von Hirnregionen** für bestimmte Sinnesorgane (z. B. die Hörzone) oder periphere Regionen (z. B. die einer Hand) rückgeschlossen werden. Abb. 3.52 zeigt mit einem visuellen Reiz verknüpfte Signale: ein im Augenbereich registriertes, so genanntes Elektroretinographie-Signal (ERG) und das an der Schädeldecke verzögert einsetzende so genannte **evozierte Signal** (in der Literatur meist „**Potential**"). Es äußert sich im Nahbereich des visuellen Verarbeitungszentrums der Hirnrinde.

Ergänzend sei ein weiterer Bereich der EEG-Nutzung erwähnt. Es handelt sich um die – lernbare – bewusst werdende **Beeinflussung des Signalverlaufes.** Beispielsweise wird es damit gelähmten Personen ermöglicht, den Cursor eines Computers zu steuern, bzw. durch Abstoppen von ABC-Verläufen Einzelzeichen zu Texten aneinanderzureihen. Zur adaptiven Auswertung der vom Patienten individuell erzeugten Signalmuster bewährt es sich, ein => ANN einzusetzen. Eine weitere Entwicklung betrifft das so genannte Brain-Computer-Interface. Nach Abb. 3.53 werden EEG-Signale über Reiz-Elektroden an Muskeln verloren gegangener neuronaler Versorgung heran geführt. Als Alternative werden die Signale von noch intakten Neuronenabschnitten abgeleitet.

Das **Elektrokardiogramm (EKG)** als wohl bekanntestes Biosignal wird seit vielen Jahrzehnten diagnostisch genutzt. Die phy-

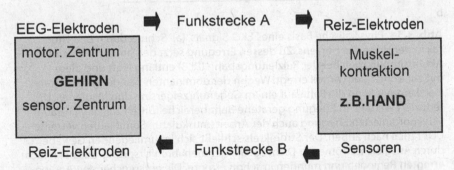

Abb. 3.53. Mögliche Variante zum Brain-Computer-Interface zur Versorgung von Muskeln fehlender neuronaler Anspeisung. Der „gedachte" Bewegungswille wird über EEG-Elektroden registriert und über Funk an Reiz-Elektroden geleitet. Der erfolgte Grad der Bewegung kann über Sensoren dem Gehirn rückgemeldet werden

sikalische Deutung der Signale aber ist besonders schwierig, da die verursachende Herzmuskulatur ein komplexes, aus spezifischen Zelltypen aufgebautes, dreidimensionales System darstellt (Abb. 3.54). Trotzdem lassen sich – dank breiter Empirie – die Signalverläufe der

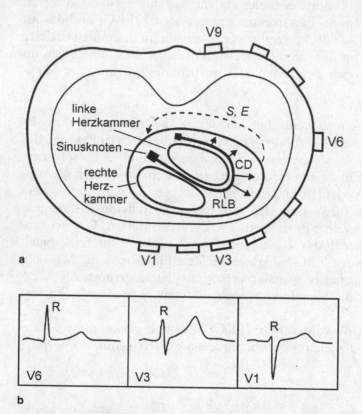

Abb. 3.54. Physikalische Basis eines EKG-Signals. (a) Schnitt durch den Thorax in der Höhe des Herzens. Zu dessen Erregung setzt der Sinusknoten einen Aktionsimpuls, welcher der Reizleitungsbahn (RLB) entlang läuft und diese mit zunehmendem Anteil erregt. Wegen der dominanten Wandung der linken Herzkammer kann die Bahn auf ein im Gegenuhrzeigersinn durchlaufenes „U" reduziert werden. In Erregung geratene Bahnbereiche führen zur zeitlich/räumlich koordinierten Erregung auch der Arbeitsmuskulatur. Somit laufen verteilte CDs radial nach außen. Der Stromkreis schließt sich im umliegenden Gewebe durch Ausgleichsströme der Dichte S. Sie nehmen ihren Ursprung aus noch nicht erregten Regionen und münden in schon erregte. Die entsprechenden Äquipotentialflächen liefern zeitlich veränderliches Potential $\varphi(t)$ an Elektroden der Haut. Für den skizzierten Zeitpunkt maximal ausgeprägter CDs ist z.B. für die Elektrode V6 hohes φ zu erwarten, für V9 geringeres und für V1 wesentlich geringeres. (b) Entsprechende EKG-Zeitverläufe. Gegenüber einer indifferenten Elektrode ergibt sich mit dem Obigen an V6 eine positive Hauptzacke R, für V1 eine negative. V3 liefert eine Doppelzacke

gebräuchlichsten Elektrodenanordnungen den einzelnen Phasen der Herzmuskelkontraktionen in allen Details zuordnen.

Die **Signalrekonstruktion** erfolgt in der Regel so, dass jeder Phase ein im Herzmittelpunkt angesetztes, zeitlich nach Richtung und Intensität spezifisch variiertes **elektrisches Dipolmoment** $p(t)$ zugeordnet wird, das ein elektrisches Feld im als homogen und unendlich ausgedehnt angenommenen freien Raum aufbaut (s. Lead-Vector-Konzept in der Literatur). Die für verschiedene Hautregionen postulierten Potentialwerte $\varphi(t)$ hängen nach den gebräuchlichen Rekonstruktionsmethoden alleine von der *Richtung* im körperfesten Koordinatensystem ab. Für die Extremitäten werden – unabhängig von ihrer Ausrichtung – die für die Extremitäts-Wurzel (z. B. die Achsel) gültigen Werte $\varphi(t)$ angesetzt. Letzteres ist physikalisch gesehen gerechtfertigt, da in der Extremität selbst kein kardial bedingter Ausgleichsstrom zu erwarten ist (d. h. φ = const). Somit ergibt sich die praxisgerechte **Standardableitung** an Hand- und Fußgelenken.

Physikalisch gesehen ist der Ansatz eines elektrischen Dipols unbefriedigend, da er dem eigentlichen **Mechanismus der Signalentstehung** nicht entspricht. Eine bessere Beschreibung folgt aus dem Ersatz des elektrischen Dipols durch ein CD und der davon im *inhomogen* aufgebauten Thorax generierten Strömungsfeldkonfiguration $S(t)$.[2]

Für eine nähere Diskussion wollen wir von der in Abb. 3.54a veranschaulichten **Physiologie des Herzens** ausgehen. Die Erregung geht vom physiologischen Schrittmacher aus, dem Sinusknoten. Durch das neuronalen Strukturen verwandte Reizleitungsgewebe wird sie zeitlich/räumlich geführt, wobei zunehmend große Gewebebereiche in Erregung gelangen. Solche Bereiche führen nun zur koordinierten Erregung der für die Pumpleistung verantwortlichen Arbeitsmuskulatur. Wegen der voluminösen Wandung der linken Herzkammer kann global gesehen von einer U-förmigen Erregungsausbreitung im Gegenuhrzeigersinn ausgegangen werden (vgl. dazu auch die Entstehung des Herzkammerflimmerns in Abschnitt 4.1.2).

Anders als bei Neuronen oder „klassischen" Muskelfasern liegt hier eine einige hundert Millisekunden **lange AI-Dauer** vor, womit die Repolarisation im Wesentlichen erst dann einsetzt, wenn das „U" voll durchlaufen ist. Fassen wir die Muskulatur nun als gebogenes Faser-

---

2 Der Raum zwischen dem erregten Organ und der Haut, an welcher die Registrierung passiert, ist elektrisch gesehen äußerst heterogen aufgebaut. Verschiedene Gewebearten, wie anisotropes Muskelgewebe, Fettgewebe bzw. auch Knochen zeigen im Speziellen stark unterschiedliche Leitfähigkeit. In Verbindung mit individuell unterschiedlicher geometrischer Verteilung resultieren komplexe Verläufe der Ausgleichsströme. Sie sind es, welche das an der Haut registrierte Signal letztlich determinieren.

bündel auf, so können wir erwarten, dass noch nicht depolarisierte Oberflächenelemente einen Ausgleichsstrom generieren, der gemäß Abb. 3.49 in bereits depolarisierte einmündet. Hinsichtlich der Modellierung resultiert damit kein CD-Paar sondern ein **räumlich verteiltes Einzel-CD**.

Das **stärkste Strömungsfeld** tritt in jenem Augenblick auf, in dem etwa die Hälfte der Muskelmasse depolarisiert ist. Dies entspricht dem für die Pumpleistung entscheidenden Schritt der Kammerkontraktion. Er ist dadurch charakterisiert, dass sich die über das Reizleitungsgewebe herangeführte Erregungsfront von der inneren Kammerwandung zur äußeren Deckfläche ausbreitet. Damit fungiert letztere als Quelle eines Ausgleichsstromes, der in schon erregte Bereiche einmündet (s. „Cup model" in Williamson). Dieser wesentlichste Stromfluss entspricht dem **QRS-Komplex**, dem maximales Moment p bzw. maximale CD-Stärke zukommt.

In Abb. 3.54a ist für den Zeitpunkt der R-Zacke die zu erwartende Strömungsfeldverteilung angedeutet. Die in Abb. 3.54b gezeigten, gegenüber einer indifferenten Elektrode vorgenommenen, so genannten **V-Ableitungen** korrelieren damit zumindest in qualitativer Hinsicht: Die auf hohem Potential liegenden Elektroden V4 bis V6 liefern eine positive Spitze, die auf niedrigem liegenden V1 und V2 eine negative.

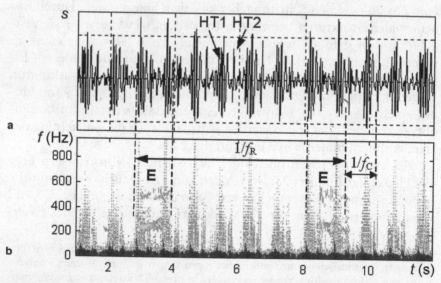

Abb. 3.55. Herz- und Lungengeräusche als Beispiel eines akustischen Biosignals. (a) Typischer Zeitverlauf (HT1 erster Herzton, HT2 zweiter Herzton). (b) Spektrogramm (f_c kardiale Frequenz, f_R respiratorische Frequenz, E Einatmung)

Die tatsächlich auftretenden Feldverteilungen sind strittig, da es unklar ist, ob die in Abb. 3.48 für ein Faserbündel skizzierten Verhältnisse auf Herzmuskelgewebe übertragbar sind. An ihm sind dicht gepackte, kurze **Mukelfasern** beteiligt, die sich stirnseitig, quasi in **Serienschaltung** erregen. Zwischen den Enden liegen extrem enge synaptische Spalte, wobei für die Depolarisation der postsynaptischen Membran u. a. die folgenden Mechanismen verantwortlich gemacht werden:

- unmittelbare Depolarisation durch die präsynaptisch generierten Ausgleichsströme,
- mittelbare Depolarisation durch die Reduktion der K-Nernst-Spannung wegen der im engen Spalt bei Repolarisation der präsynaptischen Membran ansteigenden K-Konzentration $[K^+]_e$ (vgl. Glg. 3.13).

Die praktische **Bedeutung des EKGs** ist eine doppelte:

(i) Aus Abweichungen von mit definierten Elektrodenanordnungen gewonnenen Signalverläufen vom Sollverlauf ergeben sich medizinisch relevante diagnostische Aussagen, die teilweise empirischer Natur sind.

(ii) An verschiedenen Regionen abgeleitete Signale erlauben Rückschlüsse auf die räumlich/zeitlichen Mechanismen der Erregungsabläufe. Bezüglich solcher wissenschaftlich relevanten Aussagen ist das EKG allerdings dem im nächsten Abschnitt behandelten MKG deutlich unterlegen.

Festgehalten sei, dass sich der **Informationsgehalt** des EKGs wesentlich von jenem der weiter oben behandelten Feldplethysmographie unterscheidet. Ersteres liefert eine qualitative Aussage im Sinne des Signalmusters, die letztere eine quantitative Aussage zur Leistungsfähigkeit des Herzens, wie sie aus dem – intakten bzw. gestörten – Erregungsablauf resultiert. Die beiden Methoden ergänzen sich somit in wertvoller Weise.

Ergänzend sei ausgeführt, dass die Registrierung des EKG häufig mit jener der **Herzgeräusche** verknüpft wird. Es handelt sich um ein **akustisches Biosignal**, das herkömmlicherweise im Sinne des Auskultierens (gr. für Lauschen) mittels Stethoskop erfasst wird. Eine Registrierung mit modernen akustischen Mitteln liefert der Abb. 3.55a entsprechende Signalmuster. Der 1. Herzton korreliert dabei mit der Kammerkontraktion (= Systole, entsprechend dem – maximalen – systolischen Blutdruckwert). Die **Ursache** des Geräusches liegt in durch die jähe Kammerkontraktion ausgelösten mechanischen Schwingungen des Kammersystems, inklusive des enthaltenen bzw. ausgepressten Blutes. Der schwächere 2. Herzton, zu Beginn der Entspannung (Diastole), korreliert mit dem ebenfalls diskontinuierlichen Vorgang des Schließens der Aorten- bzw. Pulmonalklappe.

Das entsprechende Spektrogramm (Abb. 3.55b) lässt auch die **Lungengeräusche** erkennen, wobei sich die Einatmung im gezeigten Fall als bei einigen hundert Hertz gelegene Spektrallinien abzeichnet. Die Ursache sind mechanische Schwingungen der Luftgefäßwandun-

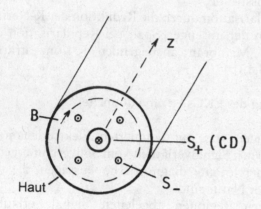

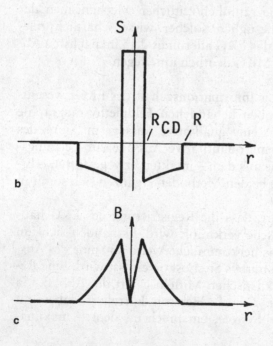

Abb. 3.56. Theoretische Basis der Entstehung von magnetischen Biosignalen für den Fall eines in ein homogenes biologisches Medium *symmetrisch* eingebetteten Faserbündels, das von einem CD durchsetzt ist. (a) Konfiguration der Feldlinien (s. Text). (b) Stromdichte S als Funktion von r. (c) Induktion B als Funktion von r

gen infolge von Turbulenzen der strömenden Luft. Die breite diagnostische Bedeutung liegt z. B. in der Erkennung von Verengungen der Luftwege, welche die Geräuschbildung verstärken.

.3 Entstehung magnetischer Biosignale

Ausgleichsströme – insbesondere intrazelluläre CDs – erregter Organe liefern Magnetfelder, welche auch außerhalb des Körpers auftreten. Eine Voraussetzung ist durch Asymmetrie des Gesamtsystems gegeben.

Die Entstehung elektrischer Biosignale haben wir auf das Vorhandensein von extrazellulären Ausgleichsströmen zurückgeführt. Nach dem so genannten **Durchflutungssatz**[3] ist jeder Stromfluss mit einem magnetischen Feld verknüpft, was auf das generelle Vorhandensein auch magnetischer Signale hinweist. Die dabei tatsächlich auftretenden Amplituden können aber unmessbar schwach ausfallen und sogar zu Null entarten.

Abb. 3.56 skizziert zunächst den letzteren – für das Verständnis des Weiteren interessanten – Grenzfall anhand eines Faserbündels. Von ihm wollen wir im Gedankenexperiment annehmen, dass es im Zentrum eines elektrolytisch leitfähigen Gewebezylinders – etwa eines knochenlos modellierten Zeigefingers – verläuft, der **Homogenität und Zylindersymmetrie** aufweist. Wirken im Faserbündel annähernd synchron fortlaufende Aktionsimpulse (AIs) entsprechend Abb. 3.49, so können wir dafür ein über den Bündelquerschnitt gemitteltes **pauschales CD-Paar** ansetzen. Die Mittelung umfasst dabei auch die zwischen den Einzelfasern auftretenden Rückströme. Wollen wir nun ferner annehmen, dass die CD-Länge L (über Glg. 3.31) gegenüber dem Zylinderradius R groß ausfällt. Dies liefert den in Abb. 3.56 skizzierten Zylinderabschnitt, der durch ein näherungsweise rein axial verlaufendes Strömungsfeld gekennzeichnet ist und somit theoretisch leicht diskutierbar ist.

Im zentralen CD-Bereich zeigt das pauschale **elektrische Strömungsfeld** in positiver z-Richtung verlaufende, auf den kleinen Radius R_{CD} konzentrierte Linien der gemittelten Feldstärke E_+ bzw. der Stromdichte $S_+ = E_+ \cdot \gamma$. Der außerhalb des Bundels aufkommende Ausgleichsstrom als pauschaler Rückstrom hingegen verläuft in verteilter Weise über das große Restvolumen, womit sich im Bereich R_{CD}

---

[3] Durchfließt ein elektrischer Strom eine in sich geschlossene Wegschleife, so ergibt sich durch sie ein magnetisches Feld, dessen Wegintegral zum Strom proportional ausfällt.

$< r < R$ schwache Größen E_- bzw. S_- ergeben. Letztere zeigen wegen der tatsächlich endlichen Länge L nach außen abnehmende Tendenz, gehen aber nicht gegen Null (Abb. 3.56b). Für ein an die Zylinderhülle – d.h. an der Haut – axial verteilt angelegtes Elektrodenpaar ergibt sich damit ein endlicher Spannungswert u. Dies bedeutet für die Praxis, dass die angesetzten Symmetriebedingungen ein endliches *elektrisches* Biosignal erwarten lassen. Das magnetische Signal entartet hingegen zu Null – wie wir gleich sehen werden.

Die **magnetische Feldstärke** als Funktion des Abstandes r von der Zylinderachse ergibt sich näherungsweise aus dem Durchflutungssatz

$$B(r) = \frac{\mu_o}{2\,r\cdot\pi} \int\limits_0^r S \cdot 2\,r\cdot\pi\cdot dr = \frac{\mu_o}{r}\left(\int\limits_0^r S_+ \cdot r\cdot dr - \int\limits_0^r S_- \cdot r\cdot dr\right). \qquad (3.32)$$

Für die Permeabilität steht hier wegen der sehr kleinen => Suszeptibilität biologischer Medien der dem leeren Raum zukommende Wert μ_o. Im CD-Bereich ist der Klammerterm 2 gleich Null. Mit Term 1 steigt B von Null aus stark an und erreicht einen Maximalwert für $r = R_{CD}$ an der CD-Hülle (Abb. 3.56c). Im anschließenden Medium führt der anwachsende Term 2 zum mit steigendem r zunehmenden Abfall von B. An der Haut ($r = R$) kompensiert Term 2 den Term 1. Damit ergibt sich auch im leeren Raum *über* der Haut die Feldstärke zu Null. In **Analogie zu einer elektrotechnischen Koaxialleitung** tritt außen kein Magnetfeld auf und somit auch **kein magnetisches Biosignal**. Andererseits ergibt sich – ebenfalls analog zur Koaxialleitung und wie schon erwähnt – ein elektrisches Signal.

Das Obige macht plausibel, dass ein verwertbares magnetisches Biosignal nur **bei ausgeprägter Asymmetrie** zu erwarten ist. Dazu skizziert Abb. 3.57 ein mit geringem Abstand unter der Haut verlaufendes Faserbündel. Der extrazelluläre Ausgleichsstrom verläuft hier nur zu einem kleinen Anteil zwischen dem CD und der Haut. Der Schwer-

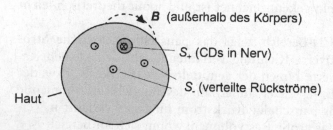

Abb. 3.57. Theoretische Basis der Entstehung von magnetischen Biosignalen für den Fall eines asymmetrisch angeordneten CDs, das an der Haut und auch im Außenraum endliche Induktion *B* erbringt

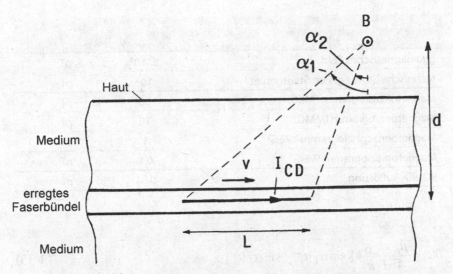

Abb. 3.58. Abschätzung des Augenblickswerts der Induktion *B* aus dem mit der Geschwindigkeit *v* bewegten CD der Länge *L* ohne Berücksichtigung des äußeren Ausgleichsstromes. Tendenziell konzentriert er sich im nach unten weit ausgedehnten Medium guter Leitfähigkeit, und nicht im hochohmigen subkutanen Fettgewebe

punkt der S_--Linien liegt somit deutlich *unter* dem Bündel, womit der Durchflutungssatz auch in Luft endliches *B* erbringt. In **Analogie zu einer Doppelleitung** resultiert neben dem elektrischen auch ein **magnetisches Signal.**

Zur näherungsweisen **Abschätzung des BS-Zeitverlaufes** $B(t)$ wird in der Literatur das Mitwirken der S_--Linien im Falle eines im Abstand *d* unter der Haut auftretenden CD vielfach vernachlässigt. Das heißt, es wird alleine vom mit der Geschwindigkeit *v* am Sensor vorbeibewegten CD ausgegangen, ohne den Rückstrom zu berücksichtigen. Als Quelle des Magnetfeldes wird quasi ein isoliertes, von einem Strom I_{CD} durchflossenes Leiterstück angesetzt. Es handelt sich um eine Vorgangsweise, die von Seiten der Feldtheorie zwar inakzeptabel ist, andererseits aber die Berücksichtigung der CD-Länge *L* erleichtert. Für den in Abb. 3.58 skizzierten Fall ergibt sich das Signal nach Anwendung des Biot-Savartschen Gesetzes[4] zu

[1] Das Biot-Savartsche Gesetz liefert einen einfachen Zusammenhang zwischen einem von Stromfluss durchsetzten geraden Leiterstück und dem daraus resultierenden, stromproportionalen Magnetfeld an beliebigen Aufpunkten der Umgebung. Prinzipiell gesehen ist das Resultat der Berechnung allerdings nur dann richtig, wenn die insgesamt betrachteten Leiterstücke einen in sich geschlossenen Stromkreis ergeben. Von der hier gewählten Vorgangsweise kann also nur eine grobe Näherung erwartet werden.

Tabelle 3.4. Typische Größenordnungen magnetischer Feldstärken als wesentliche Voraussetzung für messtechnische Anordnungen

geomagnetisches Feld	$5 \cdot 10^7$	pT
technische Störpegel im Stadtgebiet	10^5	pT
Magnetokardiogramm (MKG)	50	pT
Magnetomyogramm (MMG)	10	pT
Magnetoenzephalogramm (MEG)	1	pT
Magnetoretinogramm (MRG)	0,1	pT
SQUID-Auflösung	0,01	pT

$$B(t) = \frac{\mu_o \cdot I_{CD}}{4\, d \cdot \pi} \left[\sin\alpha_1(t) - \sin\alpha_2(t) \right].$$

$$(3.33)$$

Letztlich sei daran erinnert, dass alle eben beschriebenen Phänomene nicht nur für die Depolarisationsfront auftreten, sondern mit weitgehender Symmetrie auch für die **Repolarisationszone**. Ist die CD-Länge L groß gegenüber dem Abstand d der Fasern von der Haut bzw. vom Magnetfelddetektor, so besteht praktisch Unabhängigkeit der Auswirkung der beiden CDs bezüglich des Biosignals analog zur in Abb. 3.48a gezeigten monopolaren Ableitung. Für kleineres L ist eine Superposition der Beiträge analog zu Abb. 3.48b zu erwarten und damit eine weitere Abschwächung des a priori sehr schwachen Biosignals.

3.4.4 Messung magnetischer Biosignale

Signalintensitäten von weniger als ein Millionstel des geomagnetischen Feldes machen aufwendige magnetische und elektrodynamische Schirmung notwendig. Die Signalerfassung gelingt mit supraleitenden SQUID-Ringen, bei Aufsummierung eindringender Flussquanten.

In Tabelle 3.4 sind Zahlenwerte zur Verdeutlichung der äußerst geringen **Intensität** magnetischer Biosignale angegeben. Mit typischerweise einigen **Pico-Tesla** (= 10^{-12} T) liegen die Signalamplituden um etwa sieben Größenordnungen unter der Intensität des magnetostatischen Erdfeldes ($5 \cdot 10^{-5}$ T). Daraus resultieren erhebliche **messtechnische Probleme**. Hochwertige Biosignal-Registrierungen setzen extreme Schirmung des Labors und den Einsatz von SQUID-Detektoren zur BS-Erfassung voraus.

Spezifisch konstruierte **Schirmkammern** verfolgen zwei Ziele:

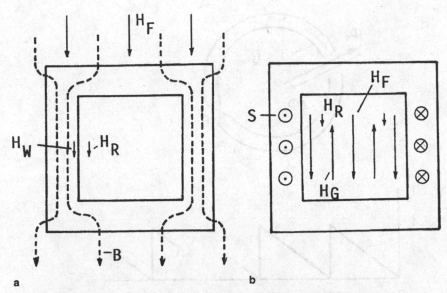

Abb. 3.59. Zur Schirmung genutzte Grundprinzipien. (a) Magnetische Schirmung durch Material hoher Permeabilität μ. Der dem Fremdfeld H_F zukommende Fluss (strichliert) wird fast ausschließlich durch die Kammerwandung geführt. Wegen $\mu \gg$ kommt der Wand trotzdem äußerst geringe Feldstärke H_W zu. Wegen stetigem Übergang ergibt sich entsprechend geringe Restfeldstärke H_R auch im Kammerinneren. (b) Wechselfeldschirmung durch Material hoher Leitfähigkeit γ. Das Fremdfeld H_F induziert Wirbelströme der Dichte S in der Wandung (skizziert für $dH_F/dt > 0$). Die Folge ist ein entgegen gerichtetes Feld H_G, womit im Kammerinneren eine entsprechend reduzierte Restfeldstärke $H_R = H_F - H_G$ auftritt

(i) **Magnetische Schirmung** durch Wandung hoher Permeabilität – Entsprechend Abb. 3.59a kommt es zwar zu einer gewissen feldfokussierenden Wirkung. Die Wand-Induktion entspricht aber einer sehr geringen Wandfeldstärke, und im Sinne der Stetigkeit der Grenzflächenverhältnisse[5] (Rot $H = 0$) ergibt sich diese geringe Feldstärke auch im Kammerinneren.

(ii) **Wechselfeld-Schirmung** durch Wandung hoher Leitfähigkeit – Entsprechend Abb. 3.59b kommt es nach dem Induktionsgesetz[6] zu geschlossenen Wirbelströmen in der Wandung. Nach dem Durchflutungssatz wird ein Magnetfeld induziert, das dem primär einwirkenden Fremdfeld entgegen gerichtet ist und dieses somit abschwächt.

---

[5] Nach der für flächenhafte Stromdichten α formulierten I. Maxwellschen Gleichung Rot $H = \alpha$ ergibt sich an der Grenzfläche ein stetiger Übergang der Feldstärke, sofern kein (wesentlicher) Stromfluss α gegeben ist.

[6] Nach dem Induktionsgesetz entsteht in einer von Magnetfluss durchsetzten Leiterschleife eine elektrische Wirbelfeldstärke, welche zur zeitlichen Veränderung des Flusses proportional ist.

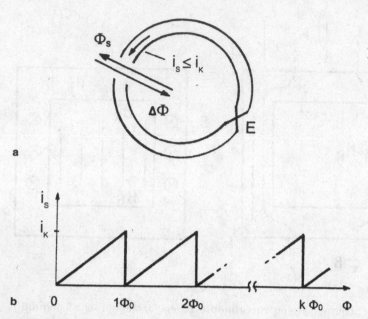

Abb. 3.60. Grundprinzip eines SQUID-Detektors. (a) SQUID-Ring in schematisierter Darstellung für $d\Phi/dt > 0$ (E Engstelle; s Text). (b) Schirmender Strom i_s als Funktion der interessierenden Flussstärke Φ

Eine diese Mechanismen exzessiv nutzende **Schirmkammer** existiert in **Berlin.** Zur Schirmung von etwas mehr als 2 m x 2 m x 2 m Rauminhalt dienen sechs Schichten Mumetall (Masse 10 t) und eine 15 mm dicke Cu-Innenkammer (5 t). Der erzielte Schirmfaktor beträgt 80.000 für 1 Hz und 1.000.000 für 1 kHz. Das Erdfeld (50 µT) wird um einen Faktor 10.000 abgeschwächt. Die Rest-Intensität überwiegt mit somit 5.000 pT den typischen BS-Werten damit trotz des hohen Aufwandes um etwa drei Größenordnungen. In der Messpraxis ist dies kaum von Nachteil, da der Informationsgehalt eines Biosignals i. Allg. in seiner Dynamik zu finden ist.

Das zweite Problem, jenes der Auflösung der schwachen Signalintensität, wird durch Einsatz der **SQUID-Detektoren** gelöst (superconducting quantum interference device) (Abb. 3.60). Im Wesentlichen handelt es sich dabei um einen supraleitenden Ring mit Engstelle(n).

Zur Detektion des definitionsgemäß dynamischen Biosignals $B(t)$ wird der Ring quasi als **Induktionsmesswicklung** der Fläche A eingesetzt, entsprechend einem Fluss $\Phi(t) = A \cdot B(t)$. Betrachten wir nun ein vom Wert Null aus ansteigendes Feld $B(t)$. Im Sinne des Supraleiters als idealer Diamagnet[7] wird im Ring ein Wirbelstrom i_s induziert, der ideal schirmend wirkt (analog zu Abb. 3.59b). Das heißt, dass der ihm entsprechende magnetische Fluss Φ_s einen Flussanstieg $\Delta\Phi$ exakt kompensiert. Im Supraleiter gilt ja verschwindende elektrische Feldstärke E und somit die Induktionsbedingung

$$_{Ring}\!\!\int E \cdot ds = 0 = d/dt\,(\Delta\Phi - \Phi_s)\,. \tag{3.34}$$

Die Kompensation geht nun aber verloren, sobald an der Engstelle die kritische Stromstärke i_k erreicht wird (Abb. 3.60b). Die Supraleitung geht in Normalleitung über, i_s bricht zusammen, mit ihm die Schirmwirkung, und das entsprechende **Flussquant** $\Delta\Phi = \Phi_o$ durchsetzt den Ring. Wegen $i_s = 0 < i_k$ liegt nun wieder Supraleitung vor, und zwar so lange, bis der weitere Anstieg von Φ neuerlich das Ausmaß $\Delta\Phi = \Phi_o$ erreicht hat und i_s damit ein zweites Mal zusammenbricht. Dieser Ablauf lässt sich beliebig wiederholen.

Die zeitlich aufeinander folgenden **Zusammenbrüche** von i_s können induktiv ausgekoppelt und **gezählt** werden. Der gesuchte Zeitverlauf der Induktion ergibt sich letztlich aus dem Zählerstand k zu

$$B(t) = 1/A \cdot k(t) \cdot \Phi_o\,. \tag{3.35}$$

Der Stand berücksichtigt dabei auch negative Flussänderungen entsprechend

$$k(t) = k_+(t) - k_-(t) \tag{3.36}$$

mit k_+ der Anzahl der positiven Auskopplungen und k_- jener der negativen. Somit steht ein routinemäßig nutzbarer Detektor zur Verfügung, dessen potentielle Feldauflösung im Femto-Tesla-Bereich liegt (10^{-15} T), was auch schwächste Biosignale befriedigt.

4.5 Beispiele magnetischer Biosignale

Zahlreiche Signalarten wie MKG, MRG, MOG oder MEG ergeben sich in Analogie zu elektrischen Verfahren. Dem Nachteil hohen Aufwands stehen signifikante Vorteile gegenüber: geringer Einfluss heterogener bzw. schlecht leitender Gewebe, kontaktlose Registrierung, und wesentlich höherer Informationsgehalt durch Detektion der vektoriellen Feldkonfiguration als Funktion des Abstandes von der Haut. Erregungswege lassen sich von der Peripherie bis hin zum spezifischen Hirnrindenbereich verfolgen.

---

[7] Wirkt ein Magnetfeld auf einen Diamagneten ein, so erzeugen seine Elektronen eine dem Feld entgegen gesetzte Magnetisierung. Im Falle des „idealen" Diamagneten kommt eine vollständige Kompensation zustande.

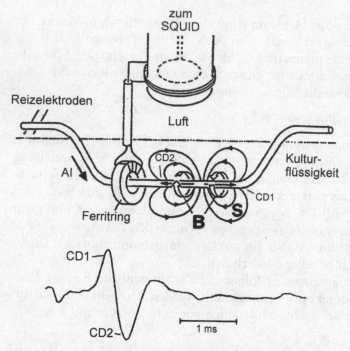

Abb. 3.61. Registrierung des Magnetfeldes eines in Kulturflüssigkeit eingebetteten Nervs. Elektrische Reizung über Reizelektroden löst Aktionsimpulse AI aus. Die beiden entsprechenden CDs durchlaufen einen Ferritring, dessen Magnetisierung durch einen SQUID-Detektor erfasst wird. Dem registrierten Signal $B(t)$ (unten) kommt eine Amplitude von etwa 100 pT zu

Vor Beschreibung medizinisch relevanter Arten von Biosignalen sei zur Erleichterung des Verständnisses zunächst auf das **Magnetfeld eines kultivierten Nervs** eingegangen. Abb. 3.61 zeigt einen durch zwei Reizelektroden elektrisch erregten Nervenabschnitt. Im Rahmen des elektrischen Strömungsfeldes, das den Aktionsimpuls begleitet, sind auch die beiden entsprechenden CDs dargestellt.

Im Nahbereich des Nervs ergibt sich ein achsensymmetrisch verlaufendes Magnetfeld $B(t)$, das mittels eines Ferritringes detektiert wird. Die Ringwicklung dient quasi als Pick-up-Spule eines SQUID-Detektors. Letzterer liefert ein **bipolares Signal**, das den beiden CDs zugeordnet werden kann. Eine näherungsweise Rekonstruktion des Zeitverlaufes gelingt unter Anwendung der Glg. 3.33. Die beiden Extrema ergeben sich dabei für jene zwei Zeitpunkte, in denen ein CD das Zentrum des Ferritringes durchsetzt, womit $\alpha_1 = -\alpha_2$ erfüllt ist. Erwähnt sei, dass hier zwar annähernd achsensymmetrische Verhältnisse entsprechend Abb. 3.56 vorliegen, trotzdem aber ein endliches Signal aufkommt, da die Detektion ja *innerhalb* des Rückstrombereiches erfolgt. Die knapp am Nerv gemessene Feldintensität entspricht mit 100 pT dabei den stärksten an der Körperoberfläche messbaren BS-Amplituden (vgl. Tabelle 3.4). Wie die Abb. 3.61 andeutet, liegt der „Schwerpunkt" des Ausgleichsströmungsfeldes kaum unter dem der CDs. *Über* der Kulturflüssigkeit – in Luft – ist somit eine vernachlässigbar geringe Feldintensität zu erwarten.

Am menschlichen Körper lassen sich u. a. die folgenden **Arten magnetischer Biosignale** registrieren:

- Das **Magnetokardiogramm** (MKG) – Die Signalmuster ähneln jenen des EKG. Doch ergibt sich der Vorteil der *kontaktlosen* Registrierung des *Vektors* B(t) der Induktion (vgl. Normalkomponenten in Abb. 3.62). Dank des weitgehend stationären Charakters der Herztätigkeit lassen sich die Komponenten dabei auch zeitversetzt mit einem einzigen SQUID erfassen.

- Das **Magnetoretinogramm** (MRG) – Es ist ein Maß für die Empfindlichkeit von Stäbchen und Zapfen als Rezeptoren für Schwarz/weiß- bzw. für Farbensehen. Spezifische Empfindlichkeitswerte – oder auch Adaptationseigenschaften – können dabei über entsprechende optische Vorlagen bestimmt werden.

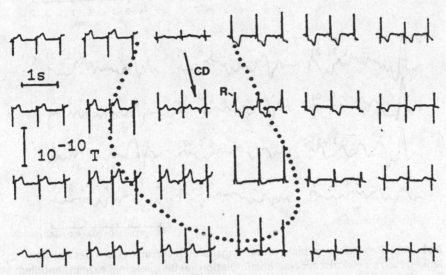

Abb. 3.62. Beispiele von an 24 Aufpunkten der Brustwand registrierten MKG-Signalen (punktiert der Umriss des Herzens). Dargestellt ist die jeweilige Normalkomponente des Induktionsvektors *B(t)*. Die R-Zacke entspricht qualitativ gesehen dem in der Skizze eingetragenen CD

■ Das **Magnetookulogramm** (MOG) – Es resultiert aus einer sehr spezifischen Eigenschaft des Augapfels: Der Pigmentepithel-Bereich der Netzhaut generiert im umliegenden Gewebe ein statisches Strömungsfeld, und dieses wiederum ein mit dem Augapfel verkoppeltes Magnetfeld. Augenbewegungen erzeugen am ortsfesten SQUID ein dynamisches Signal und können somit kontaktfrei diagnostiziert werden.

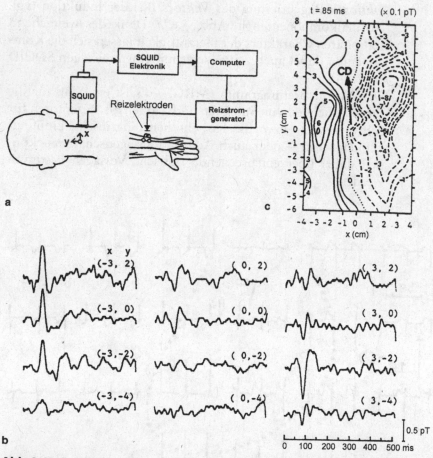

Abb. 3.63. Registrierung der Verarbeitungsbahnen von im Bereich des Handgelenks gesetzter elektrischer Nervenstimulation. (a) Beispiel einer experimentellen Anordnung. (b) Zeitverläufe von an zwölf Aufpunkten des Nackens registrierten Biosignalen (Normalkomponenten). (c) Iso-Induktionslinien für den Augenblick des ca. 85 ms nach Reizung auftretenden Haupt-Peaks bei Eintragung des entsprechenden CDs

Als besonders vorteilhaft erweist sich die magnetische Messtechnik zur **Analyse des Nervensystems**, und im speziellen des Zusammenspiels zentraler und peripherer Bereiche. Abb. 3.63a zeigt dazu eine konkrete Versuchsanordnung. Ein definiert gewählter Nerv wird im Bereich des linken Handgelenks elektrisch gereizt, und die ausgelöste Erregung wird auf ihrem Lauf zum Rückenmark und weiter zum Gehirn durch Einsatz der SQUID-Technik verfolgt.

Zwölf im Bereich des Nackens registrierte **lokale Antwort-Signalmuster** (Abb. 3.63b) lassen das hier auftretende Einlaufen von CDs zum Zeitpunkt 85 ms erkennen. Mit einer Wegstrecke von annähernd 1 m lässt sich damit die für die durchlaufenen Fasern typische **Fortlaufgeschwindigkeit** v zu ca. 10 m/s abschätzen. Ferner erlauben die in Abb. 3.63c gezeigten Iso-Induktionslinien unter Nutzung des Durchflutungssatzes eine näherungsweise **Lokalisierung des CDs** und damit auch der regional durchlaufenen Fasern.

Letztlich lässt sich die Erregung auch weiter bis hin in die für den gegebenen Bereich der Peripherie zuständige **Verarbeitungsregion des Gehirns** verfolgen (Abb. 3.63). Damit ergibt sich im Rahmen des **Magnetoenzephalogramms** (MEG) regional ein dem => evozierten Signal des EEG analoges, spikeartiges Antwortsignal. Gemeinsam mit Erkenntnissen der => NMR-Tomographie erbringt die Methode ein sich kontinuierlich vervollständigendes Wissen um die Relevanz lokaler Hirnrindenbereiche (z.B. zur Lage der Zentren für Motorik, Sprache oder Sehen).

Als ergänzende, zur Ortung wesentliche Methode sei die **Positronen-Emissions-Tomographie** (PET) erwähnt, die allerdings die Inkorporation eines beta-plus-strahlenden Pharmakons voraussetzt. Ringförmig angeordnete Detektoren erfassen zwei diametral emittierte => Gamma-Quanten. Ermittelt werden die Emissionsorte, als Hinweis auf Regionen maximaler Stoffwechselintensität.

Abgesehen vom hohen technischen Aufwand zeigen sich deutliche **Vorteile des MEG** gegenüber dem EEG. Betrachten wir eine lokale Erregung der Hirnrinde, so ergibt sich das EEG-Signal durch entsprechende Ausgleichsströme an der Kopfhaut. Zur Veranschaulichung der Verhältnisse können wir uns in Abb. 3.47 die schlecht leitende Fettgewebeschicht durch das noch schlechter leitende Knochengewebe der Schädeldecke ersetzt denken, um zu erkennen, dass eine „scharfe" Abbildung a priori nicht zu erwarten ist. Dem gegenüber wird die einem inneren CD zukommende Magnetfeldkonfiguration durch das Knochengewebe nicht beeinflusst.

Abschließend sei auf die **Bedeutung der vektoriellen Natur des magnetischen Biosignals** hingewiesen. Die Nutzung elektrischer Signale erschöpft sich auch im Rahmen grundlegender Studien in der

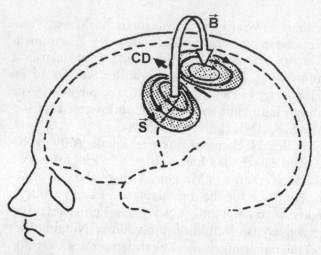

Abb. 3.64. Aus elektrischer Stimulation eines Fingers resultierende magnetische Flusskomponente als Beispiel eines evozierten MEG-Signals. Aus dem räumlichen Verlauf der Induktion **B** kann auf den verursachenden Verlauf der Stromdichte **S** geschlossen werden. Der somit rekonstruierte CD-Verlauf erleichtert letztlich eine Lokalisation des dem Finger entsprechenden Verarbeitungszentrums der Hirnrinde

Auswertung der – das CD nur mittelbar (über Ausgleichsströme) abbildenden – ebenen

Potentialverteilung $\varphi(x,y,t)$

eines xy-Flächenareals der Haut. Dem gegenüber ergibt sich im magnetischen Fall die Möglichkeit, den Induktionsvektor nicht nur an der Haut, sondern auch in endlichem Abstand z von ihr zu erfassen. Mit der resultierenden räumlichen

Induktionsverteilung $B(x,y,z,t)$

liefert die magnetische Technik ungleich dichteres Informationsmaterial (im Sinne von *drei* Komponenten + der Variablen z). Unter Berücksichtigung auch von Ausgleichsströmen kann das CD rekonstruiert werden, und mit ihm der Verlauf der Erregung im räumlichen System des Körpers. Abb. 3.64 illustriert dies durch ein für einen bestimmten Zeitpunkt t skizziertes evoziertes MEG-Signal $B(x, y, z > 0)$ unter Andeutung der für diesen Augenblick rekonstruierten Strömungsfeldkonfiguration $S(x, y, z < 0)$. Zur eindeutigen Lösung des hier vorliegenden so genannten „Inversen Problems" liegt freilich auch im magnetischen Fall zu geringe Information vor.

4

Elektromagnetisch-biologische Wechselwirkungen

Das vorliegende Kapitel behandelt die vielfältigen Mechanismen der Wechselwirkung zwischen elektromagnetischen Feldern bzw. Strahlen auf der einen Seite und biologischen Systemen auf der anderen Seite. Die Diskussion beginnt mit biologischen Effekten niederfrequenter elektrischer und magnetischer Felder und setzt sich fort mit der Behandlung von zunehmend hohen Werten der Frequenz bzw. Quantenenergie (vgl. die Spektren in Abb. 1). Nach einer Beschreibung der Wirkung von Mikrowellen erfolgt ein Überblick zur Bedeutung der Photonenstrahlung. Der Spektralbereich des Lichtes interessiert hier vor allem mit Hinblick auf biologisch bedeutsame photochemische Effekte. Schließlich wird auf den weiten Bereich ionisierender Strahlung eingegangen, wobei die Schädigung von Proteinen und Nucleinsäuren im Vordergrund des Interesses steht. In allen Fällen wird – über biophysikalische Mechanismen hinausgehend – in kurzer Übersicht auch die medizintechnische Bedeutung der Wechselwirkung angegeben.

4.1 Elektrische Ströme und Felder

In diesem Teilabschnitt wollen wir das Verhalten biologischer Systeme für den Fall diskutieren, dass im betrachteten System ein statisches oder dynamisches elektrisches Feld der Feldstärke E zur Wirkung kommt. Bezüglich der **Verursachung des Feldes** lassen sich zwei Situationen unterscheiden:

(i) der Fall, dass das biologische System in ein – z. B. in Luft oder in einer Flüssigkeit a priori herrschendes – Fremdfeld eingebracht wird, und

(ii) der Fall, dass das Feld auf galvanische Weise über Elektroden eingeprägt wird.

Während die Verursachung die Konfiguration und Stärke des resultierenden Feldes E bestimmt, sind die auftretenden Wechselwirkungen von ihr unabhängig. Im Wesentlichen lassen sich zwei **Mechanismen der Wechselwirkung** unterscheiden:

- Thermische Wirkungen aufgrund der passiven dielektrischen Eigenschaften des biologischen Mediums.
- Athermische Wirkungen aufgrund einer aktiven Reaktion des biologischen Systems, im Sinne der Erregung von Neuronen oder Muskelfasern.

4.1.1 Thermische Effekte

Niederfrequente Ströme führen zu – durch die Durchblutung begrenzten – heterogenen Gewebeerwärmungen. Homogenisierung ergibt sich aus Membranschädigungen, aber auch aus hin zur β-Dispersion gesteigerter Frequenz.

Aufgrund der für biologische Medien typischen elektrolytischen Leitfähigkeit γ ist ein im Medium wirkendes Feld E mit einem Strömungsfeld der Stromdichte $S = \gamma \cdot E$ verknüpft. Die Literatur geht dabei generell von skalaren Zusammenhängen aus, obwohl Muskel-, Nerven-, aber auch Knochengewebe im niederfrequenten Bereich stark anisotropes Verhalten zeigen. Thermische Wirkungen lassen sich unter Ansatz der *pauschalen* Größe γ beschreiben, wie sie in Abschnitt 2.2 für verschiedene Gewebearten als über die zelluläre Struktur des Mediums gemittelt definiert wurde. Nach dem Energiesatz ergibt sich im Medium dabei eine Leistungsdichte

$$p = E \cdot S = \gamma \cdot E^2 .$$

$$(4.1)$$

Die entsprechende Erwärmung des Mediums sinkt mit steigender spezifischer Wärme c, für die in Tab. 4.1 einige Beispiele angegeben sind. Zur groben Diskussion der resultierenden **Übertemperatur** θ kann von

Tabelle 4.1. Beispiele zur spezifischen Wärme c diverser Medien

Medium	c [W·s / (K·g)]
Luft	1,0
Öle / Fette	≈ 2
Muskelgewebe	3,6
Wasser	4,2

der für definierte technische Systeme bekannten, einfachen Energiebilanz ausgegangen werden:

$$p \cdot V \cdot dt = m \cdot c \cdot d\theta + A \cdot a \cdot \theta \cdot dt \, . \tag{4.2}$$

Die dem homogenen System des Volumens V und der Masse m im differentiell kleinen Zeitbereich dt zugeführte Energie wird nach dieser Formel zum einen Teil in Form von Wärme gespeichert. Zum anderen Teil kommt es über die Oberfläche A zu einer von der Systemkenngröße a abhängigen Wärmeabstrahlung. Im biologischen Fall, in dem die Energie z. B. einem Teilvolumen des menschlichen Organismus zugeführt wird, spielt die Abstrahlung allerdings eine zweitrangige Rolle. Stattdessen können wir A als die Kontaktfläche von Blutgefäßen interpretieren, die das Volumen V durchsetzen (Abb. 4.1a). Die Größe a kann als Maß für die Geschwindigkeit des Blutes verstanden werden, und somit für seine Leistungsfähigkeit der thermischen Ausgleichswirkung.

Wie man leicht zeigen kann führt die mit der Anfangsbedingung $\theta_{t=0} = 0$ vorgenommene Integration der Glg. 4.2 zur in Abb. 4.1b skizzierten, exponentiell ansteigenden Übertemperatur entsprechend

$$\Theta(t) = \frac{p \cdot V}{A \cdot a} \cdot (1 - e^{-t/T}) \tag{4.3}$$

mit der Zeitkonstante $T = m \cdot c / (A \cdot a)$. Im Falle des lebenden biologischen Systems wird die Beharrungsübertemperatur $\theta^* = p \cdot V / (A \cdot a)$ durch **Regelvorgänge** (entsprechend erhöhtem a) reduziert. Tierversuche zeigen aber, dass die Reduktion vom entsprechend belasteten Organismus nur für eine begrenzte Zeitspanne aufrechterhalten werden kann. Hohe Energiezufuhr kann zu einer Überlastung führen, die in einen Kollaps mündet. Generell ergibt sich bei lokaler Energiezufuhr also ein Trend (zeitlich eingeschränkt) begrenzter Werte θ^*,

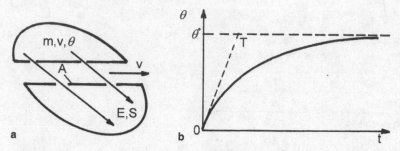

Abb. 4.1. Thermische Wirkung eines auf ein biologisches Medium einwirkenden elektrischen Feldes. (a) Schematische Darstellung zur Wärmeabfuhr durch mit der Geschwindigkeit v strömendes Blut. (b) Übertemperatur θ als Funktion der Zeit t (vgl. Text)

wobei der als biologisch relevante Grenzwert mit 1 K angesetzt wird. Für den Organismus letale Werte werden in der Literatur mit 5 K (entsprechend 42 °C Körper-Kerntemperatur) angegeben.

Ein elektrischer **Stromfluss durch den Organismus** fällt in der Regel so aus, dass eine Abfolge von Gewebeschichten durchflossen wird, die sich nach Abb. 2.38 durch sehr unterschiedliches γ auszeichnen. An den Grenzflächen von quasi in Serie liegenden Geweben – z.B. Haut/Fettgewebe/Muskel entsprechend Abb. 1.6 – kommt es bei stetigem Übergang von S zu sprunghaften Veränderungen von E und somit auch von p. Im Körperinneren kommt es im Sinne von Parallelschaltungen – z.B. Muskel mit eingeschlossenen Blutgefäßen bzw. Nerven – zu inhomogenem S mit erhöhten Werten in den durch i. Allg. hohes γ ausgezeichneten Einschlüssen. Stromkonzentrationen zeigen sich

Tabelle 4.2. Lokale Unterschiede der in vivo gemessenen Stromdichte S und Übertemperatur θ bei Einprägung einer Gesamtstromstärke von 1 A (60 Hz) in die Hinterbeine eines narkotisierten Schweins (unter Verwendung von Daten in: A. Sances et al., IEEE Trans. Biomed. Eng.30, 118, 1983)

Zeit	Spanng.	Blut		Nerv		Muskel		Fettgewebe	
t [min]	U [V]	S [mA/ cm²]	θ [K]	S [mA/ cm²]	θ [K]	S [mA/ cm²]	θ [K]	S [mA/ cm²]	θ [K]
0	355	3,0	0	2,4	0	1,3	0	1,0	0
4	265	2,7	4,0	2,2	6,0	1,3	3,5	1,3	7,5
8	235	2,6	8,0	2,2	11,0	1,2	7,5	1,5	13,5
10	220	2,5	9,5	2,0	13,5	1,2	8,5	1,5	15,5

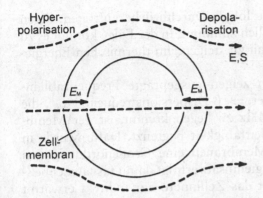

Abb. 4.2. Schematische Darstellung der Feldverhältnisse einer von extrazellulärer Flüssigkeit umgebenen Zelle bei Einwirken eines Fremdfeldes. Im linken Bereich kommt es zu einer Verstärkung der Membranfeldstärke E_M im Sinne einer Hyperpolarisation, rechts zu einer Verminderung entsprechend einer Depolarisation

auch generell in Geweben geringer Zellpackungsdichte, wie dem in Abb. 1.5 dargestellten Bindegewebe.

Zur Veranschaulichung der in vivo zu erwartenden Tendenzen zeigt Tabelle 4.2 Resultate eines Tierversuches, bei dem ein technischer Wechselstrom der Stärke $I = 1$ A in ein unter Narkose stehendes Tier eingeprägt wurde. Für sehr kurze **Einwirkungsdauer** zeigt sich die zu erwartende starke Inhomogenität bezüglich S mit dreifachem Wert für Blut gegenüber Fettgewebe. Dieses zeigt wegen minimalem c (s. Tabelle 4.1) größtes θ. Nach 10 min Einwirkungszeit ergibt sich eine deutliche Homogenisierung bezüglich S, und in entsprechender Weise sinkt auch die Gesamtspannung U. Dies sind Hinweise für **destruktive Mechanismen** des Stromflusses: Den Stromfluss begrenzende zelluläre Membranstrukturen werden zunehmend abgebaut. Eine mögliche Ursache sind lokale Überhitzungen bis hin zur Koagulation des Gewebes, worunter eine Verklumpung der molekularen Strukturen verstanden wird. Ein weiterer Grund ist ein Zusammenbruch der molekularen Membranstrukturen aufgrund überhöhter lokaler Feldstärke E_M.

Abb. 4.2 veranschaulicht die für **Zellmembranen** typischen Feldverhältnisse. Gemäß Glg. 3.18 wirkt an Membranen eine Ruhespannung der Größenordnung 70 mV. Ansatz einer effektiven Membrandicke $d_M = 7$ nm ergibt einen mit $E_M = 100$ kV/cm hohen Feldstärkewert, dem die in Abschnitt 1.2.4 beschriebenen Mechanismen der Strukturbildung standhalten. Einwirken eines Fremdfeldes führt im Falle der skizzierten Situation auf der rechten Seite der Zelle zu einer **Depolarisation** im Sinne von sinkendem E_M. Links hingegen steigt E_M an, und die Erfahrung zeigt, dass etwa ab einer Verdopplung der a priori vorhandenen Feldstärke lokale **Durchbrüche** auftreten, deren Wahrscheinlichkeit kontinuierlich zunimmt. In der Folge kommt es zu erhöhter Stromdichte und somit zu steigendem thermischen Energieumsatz auch im Zellinneren.

Die obigen Mechanismen zeigen ausgeprägte **Frequenzabhängigkeit**. Deutlich unterhalb der => β-Dispersionsfrequenz $f_{D,ß}$, die nach Abb. 2.38 bei etwa 1 MHz zu liegen kommt, ist der Membranstrom auf die reine Ionenleitfähigkeit begrenzt. Dafür wurde in Abschnitt 3.1.2 für intakte Membranen eine Größenordnung von 10^{-7} S/m abgeschätzt. Der Energieumsatz erfolgt damit fast ausschließlich im Extrazellulären, womit das Zellinnere nur indirekt erwärmt wird. Im Zuge der β-Dispersion hingegen werden die Membranen zunehmend durch Verschiebungsströme überbrückt, und deutlich über $f_{D,ß}$ fließt der Großteil des Stromes durch das Intrazelluläre entsprechend einer direkten Erwärmung. Die kapazitive Überbrückung der Membranen bedeutet im Übrigen, dass die Wahrscheinlichkeit für Membrandurchbrüche mit steigendem f abnimmt. Die so genannte Grenzstromdichte, ab der nichtlineares Verhalten auftritt, nimmt somit zu.

Ergänzend seien **Beispiele zur medizinischen Bedeutung** thermischer Effekte angeführt:

(a) Im Rahmen des **Elektrounfalls** treten wesentliche thermische Effekte durch länger anhaltende Körperströme auf, die eine Stärke von etwa 50 mA überschreiten. Es kommt zu so genannten Strommarken vor allem in den durch maximale Stromdichte ausgezeichneten Kontaktierungsregionen. Ab einigen Hundert mA treten Verbrennungen auf. Zu erwähnen ist eine **spezifische Rolle der Haut** als häufigste Kontaktstelle. Wegen der gemäß Abb. 1.6 sehr dichten Struktur repräsentiert sie a priori eine schlecht leitfähige, strombegrenzende Barriere. Stromflüsse führen aber zu einer Aktivierung der Schweißdrüsen und Ausschüttung der Schweißflüssigkeit durch den in Abb. 1.6 skizzierten Ausführungsgang. Dieser fungiert nun als gut leitende Überbrückung der Oberhaut, deren Epithelschicht durch von außen eindiffundierende Ionen der ausgetretenen Flüssigkeit ihrerseits an Leitfähigkeit gewinnt. Steigende Stromdichte führt letztlich auch zu Durchbruchserscheinungen, womit der Haut bei Elektrisierungsspannungen von 220 V keine Schutzwirkung zukommt.

(b) Bei Therapieverfahren werden im Rahmen der **Kurzwellen-diathermie** Ströme definierter Frequenzwerte (z. B. 27,12 MHz) zur gezielten Erwärmung von begrenzten Körperregionen angesetzt. Die Erwärmung führt zum weiter oben erwähnten Regelmechanismus verstärkter Durchblutung und somit zu verbesserter Sauerstoffversorgung.

(c) Im Rahmen der mit Frequenzen von zumindest 100 kHz vorgenommenen **Elektrokoagulation** werden thermische Effekte zur Abtragung und Zerstörung von Organen (Tumoren) aber auch zum Verschluss von Blutgefäßen eingesetzt.

.2 Neuronale Effekte

› *Impulsartige Strömungsfelder führen durch Membrandepolarisation zu Aktionsimpulsen, sofern hinreichende Impulsdauer gegeben ist. Sinusverläufe ergeben maximale Wirkung für technische Frequenzen, als ein spezifisches Problem des Elektrounfalls.*

Als neuronale Effekte gelten Wechselwirkungen des Feldes mit erregbaren Zellen, d. h. mit Neuronen, Muskelfasern, sowie den Fasern des Herzmuskelgewebes. Der **Wirkungsmechanismus** lässt sich auf die in Abb. 4.2 skizzierte Veränderung der Membranspannung E_M reduzieren. Wie schon erwähnt, führt der eingeprägte Strom auf der rechten Seite der Zelle zu einer Depolarisation im Sinne von sinkendem E_M. Gemäß Abschnitt 3.1.4 ist mit der Auslösung eines Aktionsimpulses (AI) zu rechnen, sobald die Depolarisation eine Größenordnung von etwa 30 mV erreicht. Der Schwellenwert S_S der dazu notwendigen Stromdichte hängt von vielen Parametern ab. Wesentlich sind u. a. die **geometrischen Verhältnisse.** So wird S_S für eine – der Skizze entsprechende – Querdurchströmung der Faser erhöht ausfallen, da die Depolarisation auf eine Seite des Faserumfangs beschränkt ist. Frühe elektrophysiologische Experimente haben minimales S_S für den Fall aufgezeigt, dass eine Faserregion nahe einer kleinflächigen Kathode liegt und die Feldlinien S regional konzentriert – im Sinne einer Depolarisation – aus dem Faserinneren austreten. Die Medizin spricht hier von „Kathodenöffnungserregung".

Ein für die AI-Auslösung besonders wesentlicher Parameter ist der **Zeitverlauf** $S(t)$. Geringste Wirkung zeigt sich, wenn der Organismus einem stationären Gleichstrom ausgesetzt ist. Eine Tendenz der AI-Auslösung ist hingegen bei einem Feldstärkesprung gegeben, wo-

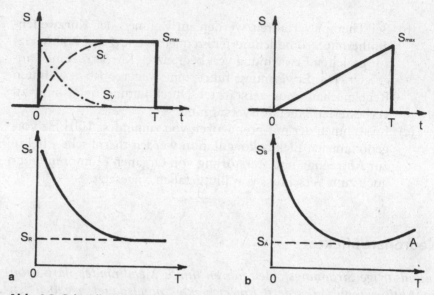

Abb. 4.3. Schwellwert S_S der Stromdichte zur Auslösung eines Aktionsimpulses für den Fall von Stromimpulsen der Amplitude S_{max} und Dauer T. (a) Rechtecks-impuls (mit Aufspaltung von S in seine Komponenten; s. Text). S_R Rheobase. (b) Rampenartiger Impuls. S_A Minimum des Schwellwertes, ab dem das Phänomen der Akkomodation (A) auftritt

bei aber ausreichend lange Einschaltdauer T wesentlich ist. Abb. 4.3a zeigt den für **Stromimpulse** typischen Verlauf der Funktion $S_S(T)$. Kurze Impulse sind durch eine sehr hohe Schwelle gekennzeichnet. Die Ursache ist, dass sich der die Membran durchfließende Strom entsprechend

$$S(t) = S_L(t) + dD/dt = S_L(t) + S_V(t) \tag{4.4}$$

aus einem exponentiell ansteigenden Leitungsstrom der Dichte S_L und einem exponentiell abfallenden Verschiebungsstrom der Dichte S_V zusammensetzt (mit D als Flussdichte). Die AI-Auslösung erfolgt erst dann, wenn gemäß $S_L \cdot d / \gamma \approx 30$ mV die Membranspannungsschwelle erreicht ist (d Membrandicke, γ Membranleitfähigkeit). Ab einem bestimmten Wert T erbringt seine weitere Erhöhung wegen $S_V \to 0$ keine weitere Reduktion von S_S, wobei der Minimalwert als Rheobase S_R bezeichnet wird.

    Rampenartige Stromimpulse erbringen bei geringer Dauer T ähnlichen Schwellwertverlauf. Gemäß Abb. 4.3b durchläuft S_S hier aber ein Minimum S_A, ab dem es zu einem Wiederanstieg kommt. Diese als **Akkomodation** (lat. accomodatio = Anpassung) bezeichnete Erscheinung erklärt sich damit, dass die lebende Zelle versucht ist, die Störung der Membranspannung durch aktive Regelmechanismen auszugleichen. Es bedarf also einer ausreichend hohen Rampensteigung S_{max}/T, um die Membran im Sinne eines dynamischen Prozesses zu „überlisten". Der Mechanismus der Akkomodation erlaubt es, ohne Schmerzauslösung relativ starke Ströme in den Organismus einzuprägen, indem die Stromstärke graduell gesteigert wird.

Abb. 4.4 zeigt den praktisch bedeutungsvollsten Fall **sinusförmigen Stromverlaufes**. Hier lassen sich **vier Frequenzbereiche** unterscheiden:

(i) Ströme extrem niedriger Frequenz f sind durch hohes S_S charakterisiert, was sich mit dem Mechanismus der Akkomodation erklärt.

(ii) Der technisch genutzte Bereich um 50 bzw. 60 Hz erweist sich mit minimalem S_S als besonders wirksamer „kritischer" Frequenzbereich.

(iii) Mit weiterer Steigerung von f steigt S_S deutlich an, da die Dauer einer wirksamen Halbperiode zunehmend in den Bereich der relativen => Refraktärzeit und mit 500 Hz bereits in jenen der absoluten Refraktärzeit fällt. Die AI-Impulsfolgefrequenz sinkt somit in zunehmendem Maße unter f, und schließlich entfällt die Zuordenbarkeit zwischen einem AI-Ereignis und der entsprechenden erregenden Halbperiode.

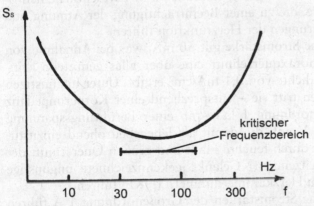

Abb. 4.4. Schwellwert S_S der Stromdichte zur Auslösung eines Aktionsimpulses für den Fall sinusförmigen Stromverlaufes der Frequenz f. Der resultierende „kritische Frequenzbereich" fällt – in bezüglich des Elektrounfalls sehr nachteiliger Weise – in das Gebiet der Netzfrequenz

(iv) Im kHz-Bereich machen sich auch Membranüberbrückungen durch Verschiebungsströme bemerkbar, womit neuronale Effekte ab etwa 30 kHz letztlich nicht mehr gegeben sind.

Das Minimum von S_S im „kritischen Frequenzbereich" erklärt sich damit, dass zur AI-Auslösung optimale Bedingungen gegeben sind: Das erregende Feld zeigt ausreichende Dynamik, und die Halbperiodendauer zeigt ausreichende Länge. Der Umstand, dass der Frequenzbereich mit der Netzfrequenz zusammenfällt, kann mit Hinsicht auf den Elektrounfall als fatal angesehen werden.

Abschließend seien einige **Beispiele zur medizinischen Relevanz** neuronaler Effekte angegeben.

(a) Bedeutung im Rahmen des Elektrounfalls –

- In den Körper über kleine Kontaktflächen eintretende Ströme des kritischen Frequenzbereiches ergeben schon mit einer Stärke von 1 mA lokale Reizungen peripherer Neuronen, die vom Bewusstsein erfasst werden.
- Für den häufigen Stromweg Hand/Fuß stellt der Unterarm eine Engstelle größter Stromdichte S dar. Mit $I = 10$ mA resultieren damit Verkrampfungen der Arme und Hände. Bei 50 Hz kommt es zum => Tetanus, womit ein Loslassen eines unter Spannung stehenden Gegenstandes nicht möglich ist.
- Der Querschnitt des Thorax liegt um eine Größenordnung höher. Trotzdem ergeben sich mit 30 mA wesentliche neuronale Effekte, die zu einer Beeinträchtigung der Atmung und zu Veränderungen der Herzfunktion führen.
- Als **kritische Stromstärke** gilt 50 mA, was bei Annahme von 500 cm² Thoraxquerschnitt eine über alles gemittelte kritische Stromdichte von 0,1 mA/cm² ergibt. Unter ungünstigen Bedingungen tritt sie – entsprechend einer Körperimpedanz der Größenordnung 1 kΩ – ab einer Berührungsspannung von ca. 50 V auf, die damit als lebensbedrohend einzustufen ist. Der durch feuchte Haut und großen Querschnitt der (strombegrenzenden!) Gelenke gekennzeichnete ungünstige Fall kann zu Herzkammerflimmern (HKF) führen.
- Extrem hohe Stromstärken der Größenordnung 1 A führen zu HKF, wenn ein kurz dauernder Stromimpuls in den so genannten „vulnerablen" (= verletzbaren) Abschnitt der => EKG-Periode fällt. Länger anhaltende Stromflüsse führen zum u. U. reversiblen Herzstillstand.

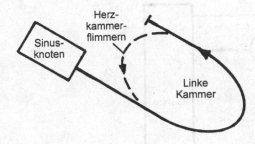

Abb. 4.5. Schematische Darstellung zur Deutung des Herzkammerflimmerns als Rückkopplung der Erregung (s. Text)

Physikalisch gesehen kann das **Herzkammerflimmern** durch den in Abb. 4.5 skizzierten Mechanismus gedeutet werden. Wie zum Entstehen von => EKG-Signalen ausgeführt wurde (vgl. Abb. 3.54a), lässt sich das Reizleitungsgewebe durch eine die linke Herzkammer modellierende, im Gegenuhrzeigersinn durchlaufene U-förmige Bahn annähern. Im Normalfall geht der Aktionsimpuls vom Sinusknoten aus. Er erfasst graduell zunehmend die gesamte Bahn, und erst nach globaler Repolarisation und beendetem refraktärem Stadium generiert der Sinusknoten entsprechend der physiologischen Impulsfolgefrequenz den nächsten Impuls. Im HKF-Fall hingegen liegt eine Störung der räumlich/zeitlichen Depolarisationsmuster vor. Dafür typisch ist, dass der Impuls analog zu einer Schwingkreis-Rückkopplung in den Anfangsbereich der Bahn übergeleitet wird. Somit entsteht eine autonom aufrecht bleibende kreisende Erregung, die – entsprechend verkürzter Weglänge – stark erhöhte Frequenz aufweist. Die koordinierte Pumpleistung geht damit verloren.

Eine Beendigung des Herzkammerflimmerns lässt sich durch **Defibrillation** erzielen. Dabei wird in den Thorax ein Stromimpuls so hoher Stärke eingeprägt, dass es zur *globalen* Erregung des Herzens kommt. Abklingen dieser Erregung führt zum global repolarisierten Zustand, und die Erregungsabläufe werden wieder durch den Sinusknoten vorgegeben. Über diesen Mechanismus erklärt sich auch die weiter oben erwähnte Möglichkeit des reversiblen Herzstillstandes.

(b) Bedeutung bezüglich ungewollter Feldeffekte –

Die Normung legt frequenzabhängige Grenzwerte für Feldintensitäten fest, um nachteilige Wirkungen technisch erzeugter Felder auf den Menschen zu unterbinden. Ungeachtet beruflich exponierter Personen ist für die Bevölkerung eine nennenswerte Exposition am ehesten im Nahbereich von Hochspannungsleitungen gegeben. Hier treten

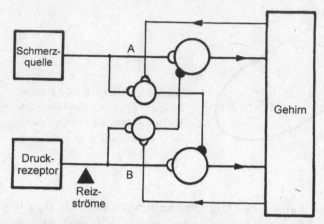

Abb. 4.6. Beispiel zur Nutzung niederfrequenter Reizströme zur Schmerzbe-
kämpfung. Angesetzt ist eine Schmerzquelle (z.B. an einer Extremität), welche
die Bahn A erregt, die durch langsame Neuronen geringen Querschnitts gekennzeichnet ist. Ferner angesetzt sind Druckrezeptoren der Haut, welche die Bahn B
rascher Neuronen hohen Querschnitts erregen. Auf der Basis des => Kontrast-
prinzips (vgl. Abb. 3.37) erbringt eine Reizung der Bahn B eine Hemmung in A.
Statt der Schmerzempfindung ergibt sich im Gehirn somit die Empfindung einer
vermeintlichen Druckvibration. Zusätzlich angegeben sind Bahnen vom Gehirn,
wobei die untere den skizzierten Mechanismus unterstützen kann. Die obere
kann seine Wirkung abschwächen

Feldstärkewerte E_o bis zu mehreren kV/m auf. Tritt ein Mensch in den
Feldraum ein, so kommt es über dem Kopf im Sinne der Spitzenwir-
kung zu einem Feldstärkeanstieg auf die Größenordnung $10\,E_o$. Im
Körperinneren hingegen bricht das Feld aufgrund der hohen elektrolytischen Leitfähigkeit auf eine Größenordnung $10^{-6}\,E_o$ zusammen,
weshalb hier i. Allg. keinerlei biologische Wirkung zu erwarten ist.

Als Resultat des sehr hohen an der Körperoberfläche wirksamen
Wertes kann ein **mittelbarer neuronaler Effekt** auftreten. Nämlich
kommt es über elektrostatische Kräfte zu Haarvibrationen mit dop-
pelter Feldfrequenz. Mechanische => Rezeptoren können in der Folge
aktiviert werden, was eine Wahrnehmbarkeit der Feldwirkung ermöglicht.

(c) Bedeutung im Rahmen der Elektromedizin –

- Sinus- oder impulsförmige Reizströme des „kritischen
  Frequenzbereiches" werden **therapeutisch** z.B. dazu einge-
  setzt, atrophierte (gr. f. unterernährte) Muskeln im Sinne eines
  Trainings zur Kontraktion zu bringen.

- Die so genannte **funktionelle Elektrostimulation** setzt sich zum Ziel, z.B. aus Wirbelsäuleverletzungen resultierende Verluste von Bewegungsfunktionen weitgehend auszugleichen. Mit kurzen Stromimpulsen werden im Nahbereich des betreffenden Muskels die ihn synaptisch versorgenden => Motoneuronen gereizt.

- Bei der über Hautelektroden oder Implantate vorgenommenen elektrischen **Nervenstimulation** werden Reizströme mit Frequenzen ab etwa 50 Hz für Schmerzblockaden eingesetzt. Der auf einen Teilbereich des Nerven konzentrierte Strom wird so dosiert, dass die Reizung vom Bewusstsein als ein das Schmerzempfinden ersetzendes, weniger belastendes sensorisches Ereignis empfunden wird. Abb. 4.6 veranschaulicht die dabei angewandten komplexen Strategien.

- Ströme sehr tiefer Frequenz (z.B. 10 Hz) führen auch auf *indirektem* Wege zur Blockade, indem die Ausschüttung von => Hormonen angeregt wird. Entsprechend Abb. 3.23 fungieren sie als Transmitter, welche die Besetzung spezifischer Rezeptorpositionen bewirken.

- **Diagnostisch** kann z.B. aus Erhöhungen der einer Zuckung entsprechenden => Rheobase genutzt werden. Aus Erhöhungen lassen sich Degenerationen von Muskelfasern bzw. von sie versorgenden Nervenfasern erkennen.

4.2 Magnetische Felder

4.2.1 Voraussetzungen

Chemisch stabile Biomoleküle zeigen ein rein diamagnetisches Moment, das zu ihrer Charakterisierung herangezogen werden kann. Paramagnetismus ist auf Radikale und auf Schwermetallionen begrenzt, Superparamagnetismus auf Magnetosomen.

Wechselwirkungen magnetischer Felder mit biologischen Medien unterscheiden sich sehr wesentlich von solchen mit magnetischen Werkstoffen. Bei letzteren liegt meist das Phänomen des Ferromagnetismus vor, während der Biomagnetismus durch „schwache" Formen magnetischen Verhaltens – vom Superparamagnetismus bis herab zum Diamagnetismus – gekennzeichnet ist. Zum besseren Verständnis des Weiteren sei in Kürze an die verschiedenen **Formen des Magnetismus** erinnert:

- **Ferromagnetismus** – Er ist durch hohe Werte der Induktion B (bei Eisen etwa 2 T) und der Suszeptibilität χ (bis zu 10^6) gekennzeichnet. Die Ursache ist eine Parallelstellung der magnetischen Momente von dicht gepackten paramagnetischen Atomen, welche sich auf ein Minimum des elektrostatischen Energieinhalts zurückführen lässt.

- **Superparamagnetismus** – Auch hier liegt Parallelstellung der Momente vor, allerdings nur bei Einwirken eines „Stützfeldes". Dies erklärt sich damit, dass die paramagnetischen Atome wohl dicht gepackt sind, ihre Gesamtanzahl aber bei Zimmer- oder Körpertemperatur für eine stabile Wechselwirkung zu klein ist (unter der Größenordnung 100.000).

- **Paramagnetismus** – Hier liegen paramagnetische Atome in geringer Dichte vor, womit Wechselwirkungen kaum vorliegen und χ in der niedrigen Größenordnung 10^{-5} verbleibt.

- **Diamagnetismus** – Die Elektronenschalen der Atome sind voll aufgefüllt, womit kein paramagnetisches Moment gegeben ist. χ ist von der Größenordnung -10^{-6}, wobei das negative Vorzeichen daher rührt, dass die Elektronen aufgrund der Lorentzkraft eine dem einwirkenden Feld entgegen gesetzte Magnetisierung erzeugen.

Tabelle 4.3. Magnetisches Verhalten von Eisen ($Z = 26$). Angegeben ist die Spinbesetzung der einzelnen Elektronenschalen für vier Fälle: (i) Das ungeladene Eisenatom Fe mit vier unkompensierten Spins, (ii) das – z.B. in nichtoxidiertem Hämoglobin enthaltene – paramagnetische Fe^{2+}, bei dem die beiden äußersten Elektronen fehlen, (iii) das stärker paramagnetische Fe^{3+} mit fünf unkompensierten Spins, (iv) rein diamagnetisches Fe^{2+} als Folge des Spinumklappens bei Bindung von O_2 (= low spin status)

Elektronenschalen		1s	2s	2p	3s	3p	3d	4s
Fe	+Spins	1	1	3	1	3	5	1
	-Spins	1	1	3	1	3	1	1
Fe2⁺	+Spins	1	1	3	1	3	5	
	-Spins	1	1	3	1	3	1	
Fe3⁺	+Spins	1	1	3	1	3	5	
	-Spins	1	1	3	1	3		
Fe2⁺ oxidiert	+Spins	1	1	3	1	3	3	
	-Spins	1	1	3	1	3	3	

Biologische Medien sind fast vollständig durch rein **diamagnetische Biomoleküle** aufgebaut. Dies erklärt sich damit, dass bei kovalenten Bindungen der wesentlichsten => Elemente (H, C, N, O, S und P) i. Allg. Edelgascharakter vorliegt. All diese Elemente sind leicht, womit χ ausgeglichen ausfällt. Sehr unterschiedliche Werte hingegen ergeben sich für das einer Molekülart zukommende **magnetische Moment**. Dafür gilt in grober Näherung

$$m = - K \cdot H \cdot N \cdot a^2{}_m, \qquad (4.4)$$

mit K als dimensionsbehaftete Konstante. Das zum Fremdfeld H antiparallele Moment steigt also linear mit der Feldstärke an und ist zur Anzahl N der Elektronen proportional. Sehr wesentlich aber ist, dass ein betrachtetes Elektron umso mehr beiträgt, je größer das Quadrat des mittleren Elektronenbahnradius a ausfällt. Elektronen äußerer Schalen tragen wegen der großen Bahnfläche überproportional zu m bei. $a^2{}_m$ versteht sich als über alle Elektronen des Moleküls gemittelter Wert. Die einfache Beziehung bedeutet, dass m zur Charakterisierung von Biomolekülen herangezogen werden kann – z.B. ergibt sich für Vitamin C der 7,5-fache Wert gegenüber H_2O, das wesentlich geringeres Molekulargewicht aufweist. Die experimentelle Bestimmung erfolgt über eine Messung von χ unter Berücksichtigung der Molekülkonzentration.

Paramagnetisches Verhalten findet sich bei => Radikalen fehlender Spinabsättigung und sehr häufig bei **komplexen Biomolekülen**, die ein Ion enthalten. Als Beispiel sei an => Myoglobin (Abb. 1.16) erinnert, wo das Moment durch ein Eisenion (Fe^{2+} entsprechend Tabelle 4.3) gegeben ist. Viel seltener finden sich in Organismen **superparamagnetische Einschlüsse**, z.B. im Sinne von Fe-Depots. Wie wir noch sehen werden, erklären sich mit so genannten => Magnetosomen magnetische Sinnesorgane.

2.2 Magnetische Separation

Die biologische Labortechnik benutzt magnetische Filter zum spezifischen Nachweis von molekularen bzw. zellulären Komponenten heterogener Gemische. Markierung erfolgt durch antikörpergestützte Anbindung von superparamagnetischen „Beads". An ihrer Stelle lässt sich für Erythrozyten der Mechanismus des Low-Spin-Status nutzen.

Mit diesem Abschnitt sei jene Wechselwirkung zwischen magnetischen Feldern und biologischen Medien vorweggenommen, der die größte technologische Bedeutung zukommt. Dabei handelt es sich um

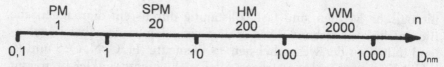

Abb. 4.7. Magnetisches Verhalten von Magnetitpartikeln als Funktion der Größe *D* (grobe Größenordnungen). PM paramagnetisches Verhalten, SPM superparamagnetisches Verhalten, HM ferromagnetisches Verhalten mit permanentem Moment *m* (entspr. Hartmagnetismus), WM ferromagnetisches Verhalten mit näherungsweise zur Fremdfeldstärke proportionalem *m* (entspr. Weichmagnetismus). Mit *n* ist die Größenordnung der bei Annahme einer kugelförmigen Partikel in einer Richtung hintereinander liegenden Atome angegeben

die Eigenschaft magnetischer Gradientenfelder, biologische Partikeln zu bewegen und zu separieren.

Die Mechanismen der magnetischen Separation wurden eingehend erforscht, da sie eine Grundlage zur – vor allem für die Schwerindustrie bedeutsamen – Separation von industriellem Staub und Schlamm bieten. Der **Einsatz magnetischer Filter** konzentrierte sich zunächst auf den Gewinn von Schwermetallionen, insbesondere von giftigen, radioaktiven oder durch ihren Handelswert attraktiven Partikeln. In jüngerer Zeit erfolgen routinemäßige Anwendungen zunehmend auch in verschiedenen Bereichen der Biotechnologie, und im Besonderen der biologischen Labortechnik.

Zur Diskussion der genutzten **Kraftwirkungen** wird meist von einem Dipolmoment *m* im Fremdfeld *B* ausgegangen. Die Grundlagen des Elektromagnetismus liefern dafür eine Kraft

$$F = (m \cdot \nabla) \cdot B. \tag{4.5}$$

Die hier sehr kompakt formulierte Beziehung[1] ermöglicht Abschätzungen von Wirkungen auf größere Partikeln, die ein „eingefrorenes" Moment *m* aufweisen. Im biologischen Fall hingegen übersteigt die Partikelgröße *D* im Sinne von Nanopartikeln kaum je die Größenordnung von 10 nm. Für den – auch für das Weitere – wichtigsten Stofftyp, das Eisenoxyd **Magnetit** (Fe_3O_4), liegt damit gemäß Abb. 4.7 => **Superparamagnetismus** vor. Dies bedeutet, dass endliches *m* erst bei Einwirken eines hinreichend starken Stützfeldes aufkommt und seine Größe nicht nur von *B*, sondern auch von der Partikelform, der Temperatur und anderem abhängt. Theoretisch kann gezeigt werden,

---

[1] Die Gleichung beinhaltet den so genannten Nabla-Operator ∇, der eine vektorielle Differentiation nach den Raumkoordinaten ausdrückt. Eine endliche Kraft ergibt sich damit nur, wenn ein Gradientenfeld vorliegt, der Feldstärkenverlauf also örtliche Unterschiede aufweist.

dass die resultierende Kraft zum Gradient des Feldquadrats proportional ist. Dafür wollen wir im Weiteren das Zeichen

$$\Gamma = \nabla \, B^2 \tag{4.6}$$

setzen.

Bezüglich der **Auswirkung der aufkommenden Kraft** gilt weitgehende Analogie zum Fall der => Elektrophorese. Generell können wir davon ausgehen, dass die momentbehaftete Partikel von diamagnetischen Molekülen – insbesondere Wassermolekülen – umgeben ist. Analog zu Glg. 2.11 ist die **Beweglichkeit** zu m proportional, zu D und zur Viskosität η hingegen verkehrt proportional. Aufgrund der hohen Zahl von Parametern sind mathematische Modellierungen problematisch.

In der biologischen Labortechnik werden magnetische Kräfte dazu verwendet, bestimmte Zell- oder Molekültypen aus einem Gemisch zu separieren. Abb. 4.8 zeigt die sich zunächst anbietende einfachste Separationsmethode, **das Entmischungsverfahren**. In einer die Probe enthaltenden Testzelle wird durch eine nur den unteren Bereich umfassenden Spule – oder einen Permanentmagneten – ein inhomogenes Feld B mit Intensitäten um 1 T aufgebaut. Durch Versatz zwischen Spule und Probe wird ein vertikal nach unten gerichteter Feldgradient Γ induziert. Somit kommt es im Sinne eines Verdrängungsprozesses zu einer Entmischung: Die Partikeln von positivem m bewegen sich in Richtung Γ, diamagnetische (mit negativem) in Gegenrichtung. Ungeachtet möglicher Einflüsse von Gravitation oder Thermik ergibt sich letztlich regional gesehen eine Reihung entsprechend der Suszeptibili-

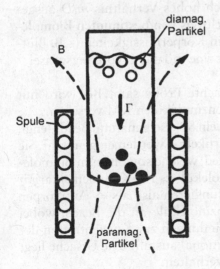

Abb. 4.8. Magnetische Entmischung im Gradientenfeld Γ einer Spule. Dargestellt ist ein Probenröhrchen mit einer flüssigen Probe, die paramagnetische Partikeln und – gegenüber dem Medium stärker – diamagnetische Partikeln enthält (s. Text)

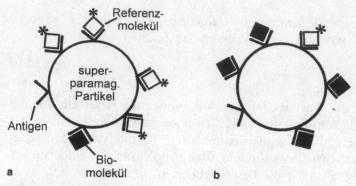

Abb. 4.9. Bestimmung der Konzentration [BM] eines bestimmten Typs eines Biomoleküls BM z.B. in einer Körperflüssigkeit. Skizziert ist eine superparamagnetische Partikel mit Antigenen, die zu BM und darüber hinaus auch zu einem Referenzmolekül mit radioaktiv strahlender Position (= Stern) komplementär sind. (a) Geringes [BM] entsprechend hoher Strahlungsintensität I. (b) Hohes [BM] entsprechend geringem I (s. Text)

tät χ. Der Reihung ist dabei auch das Medium selbst unterworfen. Im skizzierten Fall landen also die am stärksten paramagnetischen oder gar superparamagnetischen Partikeln im Bodenbereich. Bezüglich diamagnetischer Partikeln gilt, dass solche nach oben wandern, die gegenüber dem Medium geringeres χ aufweisen. In der Praxis kann dies zu sehr gezielten Trennungen genutzt werden, indem der Wert χ des Mediums durch Einmischen paramagnetischer Salze optimal vorgewählt wird.

Bei der Anordnung nach Abb. 4.8 sind die in der Praxis erzielbaren Werte Γ gering. Die **Anwendung** ist somit auf stark wässrige Proben beschränkt, deren Zielpartikeln durch hohes Verhältnis m/D ausgezeichnet sind. Ein Beispiel ist der **Nachweis von bestimmten Biomolekülen BM** – etwa einer Proteinart – in Körperflüssigkeiten (z.B. Blutplasma oder Urin). Abb. 4.9 skizziert eine mögliche Vorgangsweise:

(i) Die in die Testzelle eingebrachte Probe samt BM wird mit radioaktiv markierten Referenzmolekülen RM versehen.

(ii) Superparamagnetische Partikeln SP – so genannte Beads (engl. für Kügelchen) oder **Nanopartikeln** – werden eingemischt. Sie sind mit => Antigenen gecoated, welche sowohl zum Biomolekül als auch zum Referenzmolekül => KL-Komplementarität zeigen. Die beiden letzteren fungieren also als => Antikörper. In der Folge binden Referenzmoleküle an die Beads, wobei die Wahrscheinlichkeit der Bindungen zur Konzentration der Biomoleküle verkehrt proportional ausfällt. Die Ursache liegt im bestehenden Konkurrenzverhalten.

(iii) Das Gradientenfeld wird wirksam gemacht, womit die Komplexe Bead+Referenzmoleküle+Biomoleküle zum Zellboden wandern.

(iv) Am Zellboden wird die lokale Strahlungsintensität I gemessen, die ein verkehrt proportionales Maß zur gesuchten Biomolekül-Konzentration [BM] darstellt.

Wesentlich stärkere Feldgradienten Γ erzielt man mit **magnetischen Filtern**, die von der Probenflüssigkeit mit endlicher Geschwindigkeit v durchflossen werden (Abb. 4.10a). Sie enthalten ferromagnetische Komponenten geringen Durchmessers, wie etwa Zylinder in gitterförmiger Anordnung, oder auch Ellipsoide. Am häufigsten aber wird in ein Filterröhrchen organisch gecoatete, z.B. $2\,R = 50\,\mu m$ dicke Stahlwolle eingebracht. Magnetisierung durch ein starkes Fremdfeld B_f erbringt gemäß Abb. 4.10b eine „feldfokussierende" Wirkung mit maximalen Werten B an der Eintrittsstelle des Feldes in die magnetisch gesättigten Drähte. Nehmen wir als Beispiel an, dass B über einen Abstand R von der Drahtoberfläche von 1 T auf 0,5 T absinkt, so liegt hier mit $\Gamma = 0{,}25\ T^2\ /\ 25\,\mu m = 10\ T^2\ /\ mm$ ein sehr starker Gradient

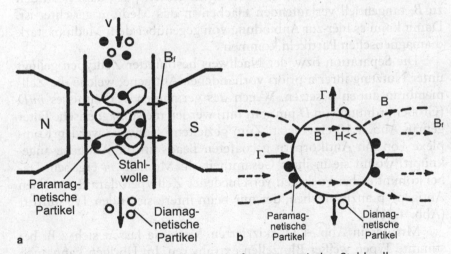

Abb. 4.10. Magnetisches Filter bei Einsatz ferromagnetischer Stahlwolle. (a) Anordnung eines Filterröhrchens im starken Fremdfeld B_f eines Magnetkreises. Paramagnetische Partikeln hoher Suszeptibilität χ haften an der Stahlwolle und werden durch anschließende Spülung bei $B_f = 0$ in Reinform gewonnen. (b) Konfiguration des Feldgradienten Γ an der Peripherie eines magnetisierten Stahldrahtes (im Querschnitt). „Paramagnetischer Einfang" für Partikeln von maximalem χ ergibt sich für die Region des Flussübertritts von Luft in Stahl wegen der Kontinuität der lokalen Induktion B (gemäß Div $B = 0$). „Diamagnetischer Einfang" für minimales χ ergibt sich für die Seitenregionen wegen der Kontinuität des im Material äußerst schwachen Feldes H (gemäß Rot $H = 0$)

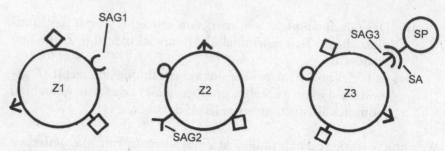

Abb. 4.11. Separation von rein diamagnetischen Zellen Z1, Z2 bzw. Z3 durch Nutzung spezifischer Antigene SAG1, SAG2 bzw. SAG3. Die zusätzlich skizzierten Antigene kommen mehrfach vor und zeigen somit unspezifisches Verhalten. Soll z.B. Z3 magnetisch manipulierbar gemacht werden, so werden superparamagnetische Partikeln SP beigemischt, die zu SAG3 spezifisch komplementäre Antikörper SA tragen

vor. Bei Durchtritt der Probe führt er zum Einfang von Partikeln hohen Wertes χ aus dem diamagnetischen, wässrigen Medium. Bei einer anschließenden Spülung des Filters ohne Feld werden die Partikeln schließlich in reiner Form gewonnen. Angemerkt sei, dass $\boldsymbol{\Gamma}$ an den zu $\boldsymbol{B}_f$ tangentiell verlaufenden Flächen in das Medium gerichtet ist. Damit kann es hier zur Anbindung von gegenüber dem Medium stark diamagnetischen Partikeln kommen.

Die Separation bzw. der **Nachweis bestimmter Zelltypen** gelingt unter Nutzung ihrer a priori vorhandenen Antigene, welche die Zellmembran außen besetzen. Wegen des geringeren Verhältnisses m/D (Größenordnung von D µm statt nm) werden meist magnetische Filter gemäß Abb. 4.10 eingesetzt. Zum gezielten Nachweis werden Komplexe von mit Antikörpern gecoateten Beads an die Antigene angeknüpft, womit sie in ihrer Gesamtheit ein Moment m ergeben. Dabei kommt es bei Vorliegen verschiedener Zelltypen darauf an, einen Antigentyp anzusprechen, der nur beim interessierenden Typ auftritt (Abb. 4.11).

Mit der in Abb. 4.11 skizzierten Methode lassen sich z.B. bestimmte Typen **weißer Blutzellen** extrahieren. Im Übrigen kann auch ein optischer Nachweis realisiert werden, indem neben den Beads zusätzliche Marker angebunden werden, die bei Bestrahlung durch UV-Licht fluoreszieren.

In speziellen Fällen kann auf das magnetische Label verzichtet werden. Bei => **Erythrozyten** liegt durch den hohen Gehalt an => Hämoglobin ein gegenüber dem diamagnetischen Plasma ausreichend hoher Wert χ vor (Abb. 4.12a). Voraussetzung der Filterung ist aber eine Desoxidation, da im oxidierten Zustand ja im Sinne des => Low spin status diamagnetisches Verhalten vorliegt (womit die Hundtsche Regel keine Gültigkeit hat). Dieser Mechanismus des Spin-Umklappprozesses kann überdies zur Analyse des Oxidationsverhaltens genutzt werden. Und letztlich erlaubt eine an einer Blutprobe vorgenommene, unmittelbare Messung von χ die Bestimmung des Hämoglobingehalts, bzw. – indirekt – jene des Zellgehalts, des Hämatokrits c (Abb. 4.12b).

Ergänzend sei betont, dass der Separationsmechanismus als mögliche Quelle biologischer **Effekte auf den Menschen** ausscheidet. Weiter oben haben wir bezüglich des Feldgradienten Γ für Magnetfilter Werte bis 10 T² / mm erwähnt, – eine Größenordnung, die sich weder in der natürlichen noch in der technischen Umwelt je ergeben wird. Stärkste Felder B bis zu 7 T kommen im Falle der => NMR-Tomographie auf. Selbst der Randbereich entsprechender Magnetspulen ist durch – im Sinne der Separation – vernachlässigbar geringe Werte Γ gekennzeichnet. Während ungewollte Effekte also auszuschließen sind, wird seit langem eine **medizinische Nutzung** von in den Organismus eingebrachten Komplexen von magnetischen Beads und Pharmaka versucht. Ein Ziel ist es, die letzteren durch von außen wirksam gemachte Felder am angestrebten Wirkungsort zu immobilisieren. Auch gezielte

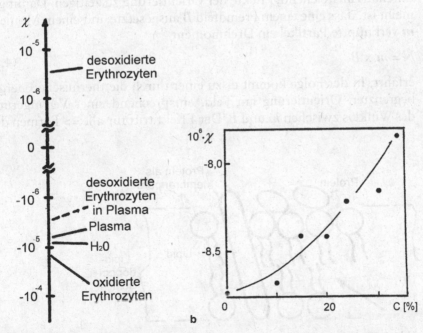

Abb. 4.12. Folgewirkungen des paramagnetischen Verhaltens desoxidierten Hämoglobins von Erythrozyten. (a) Größenordnungen der Suszeptibilität χ verschiedener Bestandteile des Blutes. (b) Suszeptibilität χ von Blut eines Schafes als Funktion des Hämatokrits c

Lenkungen von Pharmaka werden angestrebt, wobei aber mögliche Partikelagglomerationen und – in der Folge – Gefäßverschlüsse als wesentliches **Risiko** gelten. Extrem kleine Nanopartikeln wiederum gelten als ein solches wegen freier Wanderungsmöglichkeit. So ist – analog zum Problem von Asbestpartikeln – Durchlässigkeit für die Blut/Hirn-Schranke zu erwarten.

4.2.3 Orientierung magnetischer Momente

Sehr starke Felder, wie sie bei der NMR-Tomographie aufkommen, können – reversible – Orientierungen von Biomolekülen ergeben, die diamagnetisch anisotrop sind oder paramagnetische Momente beinhalten, wie Schwermetallionen oder Radikalpositionen. Superparamagnetische Orientierung hat Relevanz für magnetotaktische Bakterien und für den Magnetfeldsinn zahlreicher Tierarten.

Während Separationseffekte nur bei starken Feldgradienten aufkommen, die in spezifischer Weise generiert werden, sind beispielsweise die für die NMR-Tomographie typischen Feldintensitäten durchaus ausreichend, Effekte der Orientierung zu zeitigen. Damit gemeint ist, dass eine einem Fremdfeld B ausgesetzte, mit einem Moment m verknüpfte Partikel ein **Drehmoment**

$$N = m \times B \tag{4.7}$$

erfährt. In der Folge kommt es zu einer durch die thermische Energie begrenzten **Orientierung am Feld**, entsprechend einer Verringerung des Winkels zwischen m und B. Der Effekt tritt für alle => Formen des

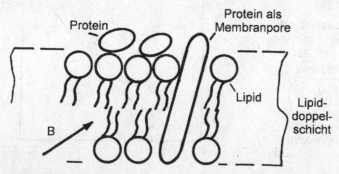

Abb. 4.13. Mögliche Verzerrung von Membranstrukturen durch Orientierung kettenförmiger diamagnetischer Moleküle (Proteine, Lipide) durch ein statisches Magnetfeld hoher Intensität *B*. Die teilweise Ausrichtung der Moleküle am Feld kann eine Veränderung der Permeabilität von Membranporen zur Folge haben

Magnetismus auf – von der stärksten bis zur schwächsten –, im letzteren Fall des Diamagnetismus allerdings in modifizierter Weise.

In Abschnitt 4.2.1 haben wir festgestellt, dass Biomoleküle meist durch diamagnetisches Verhalten charakterisiert sind. Die Einstellung des Momentes m ist hier a priori streng definiert, und zwar antiparallel zu B. Ein Orientierungseffekt kann also nicht entsprechend Glg. 4.7 erfolgen. Vielmehr ist hier die **Anisotropie der diamagnetischen Suszeptibilität** χ ausschlaggebend. Die Struktur eines Moleküls weicht i. Allg. von der Kugelsymmetrie ab. Somit kann als einfache Plausibilisierung davon ausgegangen werden, dass in Glg. 4.4 für unterschiedliche Einstellungen des Moleküls zum Feld unterschiedliche mittlere Elektronenbahnradien a_m auftreten. Die Folge sind richtungsabhängige Werte von χ. So zeigt alleine schon das Wassermolekül für die Richtung seiner Symmetrieachse – in Abb. 1.8a die Vertikale – einen um mehr als 10 % höheren Betrag von χ als für die dazu normale Richtung.

Analog zu den in Abschnitt 1.2.1 angestellten Überlegungen der Energieminimierung liefert die diamagnetische Anisotropie **bevorzugte Einstellungen von Biomolekülen** am Feld B. Bei kettenförmigen Molekülen ergibt sich ein Trend der Parallel- oder Normaleinstellung, der technisch bereits zur Entwicklung magnetischer Flüssigkristall-Displays genutzt wird, und zwar analog zu elektrisch orientierten Molekülen von Flüssigkristalldisplays (LCDs). Die Größenordnung der dabei benötigten kritischen Feldstärke B_k liegt bei 0,5 T.

Im biologischen Fall werden entsprechende Effekte für die quasikristalline => **Struktur von Zellmembranen** angenommen. Gemäß Abb. 4.13 kann eine Verzerrung sowohl der Lipiddoppelschicht als auch der Anordnung von die Membran besetzenden bzw. durchdringenden Proteinen erwartet werden. Die Folge ist eine Veränderung der Permeabilität der verschiedenen Membranporentypen für den jeweils spezifischen Stofftransport. Alleine schon aufgrund der starken => Fluidität von Membranen ist reversibles Verhalten zu erwarten. Der Effekt könnte experimentelle Befunde von Tierversuchen erklären, bei denen die Einwirkung von über B_k gelegenen Feldstärken zu **Veränderungen des Stoffwechsels** oder auch neuronalen Effekten führte. Generell handelt es sich dabei aber um nichtspezifische Effekte, deren Nachweis i. Allg. nur mit statistischen Methoden gelingt. Effekte auf den Menschen sind nur im Fall der NMR-Tomographie denkbar, wobei die reversible Natur gegen eine medizinische Bedeutung spricht.

Die oben genannte Feldintensität kann auch eine **Orientierung paramagnetischer Momente** auf der Basis von Glg. 4.7 hervorrufen. Abb. 4.14 skizziert als konkretes Beispiel einen gut erforschten entsprechenden Effekt. Er betrifft so genannte Ketone, d. h. Verbin-

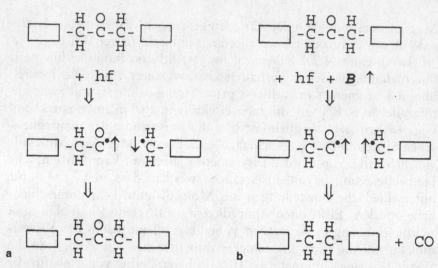

Abb. 4.14. Grundgedanke der Beeinflussung chemischer Prozesse durch ein statisches Magnetfeld hoher Intensität B (> 0,1 T). Ein Lichtquant bestimmter Energie $h \cdot f$ führt zum Zerfall des betrachteten Moleküls in zwei Fragmente mit Radikalcharakter. (a) Bei antiparalleler Spineinstellung erfolgt spontane Rekombination. (b) Eine durch das Feld B bewirkte Paralelleinstellung hingegen verhindert die Rekombination. Sie erfolgt erst nach Abgabe eines Fragmentteils (hier CO), womit ein neues Endprodukt entsteht

dungen, welche eine Position –C–CO–C– enthalten. In vereinfachter Weise kann sich hier der folgende gemischt => photochemische bzw. magnetische **Prozessablauf** ergeben:

(a) Einwirken eines Lichtquants bestimmter => Energie $h f$ kann zur photolytischen Auftrennung der Verbindung führen. Damit entstehen zwei => Radikalpositionen mit – entsprechend der => Richtungsquantelung – zueinander antiparallelen paramagnetischen Momenten m.

(b) Im Allgemeinen erfolgt eine sofortige Rekombination, die nach einer Nanosekunde abgeschlossen ist, womit das Ausgangsmolekül wieder vorliegt.

(c) Einwirken eines starken Feldes B hingegen kann eine Orientierung beider Momente am Feld ergeben. Dies behindert aufgrund des Pauli-Verbotes enger Begegnung zueinander paralleler Spins (s. Literatur des Magnetismus) die Rekombination. Sie erfolgt im skizzierten Fall erst nach Abtrennung von CO und ergibt letztlich eine **molekulare Veränderung**, indem –C–CO–C– durch –C–C– ersetzt ist.

Analoge Prozesse für lebende **biologische Systeme** sind medizinisch gesehen kaum relevant. Voraussetzung sind spezielle Randbedingungen (Vorliegen des Isotops C-13 statt C-12) und hohe Werte von B, die praktisch kaum je gegeben sind (wiederum mit Ausnahme der NMR-Tomographie). Die Ausbeute molekularer Veränderung kann als äußerst gering angenommen werden. Bei zeitlich begrenzter Feldeinwirkung ist überdies Ausgleich durch physiologische Regelprozesse zu erwarten. Bei gezielter Langzeiteinwirkung im Sinne der oben zitierten Tierversuche hingegen könnte u. U. auch der hier vorliegende Mechanismus das eventuelle Auftreten unspezifischer Effekte mit erklären.

Letztlich seien Orientierungseffekte auf so genannte **Magnetosomen** (= Magnetkörperchen) angeführt. Es handelt sich um intrazelluläre Einschlüsse von Magnetit im Sinne von => Organellen, die von einer Membran umhüllt sind. Mit Abmessungen D von etwa 5 bis 100 nm ist gemäß Abb. 4.7 superparamagnetisches bzw. hartmagnetisches Verhalten gegeben.

Am besten erforscht ist das Vorkommen von Magnetosomen in so genannten **magnetotaktischen Bakterien**. Entsprechend Abb. 4.15a,b

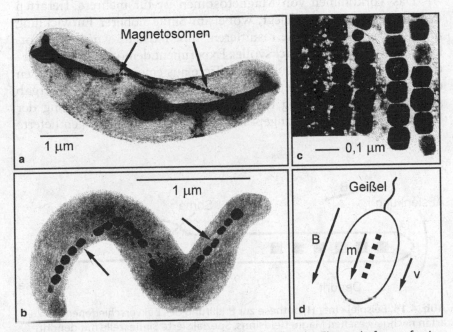

Abb. 4.15. Superparamagnetische oder hartmagnetische Eigenschaften aufweisende Magnetosomen. (a,b) Verschiedene Typen magnetotaktischer Bakterien. (c) Magnetosomenketten mit globalem Moment **m**. (d) Für die nördliche Hemisphäre typische Polung von **m**, womit sich mit Hilfe der Antriebsgeißel eine zum geomagnetischen Feld **B** parallele Fortbewegungsgeschwindigkeit **v** ergibt

handelt es sich um Bakterien verschiedenen Typs (Spirillen, Kokken oder Stäbchenförmige), die meist kettenartige Einschlüsse aufweisen (Abb. 4.15c). Damit resultiert eine Gesamtanordnung, die selbst ohne stützendes Fremdfeld ein permanentes Moment m – analog zu einem Stabmagneten – aufweisen kann. Magnetosomen scheinen eine biologische Rolle als Fe-Speicher zu spielen, wobei der bedarfsweise Abbau zu verändertem D und somit auch verändertem magnetischen Verhalten führen kann.

Infolge des (im hartmagnetischen Fall) a priori vorliegenden oder (im superparamagnetischen Fall) induzierten Moments m verursacht ein magnetisches Fremdfeld eine **Orientierung der Organismen**. Dazu reicht bereits die mit etwa 50 µT sehr geringe Feldstärke des geomagnetischen Feldes aus. Im Zusammenspiel mit dem Geißelantrieb der Mikroorganismen ergibt sich ein Lenkungseffekt. In der nördlichen Hemisphäre ist m in Antriebsrichtung gepolt, womit die Bakterien B entlang schwimmen (Abb. 4.15d) und von sauerstoffreichen Gewässeroberflächen ferngehalten werden. Diese mögliche Hauptfunktion der magnetischen Einschlüsse ist in der südlichen Hemisphäre durch umgekehrte Polung sichergestellt.

Das Vorkommen von Magnetosomen ist für mehrere Tierarten (Vögel, Termiten u. a.) belegt, wobei im Sinne höherer Entwicklung **magnetische Sinnesorgane** resultieren. Ihre Existenz wurde für Rotkehlchen durch ein eindrucksvolles Experiment demonstriert: Im Zentrum eines Zirkuszeltes wurden die Tiere aus einem Korb freigelassen und die Flugrichtungen registriert. Der Jahreszeit entsprechend ergab sich im Mittel ein Abflug in Richtung SW. Eine Wiederholung der Freilassung bei im Zelt umgepolter Richtung von B hingegen lieferte

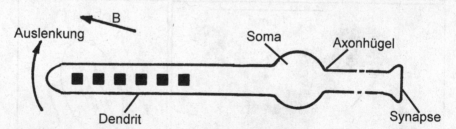

Abb. 4.16. Beispiel einer Hypothese zur Erklärung des bei verschiedenen Tierarten nachgewiesenen Magnetfeldsinns. Spezialisierte Sinneszelle mit dendritischem Ende mit eingeschlossenen Magnetosomen des nach links angesetzten Moments m. Bei mechanischer Auslenkung des Dendriten werden am Axonhügel Aktionsimpulse ausgelöst, welche über Synapsen in Richtung des Gehirns laufen

umgekehrte Startrichtung in NO. Der Schluss liegt nahe, dass das geomagnetische Feld als Orientierungshilfe genutzt wird.

Abb. 4.16 zeigt ein hypothetisches **Funktionsschema des Orientierungssinns**. Es basiert auf dem Konzept der Haarzelle, die den Hörsinn vermittelt. Analog zur => optischen Sinneszelle mit photochemisch verursachter Aktionsimpuls-Auslösung erfolgt sie hier bei mechanischer Auslenkung des dendritischen Zellteils. Nehmen wir an, dass der Dendrit eine Kette von Magnetosomen mit globalem Moment *m* enthält, so führt ein Fehlwinkel gegenüber *B* zur mechanischen Auslenkung. Die entsprechend ausgelösten Impulse werden letztlich vom Gehirn als Fehlstellung gegenüber dem Erdfeld interpretiert.

Neuere Untersuchungen belegen die **Existenz eines zweiten Funktionsschemas**. Kann man das Obige als Derivat des Hörsinns interpretieren, so ist dieses eines des schon angesprochenen Sehsinns. Als Erklärungshypothese erfolgt der magnetische Kraftangriff als Orientierung paramagnetischer Momente von Photorezeptorproteinen (wie Rhodopsin). Offen bleibt dabei aber, dass dafür Feldstärken um 0,5 T aufkommen sollten, während hier nur 50 µT zur Verfügung stehen. Hypothetisch gesehen könnten nach quantentheoretischen Vorstellungen einzelne singuläre Treffer auftreten. Und wie beim äußerst empfindlichen Vorgang des Dämmerungssehens wäre anzunehmen, dass die Modifikation einzelner Moleküle durch enzymatische Reaktionsketten verstärkt wird.

2.4 Induktionseffekte

Niederfrequente Magnetfelder induzieren im menschlichen Organismus – vorzugsweise peripher auftretende – elektrische Wirbelfelder, die im Allgemeinen ohne Bedeutung sind. In der Therapeutik gezielt angesetzte Impulsfelder hingegen können thermische bzw. neuronale Stimulationen erbringen.

Wie wir gesehen haben, setzen Wechselwirkungen magnetischer Natur – mit Ausnahme der Orientierung von Magnetosomen – sehr hohe Feldstärken *B* voraus. Davon losgelöst zu betrachten ist die durch magnetische Wechselfelder hervorgerufene Induktion elektrischer Wirbelfelder. In biologischen Medien, die meist hohe Leitfähigkeit γ aufweisen, können sie beträchtliche Intensitäten der Stromdichte *S* hervorrufen. Die **theoretische Grundlage** lässt sich durch die Beziehung

$$\mathrm{rot}\, S = -\gamma \cdot \partial B / \partial t \qquad (4.8)$$

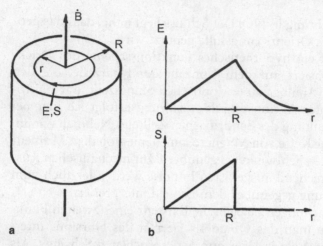

Abb. 4.17. Abschätzung der im menschlichen Thorax bei Einwirken eines magnetischen Wechselfeldes **B** zu erwartenden Stromdichte **S**. (a) Modellierung als homogenen Kreiszylinder, wobei das Magnetfeld – stark schematisierend – als auf den Zylinder begrenzt angesetzt ist. (b) Feldstärke E und Stromdichte S als Funktion des Radius r (vgl. Text)

angeben.[2] Die entsprechenden **Folgewirkungen** sind danach nicht magnetischer sondern **elektrischer Natur**. Somit könnte generell auf den Abschnitt 4.1 verwiesen werden. Allerdings ergeben sich spezifische Muster der Feldverteilung von S, die im Folgenden mit Hinblick auf biologische Effekte kurz behandelt seien.

Während ein auf den Menschen in Richtung der Körperachse einwirkendes elektrisches Feld **E** ein axiales **Strömungsfeld** S bewirkt, liefert ein homogenes magnetisches Feld **B** die Achse umlaufende Stromlinien. Bei grober Modellierung des Thorax durch einen Kreiszylinder des Radius R entsprechend Abb. 4.17 erhalten wir konzentrische Stromlinien S. Integration der Glg. 4.8 liefert dabei bei Annahme eines sinusförmigen Feldes der Frequenz f und des Spitzenwertes B für einen Achsenabstand r in grober Näherung die Stromdichte

$$S = \frac{\gamma}{2\,r \cdot \pi}\,2\,\pi \cdot f \cdot B \cdot r^2 \cdot \pi = r \cdot \pi \cdot \gamma \cdot f \cdot B \ . \tag{4.9}$$

Dies bedeutet, dass – ganz anders als im elektrischen Fall – sehr inhomogene Verhältnisse auftreten, wobei S vom Wert Null im Zentrum ausgehend hin zur Körperoberfläche linear zunimmt. In Ab-

---

[2]   Nach der aus der II. Maxwellschen Gleichung hergeleiteten Beziehung ergeben sich elektrische Wirbelströme, die zur Leitfähigkeit des Gewebes proportional sind, vor allem aber auch zur zeitlichen Ableitung der magnetischen Feldstärke, d.h. ihrer Dynamik.

schnitt 4.1.2 haben wir für den Thorax eine **kritische Stromdichte** $S =$ 0,1 mA/cm² = 1 A/m² definiert, ab der Herzrhythmusstörungen oder sogar Herzkammerflimmern auftreten kann. Für den magnetischen Fall mit 50 Hz liefert Glg. 4.9 mit $r = 10$ cm und einer für Muskelgewebe typischen Leitfähigkeit um $\gamma = 0,2$ S/m die sehr hohe „**kritische magnetische Feldstärke**"

$$B = S / (\gamma \cdot f \cdot r \cdot \pi) =$$

$$= 1 \text{ A/m}^2 / (0,2 \text{ S/m} \cdot 50 \text{ Hz} \cdot 0,1 \text{ m} \cdot \pi) \approx 0,3 \text{ T}. \qquad (4.10)$$

Abb. 4.18 zeigt **Grenzwertverläufe** des Induktionsspitzenwertes als Funktion der Frequenz, wie sie – in national unterschiedlicher Weise – Vorschriften zum Schutz der Bevölkerung zugrunde gelegt werden. Generell gilt dabei, dass ab einigen hundert Hertz konstante Grenzwerte angesetzt werden können, da neuromuskuläre Wechselwirkungen an Relevanz verlieren. Thermische Effekte bleiben freilich bestehen.

Abschließend sei in Kürze auch hier die **medizinische Relevanz** der Wechselwirkungen angegeben:

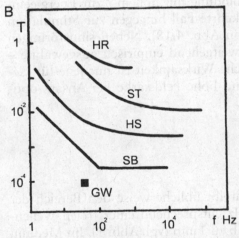

Abb. 4.18. Der Festlegung von Schutzvorschriften tendenziell zugrunde gelegte Grenzwerte des Induktionsspitzenwertes B für sinusförmigen Zeitverlauf als Funktion der Frequenz f. HR Grenzwertverlauf für Herzrhythmusstörungen entsprechend der „kritischen" Stromdichte von 0,1 mA/cm² für 50 Hz. ST Möglichkeit neuromuskular stimulierender Effekte. HS als hinreichend sicher bezeichneter Bereich. SB als sicher bezeichneter Bereich. GW möglicher Grenzwert bezüglich der Dauerbelastung der Bevölkerung durch Felder der Netzfrequenz 50 oder 60 Hz (bei Berücksichtigung verschiedener nationaler Normen, welche die Festsetzung von Grenzwerten – wie ersichtlich – i. Allg. in vorsichtiger Weise betreiben)

(a) Bedeutung bezüglich ungewollter Feldeffekte –

Abgesehen von beruflich besonders exponierten Personen ist die Bevölkerung nur sehr geringen Feldstärken B ausgesetzt. Sie übersteigen kaum je 30 µT – eine Größenordnung, die dem untersten Bereich von Abb. 4.18 entspricht. Etwa 10 µT kann im 10 m umfassenden Nahbereich einer Hochspannungsleitung aufkommen, oder auch in 10 cm Entfernung von belasteten Haushaltsstromleitungen. In seltenen Fällen ergeben sich etwas höhere Werte im Falle bestimmter Typen von Haushaltsgeräten. Gefährdungen sind also keineswegs zu erwarten.

(b) Bedeutung im Rahmen der Elektromedizin –

Das für den Fall elektrischer Wechselfelder Ausgeführte gilt auch hier. Soweit möglich wird die magnetische Einkopplung der unmittelbar elektrischen vorgezogen, da sie auf kontaktfreie Weise die Induktion neuromuskulär stimulierender Felder oder lokal erwärmender Felder im Bereich innerer Organe ermöglicht. Sowohl die Haut, als auch darunter liegendes Fettgewebe bleiben ohne Einfluss. Die applizierten Feldintensitäten bewegen sich zwischen etwa 0,5 bis 100 mT. Dabei werden kleine Werte in Verbindung mit hohem f zur Energieeinkopplung verwendet, der umgekehrte Fall hingegen zur Stimulation (entsprechend dem Bereich ST in Abb. 4.18). Neben sinusförmigen Zeitverläufen werden häufig – weitgehend empirisch ausgewählte – impulsartige angesetzt. Biologische Wirksamkeit ist nur jene für Geräte zu erwarten, die ausreichend hohe Feldstärke bei Ansatz optimierten Zeitverlaufs aufbringen.

4.3   Mikrowellen

Der Begriff Mikrowellen umschreibt üblicherweise den Bereich der Frequenz f von 0,3 bis 300 GHz entsprechend einer freien Wellenlänge $\lambda_o = c_o / f$ von 1 m bis herab zu 1 mm (vgl. Abb. 1). Im Medium ergibt sich eine Wellenlänge $\lambda = \lambda_o / \sqrt{\mu \cdot \varepsilon}$, wobei für die Permeabilität μ gemäß Abschnitt 4.2.1 der Wert 1 gilt. Für die Permittivität ε hingegen können sich nach Abb. 2.38a auch im Mikrowellenbereich hohe Werte bis annähernd 100 ergeben, und damit Reduktionen von λ um – maximal – eine Größenordnung. Biophysikalische Bedeutung besteht für Frequenzen bis zu etwa 30 GHz, d.h. für den Dezimeter- und Zentimeterbereich, wobei λ von der Größenordnung der Gewebeschichtdicken ist. Millimeterwellen dringen in die i. Allg. gut leitenden biologischen Medien prinzipiell nicht ein.

.1 Grundlagen thermischer Effekte

Die elektrische Feldkomponente der Mikrowellenstrahlung kann eine dynamische Orientierung polarer Moleküle bewirken. Es resultiert ein thermischer Effekt in jenem Frequenzbereich, in dem einerseits ausreichend hohe Dynamik gegeben ist, andererseits hinreichend geringe Trägheit der betroffenen Molekülart.

Wie wir sehen werden, lassen sich Wechselwirkungen zwischen Mikrowellen und biologischen Medien auf thermische Effekte reduzieren. Die entsprechende theoretische Grundlage folgt aus dem elektrodynamischen **Energiesatz**, dem Poyntingschen Satz. Betrachten wir dazu einen Volumenbereich V, in dem ein elektromagnetisches Feld wirkt. Der Momentanwert der umgesetzten Leistung ergibt sich für das isotrop angesetzte Medium zu

$$p = {}_V\!\!\int E \cdot S \cdot dV + {}_V\!\!\int E \cdot \partial D/\partial t \cdot dV + {}_V\!\!\int H \cdot \partial B/\partial t \cdot dV . \qquad (4.11)$$

Der erste Summand steht hier für Wirbelstromverluste, der zweite für dielektrische Verluste, der dritte für magnetische Verluste. Die Letzteren können wir im Falle biologischer Medien vernachlässigen. Die an ihnen beteiligten Moleküle sind ja großteils diamagnetischer Natur und somit hysteresefrei, was im Übrigen auch für paramagnetische bzw. superparamagnetische Partikeln gilt. Rein magnetische Verluste würden sich nur für ferromagnetische Strukturen erwarten lassen, die aber – vom Sonderfall der Magnetosomen abgesehen – nicht aufkommen.

Im Falle von Mikrowelleneffekten interessiert generell der Fall sinusförmiger Feldgrößen, womit sich die Einführung => komplexer Größen anbietet. Für die umgesetzte **Wirkleistung** finden wir

$$P = {}_V\!\!\int \gamma \cdot E^2 \cdot dV + {}_V\!\!\int E \cdot \omega \cdot D \cdot \cos(90^\circ - \delta) \cdot dV \qquad (4.12)$$

(mit γ als Ionenleitfähigkeit und $\omega = 2\pi \cdot f$ als Kreisfrequenz). Die Feldgrößen E und D verstehen sich hier als Effektivwerte. Entsprechend dem Zeigerdiagramm in Abb. 4.19 ist δ der dielektrische Verlustwinkel, welcher zwischen den Zeigern $\underline{D}$ und $\underline{E}$ auftritt.

Nach dem Obigen ergeben sich dielektrische Verluste nur für den Fall, dass δ ungleich Null ist. Für eine entsprechende Diskussion wollen wir von der in Abschnitt 2.3.2 behandelten γ-Dispersion ausgehen.

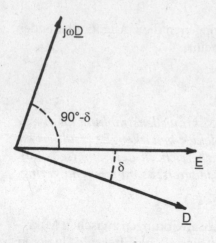

Abb. 4.19. Zeigerdiagramm zur Beschreibung der bei biologischen Medien im Sinne der γ-Dispersion auftretenden dielektrischen Verluste (s. Text)

Den Zusammenhang der Feldgrößen beschreiben wir durch die **komplexe Permittivität** $\underline{\varepsilon}$ gemäß

$$\underline{D} = \varepsilon_0 \cdot \underline{\varepsilon} \cdot \underline{E} = \varepsilon_0 \cdot (\varepsilon - j\varepsilon'') \cdot \underline{E}, \tag{4.13}$$

wobei das negative Vorzeichen den Vorteil einer positiven Größe ε'' erbringt. Für den Realteil, welcher die Permittivität schlechthin darstellt und deshalb hier ohne Index angesetzt ist, gilt

$$(2.19) \quad \varepsilon = \varepsilon_{HF} + \varepsilon_{HF} \; \frac{h}{1 + \omega^2 \cdot \tau^2}.$$

Für den für Verluste stehenden Imaginärteil gilt

$$(2.22) \quad \varepsilon'' = \varepsilon_{HF} \; \frac{h \cdot \omega \cdot \tau}{1 + \omega^2 \cdot \tau^2}.$$

ε_{HF} bedeutet dabei die oberhalb des Dispersionsbereiches auftretende Permittivität, h den Dispersionshub und τ die entsprechende Zeitkonstante. Nur für den Fall $\varepsilon'' = 0$ ist der Betrag von $\underline{\varepsilon}$ gleich ε; in Dispersionsbereichen ist er erhöht.

In Abb. 2.38a haben wir typische **Frequenzverläufe** von ε für verschiedene biologische Medienarten kennen gelernt. Im Bereich der hier interessierenden Mikrowellen finden wir z.B. bei Blut oder Muskelgewebe eine stark ausgeprägte γ-Dispersion, die vor allem durch freie, polare Wassermoleküle verursacht wird. Für die Zeitkonstante τ liefert Glg. 2.24 etwa 10 ps. Dem steht eine Dispersionsfrequenz $f_D \approx$ 15 GHz gegenüber. Abb. 2.37 zeigt die entsprechenden Verläufe von ε bzw. ε'' in getrennter Weise als Funktion der Frequenz.

Eine äquivalente Darstellung liefert die in Abb. 4.20 gezeigte Ortskurve von $\underline{\varepsilon}$, der so genannte **Cole-Cole-Bogen**, welcher die für Verluste relevanten Phasenbeziehungen veranschaulicht. Numerische

Größenordnungen sind dabei für den Fall von Wasser angegeben. Deutlich unterhalb bzw. oberhalb der Dispersionsfrequenz f_D ist ε reell, und Verluste treten nicht auf. Sie beschränken sich auf den praktisch etwa zwei Größenordnungen von f breiten Dispersionsbereich, der durch endliches δ ausgezeichnet ist. **Maximale Verluste** ergeben sich dabei für die Frequenz f_δ, bei der die Flussdichte $\underline{D}$ der Feldstärke $\underline{E}$ im Sinne maximalen Verlustwinkels δ am stärksten nacheilt. Die Angabe der Verluste erfolgt üblicherweise als so genannte **Absorptionsrate** $P' = P / (V \varrho)$ in W/kg mit ϱ als der Dichte des betrachteten Mediums (international: „Specific Absorption Rate" *SAR*).

Den Sachverhalt, wonach dielektrische Verluste auf den Dispersionsbereich beschränkt sind, wollen wir durch ein **Gedankenexperiment** plausibel machen. Betrachten wir dazu ein Ensemble von => polaren Wassermolekülen, die entsprechend der Ausgangstemperatur T – hier der Körpertemperatur – in Brownscher Bewegung sind. Für Einstrahlung von Mikrowellen können wir drei **Fälle der Verhaltensweise** erwarten:

(a) Für $f << f_D$ – Entsprechend der Theorie nach Langevin können die molekularen Momente den Richtungsänderungen von $\underline{E}$ in einem der Feldstärke entsprechenden Ausmaß folgen. Die resultierende Zusatzbewegung ist aber im Vergleich zur a priori vorliegenden Brownschen Bewegung vernachlässigbar langsam, und T verändert sich somit nicht.

(b) Für $f >> f_D$ – Die Momente können $\underline{E}$ aus Gründen der Trägheit nicht folgen, und T verändert sich nicht.

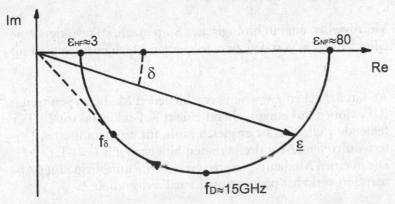

Abb. 4.20. Als Cole-Cole-Bogen bezeichnete Ortskurve der komplexen Permittivität $\underline{\varepsilon}$ mit für freies Wasser angegebenen numerischen Werten (s. Text)

(c) Für $f \approx f_D$ – Die Momente können E in einem Ausmaß folgen, das durch die hohe Dynamik zwar schon trägheitsbedingt begrenzt ist, andererseits aber endlich ausfällt. Die resultierende Zusatzbewegung erhöht die a priori vorliegende Brownsche Bewegung und führt zu einer messbaren Erhöhung auch von T.

Die resultierende **Erwärmung des Mediums** können wir uns auch als Konsequenz eines zwischen benachbarten Molekülen aufkommenden Reibungsprozesses plausibel machen. Analog dazu lassen sich die zusätzlich auftretenden Ohmschen Wirbelstromverluste durch Zusammenstöße der im Feld wandernden Ionen mit den Partikeln des Milieus interpretieren.

Der relative **Anteil der Wirbelstromverluste** an den Gesamtverlusten ist eine Funktion der Konzentration bzw. auch der Beweglichkeit der Ionen des betrachteten Mediums. Typischerweise beträgt er für 1 GHz etwa 50 %, während er bei 15 GHz – der Dispersionsfrequenz von Wasser – nur mehr etwa 10 % ausmacht. Bei noch höherer Frequenz treten alleine dielektrische Verluste auf.

4.3.2   Lokale Verteilung der Energiekopplung

Teilweise Reflexion der Strahlung an der Grenzfläche zwischen Fett- und Muskelgewebe begünstigt hohe elektrische Feldstärke im Fettgewebe, gute Leitfähigkeit hingegen starken Energieumsatz im beginnenden Muskelbereich. Hier kann maximale Erwärmung auftreten, was therapeutisch nutzbar ist, andererseits aber auch zu nachteiligen unerwünschten Effekten führen kann.

Wirken Mikrowellen auf ein biologisches System ein, so resultiert eine Feldverteilung, die u.a. von den zwei folgenden **Mechanismen** geprägt ist:

(i) An Grenzflächen zwischen verschiedenen Medientypen treten Reflexionen auf entsprechend einem Reflexionsfaktor Γ. Für fehlende Reflexion ist er gleich Null, für an metallischen Leitern auftretende Totalreflexionen hingegen gilt $\Gamma = -1$.

(ii) Die in einen Medientyp eintretende Welle unterliegt einer Absorption verkehrt proportional zur Eindringtiefe ξ.

Betrachten wir die **Bestrahlung des menschlichen Körpers**, so liegt ein durch starke Inhomogenität gekennzeichnetes dreidimensionales System vor, das sich nur in grober Näherung modellieren lässt.

Die auftretenden Probleme seien anhand des einfachsten Ansatzes illustriert, bei dem eine ebene **Welle normal zur Körperdeckfläche** einfällt und der Organismus durch nur zwei Schichten angenähert wird. Damit liegt in eindimensionales Problem vor, das – in verbaler Form formuliert – die folgenden **Teilmechanismen** umfasst:

(a) Die fortlaufende Welle wird – bei Vernachlässigung der schlecht leitenden Haut – an der Deckfläche des darunter liegenden Fettgewebes reflektiert, womit in Luft eine stehende Welle auftritt. Wegen relativ geringer Leitfähigkeit γ ergibt sich eine nur teilweise Reflexion. Bei $f = 1$ GHz liegt Γ in der Größenordnung $-0{,}5$.

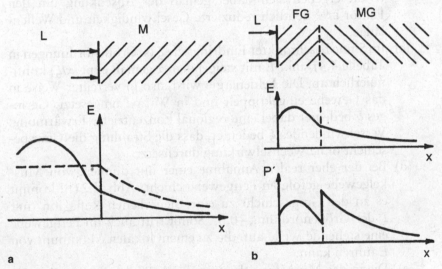

a b

Abb. 4.21. Verteilung von elektrischer Feldstärke E und Leistungsdichte P' bei Einfall einer Mikrowelle aus der Luft L in ein leitfähiges Dielektrikum. (a) Homogenes, in Richtung x unendlich ausgedehntes Medium M. An der Grenzfläche L/M kommt es zur teilweisen Reflexion und somit zu einer stehenden Welle in L (ohne Reflexion wäre die strichlierte Kurve zu erwarten). Die in M eindringende Welle unterliegt kontinuierlicher Absorption. Somit tritt endliches P' auf, das mit steigendem x wegen fallendem E kontinuierlich abnimmt, (b) Für den Organismus typisches geschichtetes Medium (FG dünne Fettgewebeschicht, MG in x-Richtung unendlich ausgedehnt angesetztes Muskelgewebe). Reflexion an der Grenzschicht FG/MG führt zu einer stehenden Welle auch in FG, womit hier Maxima von E und P' auftreten können. In MG klingt E kontinuierlich ab. P' verändert sich an der Grenzschicht sprunghaft, was sich mit höherer Leitfähigkeit von MG erklärt

Tabelle 4.4. Beispiele zur Größenordnung der Eindringtiefe ξ für verschiedene Gewebetypen als Funktion der Frequenz f. Bekanntlich gilt die Beziehung $\xi = (\pi \cdot \mu_0 \cdot \gamma \cdot f)^{-0,5}$

Gewebetyp	0,3 GHz	1 GHz	10 GHz
Blut	2 cm	1,5 cm	0,2 cm
Muskelgewebe	2 cm	1,5 cm	0,3 cm
Fettgewebe	10 cm	5 cm	1 cm

(b) Die Welle tritt mit entsprechend der Reflexion reduziertem Transmissionsfaktor $1 + \Gamma$ in das Fettgewebe ein. Setzen wir dieses zunächst als in x-Richtung unendlich ausgedehnt an (Abb. 4.21a), so läuft die Welle weiter. Wegen hoher Permittivität ergeben sich dabei gemäß der Absenkung um den Faktor $\varepsilon^{-0,5}$ deutlich reduzierte Geschwindigkeit und Wellenlänge.

(c) Im Sinne beschränkter Eindringtiefe ξ (s. Größenordnungen in Tabelle 4.4) sinkt E mit steigendem x gemäß $\exp(-x/\xi)$ kontinuierlich ab. Die Feldenergie wird also in verteilter Weise in das Gewebe eingekoppelt und in Wärme umgesetzt. Geringes ξ bedeutet dabei eine regional konzentrierte Erwärmung. Verschwindendes ξ bedeutet, dass die Strahlung die Gewebeschicht ohne Wechselwirkung durchsetzt.

(d) Bei der eher realen Annahme einer nur dünnen, von Muskelgewebe gefolgten Fettgewebeschicht (Abb. 4.21b) kommt es an der Grenzschicht zu einer neuerlichen Reflexion (mit Γ der Größenordnung $-0,3$). Somit tritt auch im Fettgewebe eine stehende Welle auf, die zu einem lokalen Maximum von E führen kann.

(e) Die in das Muskelgewebe eintretende Welle gibt ihre Energie analog zu (b) und (c) in verteilter Weise ab und führt zu lokaler Erwärmung.

Abb. 4.22 belegt die qualitative Gültigkeit der obigen Überlegungen anhand experimentell aufgenommener **Verteilungen der Temperatur** ϑ. Vor der zum Zeitpunkt $t = 0$ beginnenden Energieeinkopplung liegt die periphere Temperatur zunächst um einige Grad unter der Kerntemperatur. Nach kurzer Einstrahlung erfolgt ein entsprechender Ausgleich. Erst nach einigen Minuten ergibt sich ein Temperaturprofil, das den in Abb. 4.21b gezeigten Profilen nahe kommt. Die deutlich erkennbaren Unterschiede erklären sich wie folgend:

- An der Gewebegrenzfläche FG/MG tritt zwar ein stetiger Übergang von E auf. Die Absorptionsrate P' hingegen springt, da MG gegenüber FG durch erhöhte Verluste gemäß Glg. 4.12 gekennzeichnet ist.
- Andererseits zeigt MG gemäß Tabelle 4.1 auch erhöhte spezifische Wärme c, was die Konsequenzen bezüglich unterschiedlicher Erwärmung reduziert.
- Der tatsächlich aber stetig verlaufende Übergang von ϑ erklärt sich durch Wärmeaustausch zwischen den Schichten.

Das Obige illustriert, dass eine **Abschätzung thermischer Effekte** selbst im behandelten einfachsten Fall sehr schwierig ist. In der Praxis wird auch das Muskelgewebe nur begrenzt ausgedehnt ausfallen. Damit ergeben sich weitere Reflexionen, wobei die Verteilung von E innerhalb einer d dicken Schicht wesentlich vom Verhältnis d/λ abhängt. Noch viel schwieriger sind Modellierungen des dreidimensionalen Falles, wobei an einer Grenzfläche nicht nur Reflexion sondern auch **Brechung** – analog zum optischen Fall – auftritt. Im realen Fall von

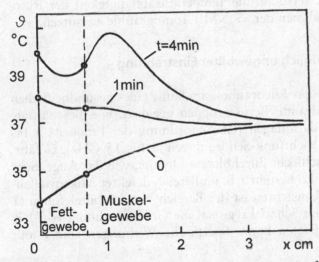

Abb. 4.22. In-vivo gemessene Verteilung der Temperatur ϑ in Schichten von Fettgewebe und Muskelgewebe eines Hundes in ihrer zeitlichen Entwicklung bei zum Zeitpunkt $t = 0$ beginnender Mikrowelleneinstrahlung

besonderer Bedeutung ist letztlich die Rolle der Durchblutung, welche gemäß Abb. 4.1 zu drastischem **Wärmeabtransport** führen kann und überdies den dort erwähnten Regelmechanismen unterworfen ist.

Biologisch bedeutsame Wirkungen werden ab einer feldbedingten Übertemperatur Θ von etwa 1 K angenommen, die aus einer Absorptionsrate P' von 1 W/kg resultieren kann. Erwähnt sei, dass eine derartige Erwärmung nicht bewusst wahrnehmbar ist, da der Wahrnehmbarkeits-Schwellwert höher liegt. In der internationalen Normung werden derartige Verhältnisse unter Einführung der schon erwähnten Specific Absorption Rate (*SAR* in W/kg) diskutiert.

Die thermischen Effekte haben eine breite **medizintechnische Relevanz**, für die hier einige Beispiele angeführt seien:

(a) Therapeutische Bedeutung –

Gezielte Bestrahlungen mit diskret zugewiesenen Frequenzwerten im Bereich 0,3 bis 3 GHz dienen dazu, innere Bereiche des Körpers zu erwärmen, beispielsweise um die Sauerstoffzufuhr bzw. den Stoffwechsel anzuregen. Auch wird versucht, Tumorgewebe mit einigen Kelvin so stark zu erwärmen, dass es zur Gewebeschädigung kommt. Alle diese Anwendungen werden durch die oben behandelte Problematik der Abschätzung thermischer Profile erschwert. Als entsprechende Methode wird u.a. versucht, die Temperaturabhängigkeit der Resonanzfrequenz im Rahmen der => NMR-Tomographie zu nutzen.

(b) Bedeutung bezüglich ungewollter Einstrahlung –

Die Gefahr ungewollter Einstrahlung im Sinne eines gesundheitlichen Risikos ist für bestimmte Berufsgruppen gegeben, wie Beschäftigte im Bereich von Radaranlagen (Größenordnung der Frequenz 1 bis 30 GHz) oder von Richtfunk-Sendeanlagen (1 bis 15 GHz). Gefährdet sind vor allem schlecht durchblutete Organe, wie das Auge. Sehr eingeschränktes Risiko besteht z.B. im Bereich defekter Mikrowellenherde (2,45 GHz). Umstritten ist der Bereich von Mobiltelefonen (1 bis 2 GHz), wobei im Schädel regional die Größenordnung von 1 K Übertemperatur auftreten kann. Spezifische Wirkungen sind damit nicht zu erwarten.

3 „Athermische" Effekte

Theoretisch gesehen können so genannte athermische Effekte so gedeutet werden, dass die Strahlung Moleküle anregt, die biologisch relevant sind, andererseits aber in so geringer Konzentration vorliegen, dass keine pauschale Erwärmung im Sinne eines Hot-Spot aufkommt. De facto liegt ein Mikro-Hot-Spot vor, der schwache Stoffwechseleffekte oder auch neuronale Effekte erklären könnte.

Die Literatur berichtet über zahlreiche Beobachtungen von generell sehr schwachen Effekten, die sich nach den oben angeführten thermischen Überlegungen zunächst nicht deuten lassen. Sie werden als athermisch (im Deutschen: „nichtthermisch") klassifiziert und sollen im Folgenden diskutiert werden. Beispielsweise werden die folgenden **Typen von Effekten** angeführt:

- Chemische Effekte, als Beeinflussung des Ablaufes chemischer Prozesse.
- Mechanische Effekte, die durch Kraftwirkungen auf Moleküle gedeutet werden.
- Membraneffekte, als Beeinflussung der Permeabilität von Zellmembranen für Ionen oder Moleküle.

Im Weiteren wollen wir in hypothetischer Weise aufzeigen, dass sich derartige Wirkungen, die durchwegs unspezifisch ausfallen, anhand klassischer Überlegungen der Physik als **Effekte thermischer Natur** deuten lassen.

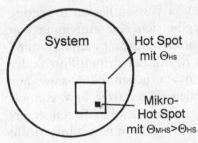

Abb. 4.23. Betrachtetes biologisches System (z.B. Kopf des Menschen) mit beispielsweise 1mm großem Hot-Spot maximaler pauschaler Übertemperatur Θ_{HS} und darin enthaltenem, z.B. 100 nm großem Mikro-Hot-Spot. Damit gemeint ist eine Konzentration polarer, molekularer Strukturen, deren Dispersionsfrequenz f_D mit der Strahlungsfrequenz f zufällig übereinstimmt. Somit kommt hier ein noch höheres, lokales Temperaturmaximum Θ_{MHS} auf

Weiter oben haben wir festgestellt, dass relevante Wirkungen erst ab einer Übertemperatur Θ der Größenordnung 1 K zu erwarten sind. Üblicherweise wird nun das untersuchte biologische System, z. B. der durch ein Mobiltelefon bestrahlte Schädel des Menschen, in Teilbereiche – Spots – eingeteilt und numerisch oder experimentell abgeschätzt, in welchem Spot die maximale Erwärmung zu erwarten ist. Für diesen „Hot Spot" (Abb. 4.23) wird letztlich Θ als Funktion der Strahlungsparameter abgeschätzt. Historisch gesehen wurde die regionale Teilung laufend verfeinert, bis herab zu Spotgrößen von 1 mm. Die damit getroffene Auflösung ist freilich – im Sinne von Kompromissen hinsichtlich des Aufwandes – willkürlich gewählt.

Der heterogene Aufbau biologischer Medien legt nahe, dass ein 1 mm großer Spot nicht nur **strukturelle Inhomogenität** zeigt, sondern auch solche hinsichtlich der lokalen Verteilung von Verlusten. So ist zu erwarten, dass ein Hot Spot (HS) der Übertemperatur Θ_{HS} submikroskopisch kleine Regionen aufweist, die gegenüber diesem Mittelwert teils geringeres, teils höheres Θ aufweisen. Die Frage der Wirksamkeit einer Strahlung sollte sich also an der submikroskopisch heißesten Region orientieren, die wir als **Mikro-Hot-Spot** (MHS) bezeichnen wollen.

Zur Diskussion dieser Fragestellung wollen wir von der in Abb. 4.20 skizzierten Abhängigkeit des Imaginärteils ε'' der komplexen Permittivität ausgehen. Im Falle einer **Bestrahlung mit** $f = 10\,\text{GHz}$ werden Wassermoleküle voll „getroffen", nachdem f nur wenig unter der Dispersionsfrequenz f_D liegt. Wasser ist das universellste, an jeder Region am stärksten vertretene Molekül. Seine Brownsche Bewegung wird somit die pauschale Temperatur des Hot Spots bestimmen.

Eine andere Situation lässt sich für eine **Bestrahlung mit** $f = 10\,\text{GHz}$ erwarten. f liegt hier deutlich unter f_D von Wasser, dessen Anregung also begrenzt ausfällt. Andererseits ergibt sich eine Anregung von molekularen Strukturen, deren Dispersionsfrequenz f_D *zufällig* mit f übereinstimmt. Gemäß Glg. 2.24 sinkt f_D mit der dritten Potenz der Molekülgröße. Somit ist eine Anregung von gegenüber Wasser nur wenig größeren, global polaren Molekülen zu erwarten bzw. von gut beweglichen polaren Fragmenten großer Biomoleküle. Treten derartige Strukturen in konzentrierter Weise auf – z. B. in bestimmte Stoffe speichernden => Organellen oder Kompartimenten –, so können sie einen Mikro-Hot-Spot repräsentieren, dessen Übertemperatur Θ_{MHS} über Θ_{HS} liegt. Im Sinne erhöhter thermischer Energie liegt regional gesteigerte Brownsche Bewegung vor.

Zur einfachen Plausibilisierung der obigen Hypothese sei ein **Gedankenexperiment** angeführt. Dabei wollen wir ein abgeschlossenes

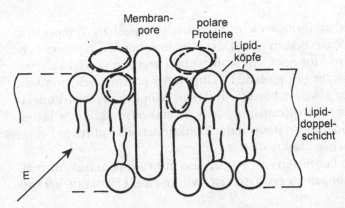

Abb. 4.24. Mikro-Hot-Spot im Bereich einer Zellmembran. Nahe einer Membranpore konzentrierte, polare Proteine bzw. auch Lipidköpfe werden durch eine hochfrequente, elektrische Feldkomponente **E** zu erhöhter Bewegung angeregt im Sinne eines lokalen Temperaturanstiegs (s. Text)

biologisches System zunächst durch Sonneneinstrahlung erwärmen. Die Folge wird eine peripher beginnende Erwärmung sein, die sich mit der für das Medium typischen Wärmeleitgeschwindigkeit in das Innere ausbreitet. Die Erwärmung von im Wasser lokal konzentrierten Biomolekülen erfolgt dabei über das vermittelnde Wasser. Erwärmen wir das System hingegen durch Einstrahlung von Mikrowellen, deren Frequenz dem f_D der Biomoleküle angepasst ist, so findet die Energieeinkopplung an den Letzteren statt, und sie fungieren als Vermittler der Erwärmung des sie umgebenden Wassers.

Hypothetisch gesehen sind aus dem Auftreten eines Miro-Hot-Spots sehr unterschiedliche **Folgewirkungen** ableitbar. So kann die betroffene Substanz in chemischer Hinsicht entsprechend der erhöhten lokalen Temperatur Θ_{MHS} reagieren. Der vermeintlich chemische Effekt erklärt sich somit als thermischer. Ebenso lassen sich orientierende Kraftwirkungen thermisch deuten, indem am Mikro-Hot-Spot im Sinne der Langevin-Funktion ja eine verstärkte Ausrichtung der polaren Momente am Vektor E auftritt.

Letztlich erlaubt das obige Modell auch **thermische Deutungen von Membraneffekten.** Hypothetisch sei dazu die in Abb. 4.24 skizzierte Situation angesetzt, bei der im Bereich einer Membranpore polare Moleküle (bzw. Fragmente) konzentriert sind, für die $f \approx f_D$ erfüllt sei. Für die intrazellulär und extrazellulär umgebenden Wassermoleküle wollen wir aufgrund geringerer Größe begrenzte Anregung annehmen. Unter diesen Prämissen wird die Leistung P des Mikro-Spots vor allem von den in ihm enthaltenen Biomolekülen bestimmt. Die lokale Absorptionsrate liegt über jener der alleine von Wasser ausgemachten Nachbar-Spots, welche die pauschal messbare Temperatur in dominanter Weise bestimmen. Der Membranbereich repräsentiert somit einen Mikro-Hot-Spot. Als Konsequenz ergeben sich Membranfunktionen, die nicht der globalen Temperatur entsprechen, sondern der – nur schwer abschätzbaren – lokalen. Mögliche Auswirkungen sind ein veränderter Stofftransport bzw. Metabolismus. Auch lassen sich damit Veränderungen neuronaler Funktionen als indirekte Folgewirkung thermischer Effekte deuten.

Zu all diesen Beispielen sei betont, dass nur rudimentäres **Ausmaß eventueller Wirkungen** zu erwarten ist, wofür zwei Umstände verantwortlich sind:

(i)   Die Erfüllung der Bedingung $f \approx f_D$ wird nur im Sinne eines Zufallsprozesses gegeben sein.

(ii)   Wie schon erwähnt, liegt im Frequenzbereich um 1 GHz hoher Anteil des durch Wirbelstromverluste gegebenen Energieumsatzes nach Term 1 der Glg. 4.11 vor. Relativ gesehen werden sich eventuelle dielektrische Resonanzeffekte somit nur beschränkt äußern.

4.4   Nichtionisierende Strahlung – Licht

4.4.1   Voraussetzungen

Als nichtionisierend gelten Strahlen, deren Energie zu gering ist, um aus einem Wassermolekül ein Elektron zu entfernen. Damit handelt es sich um die verschiedenen Bereiche des Lichtes, bei Ausnahme des oberen UV-C-Bereiches. Neben unspezifischen thermischen Effekten resultieren spezifische photochemische Effekte.

Gegenüber dem Begriff der Wellen steht jener der Strahlung üblicherweise für höhere Frequenz f bzw. geringere Wellenlänge λ_o, wobei die Grenze zwischen Mikrowellen und infrarotem (bzw. „ultrarotem") Licht angesetzt wird (vgl. Abb. 1). Erwähnt sei aber, dass die Normung diese Unterscheidung nicht trifft, sondern generell von nichtionisierender Strahlung spricht.

Mit zunehmend hohem f erfolgt die Charakterisierung der Strahlung vorzugsweise durch die Quantenenergie $W = h \cdot f$, wobei h die Planck-Konstante bedeutet (s. Anhang 4). Statt der Einheit $W \cdot s$ (bzw. J) wird dabei meist die Einheit „**Elektronenvolt**" verwendet entsprechend der Beziehung 1 eV = 1,6 · 10⁻¹⁹ W · s. 1 eV ist hier jene Energie, die ein mit einer Elementarladung e geladenes Teilchen – z. B. ein Elektron – beim Durchlauf einer Spannung $U = 1$ V aufnimmt. Somit drückt der Zahlenwert in anschaulicher Weise die entsprechende Beschleunigungsspannung aus.

Bezüglich der Wechselwirkung zwischen elektromagnetischen Strahlen – so genannten Photonenstrahlen – und biologischen Systemen ist grundsätzlich zu unterscheiden, ob es sich um nichtionisierende oder ionisierende Strahlung handelt. Als **abgrenzendes Kriterium** wird meist davon ausgegangen, ob die Strahlung in der Lage ist, aus einem Wassermolekül ein Elektron zu entfernen und das Molekül damit zu ionisieren. Wie im Abschnitt 4.5 näher ausgeführt ist, steht als minimale Energie für das Auftreten eines derartigen Ereignisses die so genannte **Ionisierungsenergie** W_i, der im speziellen Fall des Wassers der Wert **12,56 eV** zukommt. Die entsprechende Beschleunigungsspannung $U_i = 12,56$ V wird als Ionisierungsspannung bezeichnet. Die für die ionisierende Wirkung einer elektromagnetischen Strahlung gegebene **Grenzbedingung** lässt sich somit wahlweise durch die folgenden Charakteristika ausdrücken:

- durch die Energie des Photons gemäß

$$W > W_i = e \cdot U_i = 1,6 \cdot 10^{-19} \text{As} \cdot 12,56 \text{V}$$

$$\approx 2 \cdot 10^{-18} \text{W} \cdot \text{s} , \tag{4.14}$$

- durch die Frequenz gemäß

$$f = W / h > 2 \cdot 10^{-18} \text{W} \cdot \text{s} / (6,63 \cdot 10^{-34} \text{W} \cdot \text{s}^2)$$

$$\approx 3 \cdot 10^{15} \text{Hz} , \tag{4.15}$$

- durch die Wellenlänge gemäß

$$\lambda_o = c_o / f < 3 \cdot 10^8 \text{m/s} / (3 \cdot 10^{15} \text{Hz}) \approx 100 \text{nm} . \tag{4.16}$$

Nach den in Tabellen 4.5 und 4.6 angegebenen Spektralbereichen liegt die Grenze $W = 12,56$ eV im Überlappungsbereich des UV-Lichts und der Röntgenstrahlung. Der in diesem Abschnitt zunächst behandelte nichtionisierende Bereich endet also im Gebiet der UV-C-Strahlung.

Gemäß dem oben Gesagten wird der Spektralbereich der nichtionisierenden Photonenstrahlung im Wesentlichen durch das vier Größenordnungen der Wellenlänge umfassende Licht ausgemacht. Auf seine Absorption durch biologische Medien wurde schon im Abschnitt 2.1 mit Hinblick auf die Mikroskopie eingegangen. Im Folgenden wollen wir den Problemkreis biologischer Effekte betrachten. Dabei lassen sich zwei wesentliche **Wirkungsmechanismen** unterscheiden:

Tabelle 4.5. Abgrenzungen der zwischen Mikrowellen und Röntgenstrahlung (bei leichter Überlappung) gelegenen Spektralbereiche des Lichtes als nicht-ionisierende Strahlung im engeren Sinne. Angegeben sind die Wellenlänge λ_0 und die Energie W. Für die letztere finden sich gerundete Werte, ohne exakte Entsprechung zu λ_0

Bereiche	Bereichsgrenzen	
	λ_0 [nm]	W [eV]
Infrarot	$10^6 - 780$	$0{,}001 - 1{,}5$
Sichtbares Licht	$780 - 380$	$1{,}5 - 3$
Ultraviolett		
UV-A	$380 - 315$	$3 - 4$
UV-B	$315 - 280$	$4 - 4{,}5$
UV-C	$280 - 10$	$4{,}5 - 100$

(a) thermische Effekte, bei denen es in bestimmten Bereichen von λ_0 zur Energieabsorption weitgehend unspezifischer Folgewirkung kommt, und

(b) so genannte photochemische Effekte, die temperaturunabhängig auftreten und vor allem durch spezifische, streng definierte Veränderungen molekularer Strukturen gekennzeichnet sind.

4.4.2 Thermische Effekte

Wegen geringer Eindringtiefe erbringt infrarote Strahlung periphere Erwärmung des Organismus im Sinne von Wärmestrahlung im engeren Sinn. Sichtbares Licht hingegen dringt bis zur Netzhaut vor. UV-Strahlung liefert destruktive Effekte in molekülspezifischen Bereichen der Wellenlänge.

Eine wesentliche **Quelle der Lichtstrahlung** ist in der Oberfläche von Objekten hoher thermischer Energie gegeben. Die höchste Ausbeute des abgestrahlten Lichtes tritt bei der Wellenlänge

$$\lambda_{0,\max} = 2880\,\mu m \,/\, (T/K) \tag{4.17}$$

auf und verschiebt sich mit steigender absoluter Temperatur T des Objektes in Richtung des UV-Lichts. Das Strahlungsmaximum des Sonnenlichtes liegt bei etwa 470 nm im blauen Bereich. Dies deutet auf eine Temperatur der Sonnenoberfläche von fast 6000 K hin (bei einer um drei Größenordnungen höheren Kerntemperatur). Dass sich der enge Spektralbereich des sichtbaren Lichtes zu beiden Seiten dieses Wertes erstreckt, kann als evolutionäre Anpassung verstanden werden. Mit abnehmenden Amplituden umfasst der Spektralbereich des Sonnenlichts auch alle anderen Teilbereiche des Lichtes.

Thermische Effekte des Lichtes sind damit verbunden, dass die Strahlung beim Durchgang durch die biologische Materie an Intensität verliert, die Materie hingegen Energie aufnimmt. Ihre lokale Verteilung hängt von der => Eindringtiefe ξ ab, die ihrerseits mit der Wellenlänge λ_o in komplexer Weise variiert. Von spezieller Bedeutung sind **Dispersionen**, die hier – anders als im Fall der => γ-Dispersion mit Resonanzeffekten einhergehen. Im Speziellen kommt es zum Ausfall der => Verschiebungspolarisation, die sich gemäß Abschnitt 2.3.2 in einem feldbedingten Auseinanderrücken von Ladungsschwerpunkten äußert. Im infraroten Bereich kommt es zum Ausfall der Verschiebung von ionalen Partikeln, im ultravioletten zu jenem auch der leichteren – und somit weniger trägen – Elektronen.

Im Folgenden wollen wir die **drei Teilbereiche des Lichtes** – gereiht nach zunehmend kleiner Wellenlänge λ_o entsprechend Tabelle 4.5 – näher betrachten:

(a) **Infrarote Strahlung (IR)** – Sie versteht sich als Wärmestrahlung im engeren Sinn und umfasst im Wesentlichen den gesamten Mikrometerbereich. Für den benachbarten Millimeterbereich der Mikrowellen haben wir verschwindend geringes ξ festgestellt. Tendenziell gesehen nimmt die Absorption durch biologische Medien im IR-Bereich mit fallendem λ_o ab. Der Trend wird aber dadurch unterbrochen als verschiedene Typen von Biomolekülen (z.B. DNA) spezifische Absorptionsmaxima zeigen. Im langwelligen Bereich tritt die Energieaufnahme schon in der Haut auf, mit Annäherung an den sichtbaren Spektralbereich erfolgt sie auch im darunter liegenden Gewebe.

Bezüglich der **Kerntemperatur des Organismus** sei angemerkt, dass sie auch bei starker Bestrahlung des Körpers durch Regelmechanismen (entspr. Abschnitt 4.1.1) im Nahbereich von 37 °C aufrechterhalten bleibt. Dies geschieht bei wesentlicher Unterstützung durch den Blutfluss durch **Wärmeabgabe** im Zuge der Atmung, sowie durch Schweißabsonderung und entsprechende Verdunstungskühlung. Im Übrigen fungiert der Körper – unabhängig von der Umgebungstemperatur – selbst als IR-Strahler, wobei der geringe Wert T zu sehr hohem $\lambda_{o,max}$ der Größenordnung 10 µm führt.

(b) **Sichtbares Licht** – Im Sinne seiner Funktion zeigt das Auge in diesem sehr engen Bereich maximale Eindringtiefe, womit sogar die Netzhaut thermisch geschädigt werden kann. Das Auge ist generell durch hohe thermische Empfindlichkeit gekennzeichnet. Dies erklärt sich damit, dass der für andere Gewebearten typische Abtransport von Wärme durch strömendes Blut entsprechend Abb. 4.1a nicht gegeben ist. Vor allem aber kann es durch die fokussierende Wirkung der Augenlinse zu einer extremen Anhebung der lokalen Energiedichte kommen.

(c) **Ultraviolette Strahlung (UV)** – Wie schon in Abb. 2.4 aufgezeigt, ist sie durch sehr spezifische Absorptionsmaxima charakterisiert, was die Unterteilung in UV-A, UV-B und UV-C rechtfertigt. Besondere Bedeutung kommt dem bei etwa 260 nm für DNA auftretenden Maximum zu. Hier resultieren destruktive Effekte, die allerdings nur bedingt thermischer Natur sind. Tatsächlich ist die Strahlung trotz beschränkter Quantenenergie in der Lage, DNA-Stränge über Zwischenprozesse zu durchbrechen, was wir mit den weiter unten für photochemische Effekte angegebenen Überlegungen interpretieren können. Die resultierende zellzerstörende Wirkung wird z.B. zur **Sterilisation** von Lebensmitteln, oder auch von Wasser, genutzt. Schon geringe Strahlungsdosis mit der Wellenlänge 260 nm erbringt hier vollständige Abtötung von oberflächlich vorhandenen Bakterien. Bei mit 240 nm zu geringer oder mit 290 nm zu hohem λ_o ist für eine entsprechende Wirkung bereits eine Verdopplung der Dosis (bzw. der Bestrahlungsdauer bei festgehaltener Intensität) anzusetzen. Das Beispiel illustriert, dass eine Erhöhung der Quantenenergie – wie im Fall 240 nm gegeben – keinesfalls mit einer Erhöhung auch der Wirksamkeit gleichgesetzt werden darf.

4.4.3   Photochemische Effekte

Photochemische Effekte äußern sich in definierten intramolekularen Modifikationen, die in für die Molekülart spezifischen Bereichen der Strahlungsenergie auftreten. Die scheinbar geringfügige Veränderung einzelner Bindungen resultiert in veränderter Wechselwirkung mit anderen Molekülen, als Grundlage etwa des Entstehens von Vitamin D_2 bzw. von Dimeren.

Während sich der thermische Effekt auf Moleküle als destruktiver Mechanismus äußert, sind photochemische Effekte dadurch charakterisiert, dass ein molekularer Ordnungszustand Z1 in definierter Weise in einen anderen Ordnungszustand Z2 übergeführt wird. Man vergleiche dazu die Analogien aufweisende Wirkung von Enzymen in Abschnitt 1.3.2.

Ein allgemein bekannter Effekt ist die Umwandlung des im Organismus a priori vorhandenen, so genannten Pro-Vitamin D_2 (als Z1) in **Vitamin D_2** (als Z2), dessen Mangel zu gestörter Knochenbildung führt. Abb. 4.25 zeigt die entsprechenden chemischen Strukturen, die zunächst ident erscheinen. Nur im gerahmten Bildbereich erkennen wir eine Auflösung einer C-C-Bindung. Für den Laien mag sie unwesentlich erscheinen, tatsächlich aber bedeutet sie eine spezifische Veränderung der funktionellen Moleküleigenschaften.

Der obige Effekt tritt an der Grenze zwischen UV-B und UV-C bei etwa 280 nm auf. Dem entspricht ein Energiewert $W = 4,5$ eV, was deutlich unter dem für eine Ionisierungen genannten Grenzwert $W_i = 12,56$ eV liegt. Dass es trotzdem zur molekularen Umwandlung kommt, lässt sich damit erklären, dass mit 12,56 eV ein Elektron aus einem molekularen Verbund losgelöst wird, hier hingegen eine eher geringfügige **Veränderung** *innerhalb* eines **Moleküls** vorliegt. Entscheidend ist, dass sich der dem Zustand Z1 zukommende (hier nicht näher definierte) Energieinhalt nur wenig von jenem Z2 unterscheidet. Nur beschränkte Differenzenergie hat das absorbierte Photon aufzubringen, und sie ist mit 4,5 eV offensichtlich exakt gedeckt. Analog dazu lassen sich auch die übrigen photochemischen Effekte einer Deutung zuführen.

Die Anregung von Vitamin D_2 repräsentiert eine vorteilhafte Wirkung des Sonnenlichtes. Ein sehr ähnlicher Effekt liegt bei der um 270 nm auftretenden Umwandlung von so genanntem Histidin in **Histamin** vor. Letzteres bewirkt eine Erweiterung von Hautkapillaren, was die der Hautbräunung vorangehende Rötung (Erythem-Ausbildung) erklärt.

Ein weiterer hautspezifischer Effekt ist die für die Entstehung von Hautkrebs verantwortlich gemachte so genannte **Dimerenbildung**. Entsprechend Abb. 4.26 handelt es sich um eine innerhalb der DNA auftretende Umwandlung. Sie ist dadurch gekennzeichnet, dass an zwei benachbarten Positionen die komplementären Basenbindungen – im Bild zwischen T und A – verloren gehen, und zwar zugunsten einer Nachbarbindung auf einer Strangseite – hier zwischen T und T. Es handelt sich um einen Defekt, der bei geringer Dosisleistung enzymatisch repariert werden kann – ein Mechanismus, der im Abschnitt 4.5.3 be-

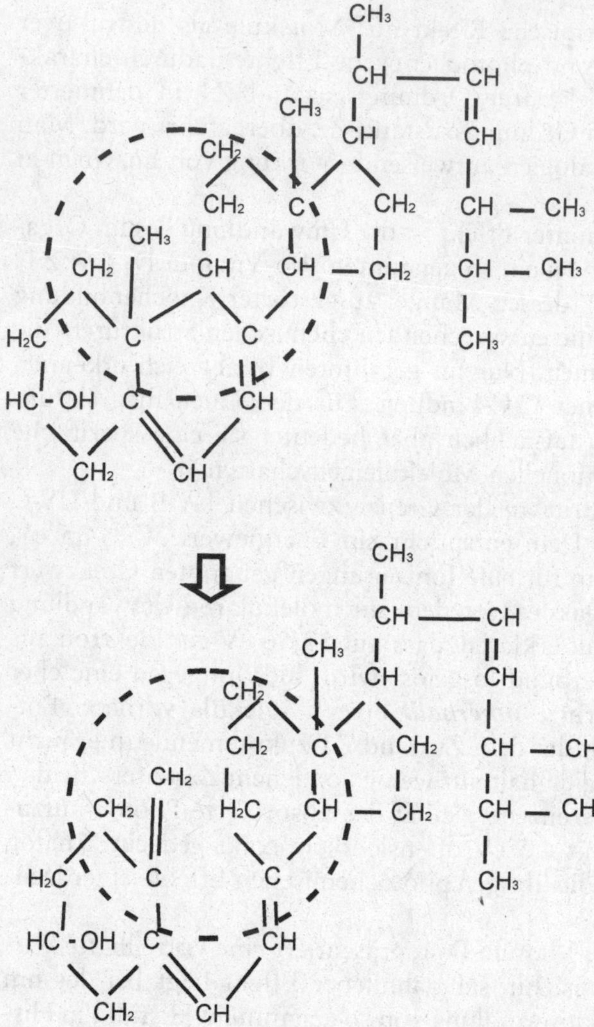

Abb. 4.25. Chemische Struktur von Pro-Vitamin D_2 (oben), welches durch UV-Bestrahlung mit 280 nm im Sinne eines photochemischen Effektes in Vitamin D_2 (unten) übergeführt wird. Alleine im gerahmten Bereich ergibt sich eine definiert ausfallende Veränderung der atomaren Bindungsverhältnisse

handelt wird. Erwähnt sei, dass die Ausbildung von Dimeren auch an der weiter oben behandelten Sterilisationswirkung beteiligt ist.

Ein biologisch besonders bedeutender Effekt tritt in grünen Pflanzen im Sinne der **Photosynthese** auf. Unter Einwirkung von Strahlenquanten des Sonnenlichtes mit $\lambda_o \approx 650\,\text{nm}$ erfolgt entsprechend der Reaktion

$$6\,CO_2 + 6\,H_2O \rightarrow C_6H_{12}O_6 + 6\,O_2$$

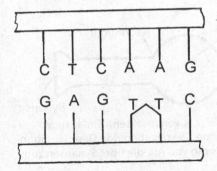

Abb. 4.26. DNA-Abschnitt mit durch UV-Strahlung ausgebildeter Dimere (s. Text)

die Umwandlung von Kohlendioxyd und Wasser (als Z1) in Traubenzucker (Glukose) und Sauerstoff (als Z2) über mehrere Zwischenprozesse.

Das Phänomen des photochemischen Effektes liefert letztlich auch die **Grundlage des Sehsinns.** Als Sinneszellen der Netzhaut fungieren so genannte Zapfenzellen (sowie Stäbchenzellen für das Dämmerungssehen), die wir im einfachsten Fall niedrig entwickelter Lebewesen als Neuronen mit spezifisch ausgeführtem Dendrit interpretieren können. Gemäß Abb. 4.27 beinhaltet die zur Flächenerhöhung gefurchte Dendritenmembran Photorezeptoren – etwa 350 Aminosäuren umfassende, lichtempfindliche Proteinmoleküle (so genannte Rhodopsine). Die Absorption eines Lichtquants bewirkt eine Serie von Molekülveränderungen. Die Folge ist eine den Axonhügel depolarisierende Öffnung von Na-Poren und somit die Auslösung von Aktionsimpulsen.

Das einfache Konzept der Abb. 4.27 findet sich etwa bei Insekten. Im Falle des menschlichen Auges hat die Evolution letztlich ein wesentlich komplexeres System hervorgebracht. Die photochemische Veränderung des Rhodopsins bewirkt hier eine Kaskade von enzymatischen Effekten, womit einzelne Photonen rezeptiert werden können. An der Sehzelle selbst erfolgt ein *Schließen* von bei Dunkelheit geöffneten Na-Poren und somit eine hyperpolarisierende Wirkung. Die Folge ist eine Hemmung der inhibitorischen Einwirkung auf eine postsynaptische Zelle, die somit Aktionsimpulse generiert (vgl. Abschn. 3.3.1).

Die Möglichkeit des **Farbensehens** erklärt sich mit dem Zusammenwirken von drei Rezeptortypen. Ihre Absorptionsmaxima sind über den Spektralbereich des sichtbaren Lichtes verteilt, während z.B. menschliche Stäbchenzellen nur einen Typ enthalten.

Die oben angeführten Beispiele zu photochemischen Effekten sind durch die definierte Veränderung im Sinne konstruktiver Effekte ausgezeichnet. Daneben zeigen sich **destruktive Effekte,** die sich auf

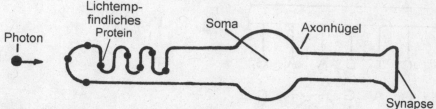

Abb. 4.27. Einfachstes Konzept einer Sehzelle (z.B. von Insekten). Einfallende Photonen wirken auf lichtempfindliche Proteine. Die resultierende Depolarisation der Membran führt am Axonhügel zur Auslösung von AIs, die über Synapsen zum Sehnerv laufen

thermischer Basis nicht hinreichend erklären lassen und somit analog zum Fall => „athermischer" Mikrowelleneffekte gesehen werden können. Ein Grenzfall ist die Zerstörung von Proteinmolekülen. Sie äußert sich in einer teils reversiblen => Denaturierung, die temperaturunabhängig verläuft und somit photochemischer Natur ist, bis hin zur auf Erhitzung beruhenden, irreversiblen Koagulation (engl. für Gerinnung).

Praktische **medizinische Nutzungen** ergeben sich im Bereiche lokal definierter Zerstörungen, indem durch den Einsatz von **Laserstrahlen** hohe Werte lokaler Energiedichte erzielt werden. Die so genannte Laserchirurgie umfasst das präzise Schneiden von Gewebe, die Gewebszerstörung (etwa von Tumoren), aber auch das Verschließen von Blutgefäßen. Besondere Bedeutung betrifft die Chirurgie des Auges im Bereich von Hornhaut, Linse und Netzhaut.

4.5   Ionisierende Strahlung

4.5.1   Voraussetzungen

Das Auftreten einer bestimmten Wirkung (als Treffer) ist nur dann möglich, wenn eine Strahlungsenergie gegeben ist, deren Höhe zumindest gleich der dem Treffer entsprechenden Ionisierungsenergie ist. Steigende Intensität der Strahlung bedeutet i. Allg. keine qualitative Veränderung der Wirkung, sondern nur gesteigerte Wahrscheinlichkeit für das Auftreten von Treffern.

Die ionisierende Strahlung wird durch – hier nur ansatzweise behandelte – Teilchenstrahlung und durch Photonenstrahlung im Bereich der Röntgenstrahlung und der Gammastrahlung ausgemacht (vgl. Ta-

Tabelle 4.6. Grobe Abgrenzung der in leichter Überlappung mit UV-C beginnenden Spektralbereiche der ionisierenden Strahlung. Die angegebenen Zahlenwerte für die Energie W bzw. die Wellenlänge λ_0 verstehen sich ohne exakte Entsprechung. [x] Theoretisch ohne Obergrenze, [+] historisch

Bereiche	Bereichsgrenzen (Größenordnungen)	
	W [keV]	λ_0 [nm]
Röntgenstrahlung	0,01 – 100 [x]	100 – 0,01
Gammastrahlung	10 – 10000 [x]	0,1 – 0,0001
Ultrastrahlung	> 10000 [+]	< 0,0001

belle 4.6 sowie Abb. 1). Während die Letztere vor allem vom natürlichen Zerfall radioaktiver Stoffe herrührt, entsteht die Röntgenstrahlung definitionsgemäß durch Aufprall von Elektronen auf die Materie, was bereits im Abschnitt 2.1. behandelt wurde. Dort wurde auch die Absorption der Strahlung durch biologische Medien behandelt. Im Weiteren sei in näherer Weise auf biologische Effekte der Strahlung eingegangen.

Wie wir gesehen haben, hängt die biologische Wirkung niederfrequenter Felder wesentlich von der Feldintensität I ab, wobei sie i. Allg. mit steigendem I zunimmt. Dem gegenüber bedeutet steigendes I einer ionisierenden Strahlung, dass nicht die Qualität einer bestimmten Wirkung zunimmt, sondern die Wahrscheinlichkeit ihres Auftretens. Die Art der Wirkung hängt davon ab, ob die **Strahlungsenergie** W ausreicht, ein vorgegebenes Ionisierungsereignis zu bewirken.

Bezüglich der **Ionisierung von Atomen** wollen wir vom in Abb. 4.28 skizzierten Kohlenstoff ausgehen, dem in Biomolekülen eine zentrale Rolle zukommt. Für die Abtrennung des äußersten Elektrons gilt hier

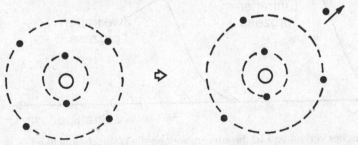

Abb. 4.28. Ionisierung eines Kohlenstoffatoms, dessen sechs Protonen zunächst sechs Elektronen gegenüber stehen. Der Treffer eines Strahlenquants kann ein Kohlenstoffion C^+ und ein freies Elektron e^- ergeben

$W_i \approx 11$ eV. Dieser Wert gilt generell als die dem Kohlenstoff zukommende Ionisierungsenergie. Im weiteren Sinn lassen sich analoge Werte aber auch für die Entfernung innerer Elektronen – wie wir sie bei der Entstehung von Röntgenstrahlen kennen gelernt haben – definieren. Für Kohlenstoff ergeben sich dabei für die innere K-Schale mehrere hundert eV, während bei Schweratomen Größenordnungen von bis zu 100 keV möglich sind. Dies bedeutet, dass ein mit 1 MeV sehr energiereiches γ-Strahlenquant auf seinem Weg durch die Materie eine Spur von vielen verteilten Treffern hinter sich lassen kann. Aufgrund diverser physikalischer Wechselwirkungsmechanismen kann sich dabei unterschiedlichste effektive Reichweite ergeben.

Wie schon erwähnt lässt sich die Ionisierungsenergie W_i in analoger Weise auch für die **Ionisierung von Molekülen** angeben. So gilt für Wasser der in Glg. 4.14 berücksichtigte Wert von 12,56 eV. Darüber hinaus kennzeichnet man mit der Größe W_i ganz generell die für eine bestimmte Trefferart notwendige Strahlungsenergie – auch für den Fall, dass im eigentlichen Sinn des Wortes keine Ionisation vorliegt. So werden wir weiter unten genetische Schädigungen ansprechen, bei denen ein Bruch eines DNA-Stranges vorliegt, wofür in der Literatur etwa 30 eV angegeben werden, während ein Doppelstrangbruch erst bei 300 eV zu erwarten ist.

Die Wahrscheinlichkeit des tatsächlichen Auftretens einer bestimmten Trefferart wird durch die so genannte **Treffertheorie** be-

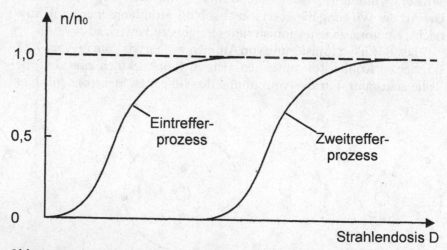

Abb. 4.29. Typischer Verlauf von Trefferkurven, welche die Wahrscheinlichkeit einer Strukturveränderung als Funktion der Strahlendosis *D* angeben. Die Größe *n / n₀* beschreibt den auf den Anfangszustand bezogenen Anteil veränderter Strukturen (s. Text)

schrieben. Abb. 4.29 zeigt typische Verläufe der Funktion $n/n_o(D)$. n_o bedeutet dabei die Gesamtzahl der betrachteten, bestrahlten Individuen, wobei es sich um eine bestimmte Art eines Atoms, eines Moleküls oder z.B. auch eines Bakteriums handeln kann. n bedeutet die Zahl definiert veränderter Individuen. D ist die Strahlungsdosis, die als pro Masse absorbierte Energie definiert wird. Ihre Einheit ist das Gray, entsprechend der Beziehung 1 Gy = 1 J/kg = 1 W · s/kg. Der sigmoide Kurvenverlauf ETP könnte nun beispielsweise den Anteil von DNA-Molekülen beschreiben, für den ein (oben erwähnter) Einzelstrangbruch im Sinne eines so genannten Eintrefferprozesses zu erwarten ist. ZTP könnte für den Fall eines Doppelstrangbruches gelten, der als Zweitrefferprozess einer deutlich größeren Dosis bedarf.

Im folgenden Abschnitt wird in näherer Weise auf zwei **Bereiche biologischer Strahleneffekte** eingegangen:

(i) nichtgenetische Effekte direkter Art bzw. indirekter Art, und
(ii) genetische Effekte auf Körperzellen bzw. auf Keimzellen.

Dazu sei vermerkt, dass die internationale Normung den Begriff genetischer Effekte im Zuge der Festlegung von Grenzwerten auf Erbschäden einschränkt, ansonsten aber von somatischen Schäden spricht.

.2   Nichtgenetische Effekte

Treffer von Wassermolekülen liefern Strahlungsprodukte mit Ionen- oder Radikalcharakter, welche die Funktionsfähigkeit von Makromolekülen auf indirekte Weise beeinträchtigen. Sowohl indirekte als auch direkte Treffer können funktionelle Proteinpositionen beschädigen, aber auch Sekundär- bzw. Tertiärstrukturen.

Als nichtgenetische Effekte wollen wir jene bezeichnen, bei denen Veränderungen von Proteinen (aber auch von anderen Biomolekülen) nicht über den Weg der DNA-Veränderung, sondern auf unmittelbare Weise zustande kommen. Ein **Effekt direkter Art** liegt dabei vor, wenn der Treffer direkt am Biomolekül auftritt, indem also z.B. an einer C-Position ein Elektron verloren geht, womit sich die lokalen molekularen Eigenschaften verändern.

Von einem **Effekt indirekter Art** sprechen wir, wenn der Treffer an einem **Wassermolekül** zustande kommt, wofür wir den Wert W_i = 12,56 V angegeben haben. Entsprechend

$H_2O \Rightarrow H_2O^+ + e^-$

resultiert ein positiv geladenes Wasserion, das weiter zerfallen kann. Über verschiedene Zerfalls- bzw. Reaktionsprozesse kann eine Schar von Strahlungsprodukten entstehen, die ionaler Natur sind. Sie können sich an – ihnen gegenüber – komplementäre Positionen von Proteinen anlagern und diese damit verändern. Zu diesen Prozessen kann auch das zusätzlich gebildete freie Elektron e^- beitragen. An dieses können sich aber auch polare Wassermoleküle anlagern, womit ein Hydratmantel resultiert, wie er in Abb. 2.41 skizziert ist. Dabei spricht man von einem hydratisierten Elektron e^-_{aq}, dem reduzierte Reaktionsfähigkeit zukommt.

Von besonderer Bedeutung ist, dass u.a. über den unmittelbaren Zerfallsweg

$$H_2O \Rightarrow OH^\bullet + H^\bullet$$

(allgemein mit $\bullet$ gekennzeichnete) so genannte freie **Radikale** entstehen. Sie sind nicht geladen, andererseits aber chemisch ungesättigt. Somit sind sie dazu angetan, mit anderen Strukturen in „radikaler" Weise beständigere Verbindungen zu bilden, und können hochgradig schädliche, kanzerogene Eigenschaften aufweisen. Ergänzend sei hier angemerkt, dass die entstehenden Partikeln z.T. nicht voll aufgefüllte Elektronenschalen aufweisen. Strahlungsprodukte wie $H^\bullet$, $OH^\bullet$ – und letztlich auch e^- – sind somit $\Rightarrow$ paramagnetischer Natur, womit sie mit Verfahren der $\Rightarrow$ Elektronenspinresonanz nachgewiesen werden können.

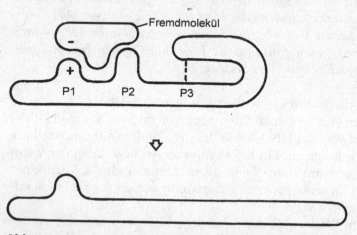

Abb. 4.30. Schematische Darstellung zur strahleninduzierten Veränderung von Proteinen. Beispielsweise kann die $\Rightarrow$ KL-Komplementarität einer funktionellen Region zu einem Fremdmolekül durch Neutralisierung der Position P1 und/oder Abtrennung der Position P2 gestört werden. Die U-förmige Sekundärstruktur kann durch Sprengung einer $\Rightarrow$ Disulfidbrücke im Bereich P3 verloren gehen

Bezüglich der möglichen medizinischen Folgewirkungen der oben beschriebenen Strahlungsprodukte sei auf die entsprechende Literatur verwiesen. Jedoch lassen sich die daran beteiligten **physikalischen Mechanismen** für den Fall der **Proteine** sehr leicht unter Zuhilfenahme der schematischen Darstellung von Abb. 4.30 erklären. Für die Wechselwirkung mit anderen Stoffen wichtige Positionen können ihre Funktionsfähigkeit durch folgende Ereignistypen verlieren:

- Ionisierung ungeladener Positionen
- Neutralisierung geladener Positionen
- Erzeugung von Positionen mit Radikalcharakter
- Abtrennung von Molekülfragmenten
- Anlagerung von Molekülfragmenten

Physikalisch gesehen liegen auch hier gewisse Analogien zu Wirkungen von => Enzymen vor, insbesondere von solchen mit Elektronen übertragenden Funktionen (vgl. Abb. 1.27b).

Veränderungen von **Sekundärstrukturen** lassen sich damit erklären, dass elektrische Eigenschaften von solchen Positionen verändert werden, die für intra- oder intermolekulare Bindungen zur Stabilisierung der Struktur verantwortlich sind (vgl. Abb. 1.17). Als konkretes Beispiel einer besonders strahlenempfindlichen Struktur sei die Position des Schwefels in Aminosäuren (insb. => Cystein) genannt, wobei hoher Gehalt in der Haut u. a. den für Strahlenunfälle typischen Haarausfall erklärt.

5.3 Genetische Effekte

DNA-Strukturen können indirekt oder direkt beeinträchtigt werden, indem einzelne Positionen verändert werden oder auch verloren gehen. Enzymatisch gesteuerte Reparaturen können überfordert sein, wenn hohe Zellteilungsrate vorliegt, Doppelstrangbrüche auftreten bzw. wenn hohe Dosisleistung gegeben ist.

Unter der Bezeichnung „genetische Effekte" wollen wir strahlenbedingte Veränderungen von Nucleinsäuren einordnen. Die physikalischen Mechanismen decken sich weitgehend mit den oben für Proteine angegebenen, wobei auch hier sowohl direkte Einwirkungen als auch durch Wassermoleküle vermittelte indirekte anfallen. Entsprechend der Abb. 4.31 umfassen die möglichen **DNA-Veränderungen** die folgenden Ereignistypen:

- Abtrennung von Basen
- molekulare Anlagerungen (von Wasser oder anderen Strukturen)
- Strangbrüche (einfache oder auch doppelte)

Im Vergleich zu Proteinen ist die Auswirkung derartiger Veränderungen im Falle der DNA gravierender, da genetische Defekte die Proteinsynthese ja fortlaufend im Sinne von **Mutationen** beeinflussen können. Die tatsächliche Auswirkung hängt aber von mehreren Faktoren ab, die in Abb. 4.32 illustriert sind (vgl. Abschnitt 1.4.2). Nehmen wir an, dass sich der DNA-Defekt in *einer* **falschen Position** der mRNA äußert, so kann daraus eine mit einer falschen Aminosäure besetzte Proteinposition resultieren (Abb. 4.32b). Dank der hohen Redundanz des genetischen Codes kann der Fehler auch unterbleiben, vor allem freilich dann, wenn das dritte Nucleotid betroffen ist. So dennoch ein Fehler resultiert, kann er von Bedeutung sein, wenn die betroffene Position im Sinne von Wechselwirkungen oder Strukturbildungen funktionell ist.

Viel gravierender ist der in Abb. 4.32c skizzierte **Verlust einer DNA-Position**. Ab der fehlenden Position ergibt sich eine versetzte Triplettbildung und somit eine Folge falsch besetzter Proteinpositionen bis hin zum Molekülende. Liegt der Verlust am Anfang des Gens, so entartet das gesamte Protein, und eine Funktionsfähigkeit ist keinesfalls gegeben. Liegt er am Ende, so ist nur das Proteinende betroffen, was ohne Auswirkung bleiben kann.

Gegenüber molekularen Veränderungen von Proteinen erweist es sich im Falle der DNA als Vorteil, dass die in einem Strang ent-

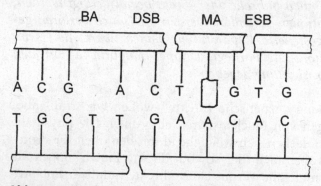

Abb. 4.31. Schematische Darstellung zur strahleninduzierten Veränderung von DNA-Abschnitten (BA Basen-Abtrennung, MA molekulare Anlagerung, ESB Einfachstrangbruch, DSB Doppelstrangbruch)

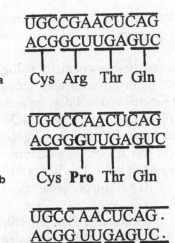

UGCCGAACUCAG
ACGGCUUGAGUC

a Cys Arg Thr Gln

UGCCCAACUCAG
ACGGGUUGAGUC

b Cys **Pro** Thr Gln

UGCC AACUCAG .
ACGG UUGAGUC .

c Cys **Gln Leu** ...

Abb. 4.32. Prinzipielle Möglichkeiten der Auswirkung einer DNA-Schädigung. (a) Intakte Positionsfolge von m-RNA (oben), t-RNA (Mitte) und somit auch der synthetisierten Aminosäurefolge (unten). (b) Falsch besetzte RNA-Position mit Auswirkung auch auf die Proteinposition. (c) Fehlende RNA-Position mit Auswirkung auf alle weiteren Proteinpositionen

haltene Information ja auch im komplementären Strang im Sinne eines „Backups" vorhanden ist. Dies ist eine Basis für so genannte **Reparaturmechanismen**. Am einfachsten zu deuten ist dabei der Ersatz einer abgetrennten Base. Analog zur in Abschnitt 1.4.1 beschriebenen DNA-Verdopplung können wir ihn als einen elektrostatisch bewirkten „Einfang" des Basentyps durch das noch vorhandene, => KL-komplementär aufgebaute Basenende interpretieren.

Kompliziertere Mechanismen werden für die **Reparatur eines Strangbruches** angenommen. Danach wird der Bruch durch ein Steuerprotein erkannt, das die Expression spezifischer Reparaturgene induziert. Es folgt eine enzymatische Ausheilung des Defektes, wonach die Aktivität der Gene in blockierten Zustand zurückversetzt wird. Im Falle eines benachbarte Abschnitte betreffenden Doppelstrangbruches ist die Möglichkeit einer Reparatur kaum zu erwarten. Dies gilt auch für den Defekt eines Basen*paares*, da das Informations-Backup dabei ja nicht gegeben ist.

Eine besondere Rolle des Backups lässt sich hinsichtlich der **Zellteilungsrate** erwarten. Jede Teilung ist mit einer DNA-Verdopplung verknüpft und somit auch mit der in Abb. 1.30 skizzierten Entspiralisierung der DNA. Obwohl es sich dabei um einen stark dynamischen Vorgang handelt, ist davon auszugehen, dass die Matrizenstränge kurzzeitig ohne komplementäre Ergänzung und somit durch Strahlung hochgradig verletzbar sind. Die Folge ist, dass die Wahrscheinlichkeit für irreparable Defekte mit steigender Zellteilungsrate zunimmt. Praktische Beispiele von Konsequenzen sind weiter unten angegeben.

Neben dem Umstand, dass Reparaturmechanismen nicht völlig fehlerfrei verlaufen und Mutationen somit nicht ausschließen, ist es bedeutsam, dass sie mit zeitlicher **Trägheit** verlaufen. Die Folge ist eine eingeschränkte Gültigkeit von Trefferkurven, die gemäß Abb. 4.29 meist über der Strahlendosis D angegeben sind. Erfolgt die Abgabe einer vorgegebenen Dosis sehr rasch – d.h. mit hoher, so genannter **Dosisleistung** – so verschiebt sich die Kurve nach links. Die Wirksamkeit der Strahlung fällt also erhöht aus, da Reparaturprozesse nicht voll zum Tragen kommen.

Die in der Literatur der Strahlenmedizin dargestellte Problematik von **Folgewirkungen** der induzierten DNA-Defekte sei hier nur kurz zusammen gefasst. Treffer somatischer Zellen führen zu falscher Proteinproduktion auf Lebenszeit der Zelle. Abgesehen von einer möglichen Krebsauslösung zeigen Treffer von Keimzellen eine Auswirkung auf spätere Generationen, im Sinne der Vererbung von Defekten bzw. Veränderungen. Zur **Bedeutung von Dosis und Dosisleistung** lassen sich allgemein akzeptierte Tendenzen formulieren, die sich in einer unten angefügten Zusammenfassung finden. Dabei ist wesentlich, dass die tatsächliche Strahlenbelastung i. Allg. nicht nur aus der bisher diskutierten elektromagnetischen Strahlung resultiert.

Wie schon eingangs erwähnt fallen zusätzlich zu den Photonenstrahlen auch **Partikelstrahlen** an. Auf dem Weg durch das Medium kann eine Partikel ihre – u.U. extrem hohe – Energie sequentiell an eine große Anzahl von Molekülen abgeben und dabei eine Vielzahl von Trefferarten bewirken. Partikelstrahlen kommt im Sinne lokal konzentrierter Ionisierung erhöhte Wirksamkeit zu, was durch einen Strahlenwichtungsfaktor w_R berücksichtigt wird. Er liefert die so genannte **Äquivalenzdosis** (Equivalent dose) $H = w_R \cdot D$. Für w_R wird im Falle von Photonen und Elektronen (β-Strahlen) der Wert 1 angesetzt. Für Neutronen gelten Werte zwischen 5 bis 20. Die Einheit von H ist das Sievert (Sv). Die Höhe dieser Einheit wird durch den Umstand verdeutlicht, dass für eine rasch aufgenommene Dosis von 1 Sv eine etwa fünfprozentige Wahrscheinlichkeit für langfristiges Auftreten einer spezifisch verursachten Krebserkrankung angegeben wird. Dem gegenüber lässt die Normung eine zivilisatorisch bedingte Belastung von 1 mSv pro Jahr zu.

Bezüglich der **medizinischen Bedeutung** ionisierender Strahlen beschreibt die Literatur Tendenzen, die im Folgenden zusammengefasst seien:

(a) Bedeutung der Umweltstrahlung –

Ein Basiswert der Strahlenbelastung der Größenordnung von etwa 5 mSv/Jahr (für Mitteleuropa) ergibt sich u.a. aus den folgenden natürlichen Quellen:

(i) der kosmischen Strahlung (zunehmend stark in großen Höhen, z.B. in Flugzeugen)

(ii) der terrestrischen Strahlung des Bodens

(iii) der Strahlung radioaktiver Stoffe (Radon, Isotope von Kohlenstoff, Kalium u.a.) der Atemluft, des Trinkwassers und der Nahrung.

Dazu kommen im Sinne **technischer Quellen** Belastungen durch Baustoffe und – u.U. in größerem Umfang – durch medizinische Diagnose- bzw. Therapieverfahren.

Insgesamt resultieren Dosiswerte, die pro Jahr zumindest einige mSv betragen. Das entsprechende Risiko gilt als unbedenklich, da wegen der geringen Dosisleistung **optimale Reparatureffekte** erwartet werden können. Theoretisch gesehen können aber gravierende Schädigungen ebenso wenig ausgeschlossen werden wie genetische Veränderungen, die langfristig zu evolutionären Verbesserungen beitragen können.

(b) Bedeutung der ungewollten Einstrahlung kritischer Dosen –

Für beruflich strahlenexponierte Personen liegt der Grenzwert jährlicher Belastung bei 20 mSv (mit differenziert angesetzten Abweichungen). Als kritische Dosis hingegen gilt vielfach die Größenordnung 250 mSv, die z.B. durch ungewollten Kontakt mit radioaktivem Material bis hin zum Kernkraftunfall anfallen kann. Als grobe Regel steigt das tatsächliche entsprechende Risiko im Sinne steigender **Zellteilungsrate**. Dies bedeutet erhöhte Gefährdung für juvenile Organismen (Feten, Kleinkinder), verminderte für den älteren Organismus, dem auch bis zu 25 Jahre betragende Latenzzeiten zugute kommen. Gesteigerte Gefährdung ist für Zelltypen gegeben, die durch hohen Metabolismus ausgezeichnet sind, insbesondere für die Blut bildenden des Knochenmarks (mit der Folge reduzierter Abwehr wegen verminderter Leukozytenproduktion).

(c) Bedeutung gezielt vorgenommener Einstrahlung –

Im Falle geringer Strahlungsintensität zeigen sich so genannte **Stimulationseffekte**. Sie lassen sich damit plausibel machen, dass das Ausmaß der destruktiven Wirkung durch jenes der Ingangsetzung von Reparaturprozessen mehr als wettgemacht wird. Indirekt bewirkt die Strahlung somit eine Reparatur von Defekten, die auch aus anderen Mechanismen resultieren können, z.B. aus schädlichen Komponenten aufgenommener Nahrung. Generell ergibt sich ein Trend angeregten Stoffwechsels, der sich u.a. zur Steigerung des Ertrages von Pflanzen nutzen lässt. Auch therapeutische Anwendungen sind möglich. So ist geringe Strahlungsintensität im Falle von Radonkuren gegeben, wobei eine generell stimulierende Wirkung beobachtet wird. Allerdings wird auch die Möglichkeit einer nachteiligen Anregung von bestehendem Tumorwachstum angenommen, aufgrund der dafür typischen hohen Zellteilungsrate. Die Letztere kann andererseits zur gezielten **Tumorzerstörung** genutzt werden. Dazu eignen sich lokale Anwendungen von Photonen- oder Partikelstrahlen (Protonen, Ionen) hoher Energie (bis etwa 200 MeV). Diese Strahlentypen zeichnen sich durch lokale Energieumsetzung aus, womit gezielte Anwendungen im Millimeterbereich erfolgen können. Ein für umliegendes, gesundes Gewebe vermindertes Risiko resultiert auch aus reduzierter Teilungsrate und der somit vorteilhaft „geschützten" Information der DNA.

Anhang

Anhang 1

Verzeichnis häufig verwendeter Abkürzungen

AI	Aktionsimpuls
ANN	Artificial Neural Network
ATP	Adenosintriphosphat
BS	Biosignal
CD	Current Dipole
DNA	Desoxyribonucleinsäure (auch DNS)
EEG	Elektroenzephalogramm
EKG	Elektrokardiogramm
EMG	Elektromyogramm
EPR	endoplasmatisches Retikulum
EPSP	Exzitatorische postsynaptische Potentialdifferenzänderung
ESR	Elektronenspinresonanz
IPSP	Inhibitorische postsynaptische Potentialdifferenzänderung
KLK	Konformations/Ladungs-Komplementarität
MEG	Magnetoenzephalogramm
MKG	Magnetokardiogramm
NMR	Nuclear Magnetic Resonance (Kernspinresonanz)
REM	Rasterelektronenmikroskop
RNA	Ribonucleinsäure (auch RNS)
SQUID	Superconducting Quantum Interference Device
TEM	Transmissionselektronenmikroskop

Anhang 2

Verzeichnis variabler Größen

a	Aktivierung, Wirkungsfaktor, Länge, Durchmesser
A	Fläche, Absorption, Apertur
b	Beweglichkeit, Breite, Beschleunigung
B	magnetische Flussdichte (= Induktion)
C	Kapazität, Konstante
c	spezifische Wärme, Hämatokrit
D	elektrische Flussdichte, Dicke, Durchmesser, Dosis
d	Dicke, Abstand
E	elektrische Feldstärke, Elektronenanzahl
f	Frequenz
F	Kraft
G	Leitwert
g	Permeabilität (= Durchlässigkeit)
h	Hub, Dispersionshub
H	magnetische Feldstärke, Äquivalenzdosis
I	Stromstärke, Intensität
i	Momentanwert der Stromstärke
K	Faktor, Konstante
k	Zählgröße, Konstante
L	Länge
l	Länge
M	Magnetisierung, Massenzahl
m	magnetisches Moment, Masse, Molekulargewicht
N	Anzahl, Drehmoment
n	Anzahl, Zählgröße, Brechungsindex, Dichte
P	Leistung, Wahrscheinlichkeit (probability)
p	Leistungsdichte, elektrisches Moment
pH	pH-Wert
pI	isoelektrischer Punkt
Q	Ladung
R	elektrischer Widerstand, Radius
r	Koordinate, Radius
S	Stromdichte, Entropie
s	Länge
T	Zeit, absolute Temperatur, Schwelle (threshold)
t	Zeit
U	Spannung
u	Momentanwert der Spannung, Koordinate

V	Volumen
v	Geschwindigkeit, Koordinate
W	Energie
w	Energiedichte, Wichtungsfaktor (weight)
x	Koordinate, Länge, Entfernung
y	Koordinate
Z	Impedanz, Ordnungszahl, Wertigkeit
z	Koordinate, Länge, Anzahl
α	Winkel, Öffnungswinkel, Dämpfungsfaktor
β	Winkel
Γ	Feldgradient, Reflexionsfaktor
γ	Leitfähigkeit
δ	chemische Verschiebung
ε	Permittivität, Extinktion (= Absorptionsfaktor)
η	Viskosität
θ	Winkel, Übertemperatur
ϑ	Winkel, Temperatur
λ	Wellenlänge, Längenkonstante
ξ	Eindringtiefe
ϱ	Elektronendichte, Raumladung
σ	Schirmfaktor
τ	Zeitkonstante
Φ	magnetischer Fluss
φ	Potential
χ	Suszeptibilität
ψ	Winkel
ω	Kreisfrequenz

Anhang 3

Verzeichnis konstanter Größen

Bohrsches Magneton	μ_B	9,273	10^{-24}	Am^2
Boltzmann-Konstante	k	1,381	10^{-23}	Ws/K
Elektronenruhemasse	m_e	9,109	10^{-31}	kg
Elementarladung	e	1,602	10^{-19}	As
Faraday-Konstante	F	9,648	10^4	As/mol
Gaskonstante	R	8,314		$Ws/(K\,mol)$
Kernmagneton	μ_K	5,051	10^{-27}	Am^2
Lichtgeschwindigkeit	c_0	2,998	10^8	m/s
Loschmidtsche Zahl	L	6,022	10^{23}	1/mol
Permeabilität des leeren Raumes	μ_0	4π	10^{-7}	$Vs/(Am)$
Permittivität des leeren Raumes	ε_0	8,854	10^{-12}	$As/(Vm)$
Planck Konstante	h	6,626	10^{-34}	Ws^2

Anhang 4

Daten zu häufig zitierten Elementen

Zu den wiederholt zitierten Elementen (einschließlich Ionen und Isotopen) finden sich im Folgenden die folgenden Daten:

Z Ordnungszahl, M Massenzahl, E Gesamtzahl der Elektronen und deren Verteilung auf die Schalen 1(K) bis 4(N) bzw. Unterschalen s, p, d.

Z	Element	M	E	1s	2s	2p	3s	3p	3d	4s
1	H	1	1	1						
6	C	12	6	2	2	2				
	C-13	13	6	2	2	2				
7	N	14	7	2	2	3				
8	O	16	8	2	2	4				
11	Na	23	11	2	2	6	1			
	Na$^+$	23	10	2	2	6				
16	S	32	16	2	2	6	2	4		
17	Cl	35	17	2	2	6	2	5		
	Cl$^-$	35	18	2	2	6	2	6		
19	K	39	19	2	2	6	2	6		1
	K$^+$	39	18	2	2	6	2	6		
20	Ca	40	20	2	2	6	2	6		2
	Ca^{2+}	40	18	2	2	6	2	6		
26	Fe	56	26	2	2	6	2	6	6	2
	Fe^{2+}	54	24	2	2	6	2	6	6	
	Fe^{3+}	54	23	2	2	6	2	6	5	
	Fe-57	57	26	2	2	6	2	6	6	2
27	Co	59	27	2	2	6	2	6	7	2
	Co^{2+}	59	25	2	2	6	2	6	7	
	Co^{3+}	59	24	2	2	6	2	6	6	
	Co-57	57	27	2	2	6	2	6	7	2

Quellen der Abbildungen

Abb.1.1 unter Verwendung von: Rensch B (1972) Biologie II – Zoologie. Fischer TB

Abb.1.2 nach: Schlegel G (1981) Allgemeine Mikrobiologie. Thieme

Abb.1.4 aus: Krauter D (1971) Mikroskopie im Alltag. Kosmos – Franckh

Abb.1.4a,b aus: Knoche H (1979) Lehrbuch der Histologie. Springer

Abb.1.4c aus: Krauter D (1971) Mikroskopie im Alltag. Kosmos – Franckh (1971)

Abb.1.4d aus: Krauter D (1971) Mikroskopie im Alltag. Kosmos – Franckh, oberes Bild; aus: Knoche H (1979) Lehrbuch der Histologie. Springer, unteres Bild

Abb.1.4e aus: Knoche H (1979) Lehrbuch der Histologie. Springer

Abb.1.5a aus: Knoche H (1979) Lehrbuch der Histologie. Springer

Abb.1.5b aus: Krauter D (1971) Mikroskopie im Alltag. Kosmos – Franckh

Abb.1.6 aus: Knoche H (1979) Lehrbuch der Histologie. Springer

Abb.1.11 nach: Karlson P (1988) Biochemie. Thieme

Abb.1.15 aus: Karlson P (1988) Biochemie. Thieme

Abb.1.16a aus: Lippard SJ, Berg JM (1995) Bioanorganische Chemie. Spektrum Akad. Verl.

Abb.1.16b unter Verwendung von: Karlson P (1988) Biochemie. Thieme

Abb.1.18 nach: Hoppe W, et al (1982) Biophysik. Springer

Abb.1.19 nach: Stryer L (1990) Biochemie. Spektrum

Abb.1.25 aus: Wadas RS (1991) Biomagnetism. Ellis Horwood

Abb.1.28a aus: Karlson P (1988) Biochemie. Thieme

Abb.1.28b aus: Brownlee GG, Sanger F, Barrel BG (1967) Nature 215:735

Abb.1.29 aus: Dickerson RE (1985) Die Feinstruktur der DNA-Helix. In: Erbsubstanz DNA. Spektrum

Abb.1.30 unter Verwendung von: Peter (Details der Quelle nicht bekannt)

Abb.1.34 von: Griffith JD (1985) in: Erbsubstanz DNA. Spektrum

Abb.1.36b-d nach: Richter HP, Scheurich P, Zimmermann U (1981) Electric field-induced fusion of sea urchin eggs. Developm Growth Differ 23:479

Abb.2.3 aus: Leonhardt H (1981) Histologie, Zytologie und Mikroanatomie des Menschen. Thieme

Abb.2.5 zur Verfügung gestellt von Univ.-Prof. Dr. Hans-Ulrich Dodt, Technische Universität Wien

Abb.2.7 von: Falk H, Speth V (1984) in: Kleinig H, Sitte P (1984) Zellbiologie. Gustav Fischer

Abb.2.9 von: Reumuth H, Becker V (1978) in: Sajonski H, Smollich A (1978) Zelle und Gewebe. Hirzel

Abb.2.11 aus: Fuchs H (1989) Strukturen – Farben – Kräfte: Wanderjahre der Raster-Tunnelmikroskopie. Phys Bl 45: 105

Abb.2.12 aus: Digital Firmenschrift (1991)

Abb.2.14 Quelle nicht bekannt

Abb.2.17 aus: Schmahl G, Rudolph D, Niemann B(1982) Röntgenmikroskopie mit hoher Auflösung. Phys Bl 38: 283

Abb.2.22 aus: Durand M, Favard P (1970) Die Zelle. Vieweg

Abb.2.25 aus: Karlson P (1988) Biochemie. Thieme

Abb.2.27 aus: Alberts B, et al (1990) Molekularbiologie der Zelle. VCH

Abb.2.29 aus: Suzuki DT, Griffiths AJF, Miller JH, Lewontin RC (1991) Genetik. VCH

Abb.2.33 von: Görg A (2001) in: Westermeier R: Electrophoresis in practice. Wiley-VCH

Abb.2.39a,b aus: Pfützner H, Fialik E (1982) A new electrophysical method for rapid detection of exudative porcine muscle. Zbl Vet Med A 29: 637

Abb.2.40 aus: Pfützner H (1984) Dielectric analysis of blood by means of raster electrode technique. Med Bio Eng Comput 22: 361

Abb.2.44a unter Verwendung von: Hoppe W, et al (1982) Biophysik. Springer

Abb.2.44b aus: Bazylinski DA, Frankel RB, Jannasch HW (1988) Anaerobic magnetite production by a marine, magnetotactic bacterium. Nature 334: 518

Abb.2.48 unter Verwendung von: Hoppe W, et al (1982) Biophysik. Springer

Abb.2.52 nach: Günther H, Sorgente N, Günther HE (1989) in: J.Grünert: MR-Spektroskopie. Deutscher Ärzte-Verlag

Abb.2.53 nach: Grünert J (1989) MR-Spektroskopie. Deutscher Ärzte-Verlag

Abb.2.56 aus: Krestel E (1988) Bildgebende Systeme für die medizinische Diagnostik. Siemens AG

Abb.3.1 aus: Madigan MT, Martinko JM, Parker J (2000) Brock Mikrobiologie. Spektrum

Abb.3.3b nach: Knoche H (1979) Lehrbuch der Histologie. Springer

Abb.3.27 nach: Laskowski W, Pohlit W (1974) Biophysik. Georg Thieme

Abb.3.29a nach: Thews G, Mutschler E, Vaupel P (1991) Anatomie, Physiologie, Pathophysiologie des Menschen. Wissensch. Verl. Ges.

Abb.3.31 aus: Eccles JC (2000) Das Gehirn des Menschen. Seehamer

Abb.3.32 unter Verwendung von: Eccles JC (2000) Das Gehirn des Menschen. Seehamer

Abb.3.44 aus: Pfützner H, Nussbaum C, Booth T, Rattay F (1996) Physiological analoga of artificial neural networks. In: Moses AJ, Basak A (eds) Nonlinear electromagnetic systems. IOS Press

Abb.3.45 aus: Knoche H (1979) Lehrbuch der Histologie. Springer

Abb.3.50 nach: Vallbo AB (1971) Muscle spindle responses at the onset of isometric voluntary contractions in man. J Physiol 218: 405

Abb.3.51 nach: Thews G, Mutschler E, Vaupel P (1991) Anatomie, Physiologie, Pathophysiologie des Menschen. Wiss.Verl.Ges. Stuttgart

Abb.3.52 nach: Ebe M, Homma I (1994) Leitfaden für die EEG-Praxis. G. Fischer

Abb.3.61 nach: Williamson SJ, Kaufmann L (1981) Biomagnetism. J Magn Magn Mater 22: 129

Abb.3.62 nach: Cohen D (1979) in: Geselowitz DB: Magnetocardiography: An overview. IEEE Trans Biomed Eng 26: 497

Abb.3.63 nach: Mizutani Y, Kiruki S (1986) Somatically evoked magnetic field in the vicinity of the neck. IEEE Trans Biomed Eng 33:510

Abb.3.64 nach: Brenner D, Lipton J, Kaufman L, Williamson SJ (1978) Somatically evoked magnetic fields of the human brain. Science 199: 81

Abb.4.15 aus: Futschik K, Pfützner H, Doblander A, Dobeneck T, Peterson N, Vali H (1989) Why not use magnetic bacteria for domain analyses ? Phys Scripta 40: 518

Abb.4.22 unter Verwendung von Daten aus: Boyle A (1950) The effects of microwaves. Br J Phys Med 13: 2

Literaturauswahl

Anmerkung: Auf eine Angabe der sehr umfangreichen – zum Teil im Zusammenhang mit Abbildungen vermerkten – Originalarbeiten wird hier verzichtet. Stattdessen sind leicht verfügbare Schriften angegeben, in denen sich eine Vielzahl von Zitaten – vor allem zu den speziell angemerkten Abschnitten – findet.

Adali T, Calhoun VD (eds) (2006) Functional magnetic resonance imaging (fMRI). IEEE Eng Medicine and Biology Mag 25: 22-119 *ad Teil 2.3.7*

Alberts B, et al (1990) Molekularbiologie der Zelle. Wiley-VCH, Weinheim *ad Teil 1*

Baer MF, Connors BW, Paradiso MA (2009) Neurowissenschaften. Spektrum, Heidelberg *ad Teil 3*

Bartlett PN (ed) (2008) Bioelectrochemistry. Wiley-VCH, Chichester *ad Teil 1*

Berg JM, Stryer L (2007) Tymoczko: Biochemie. Spektrum Heidelberg *ad Teile 1,2,3*

Breckow J, Greinert R (1994) Biophysik. Walter de Gruyter, Berlin *ad Teile 1,2,3*

Cotterill R (2002) Biophysics. Wiley, Chichester *ad Teile 1,2,3*

Daune M (1997) Molekulare Biophysik. Vieweg, Wiesbaden *ad Teile 1,2,3*

Eccles JC (2000) Das Gehirn des Menschen. Seehamer Verlag, Wiesbaden *ad Teil 3*

Fox SI (2011) Human Physiology. McGraw Hill, New York *Physiologische Basis*

Glaser R (2001) Biophysics. Springer, Berlin *ad Teile 1,3,4*

Grimnes S, Martinsen OG (2000) Bioimpedance & Bioelectricity Basics. Academic Press *ad Teile 2, 4*

Heinecker R, Gonska BD (1992) EKG in Praxis und Klinik. Thieme, Stuttgart *ad Teil 3*

Hoppe W, et al (1982) Biophysik. Springer, Berlin *ad Teile 1,2,3,4*

Horton WF, Goldberg S (1995) Power Frequency Magnetic Fields and Public Health. CRC Press, Boca Raton *ad Teil 4*

Kandel ER, Schwartz JH, Jessell TM (eds) (2000) Principles of neural science. McGraw-Hill, New York *ad Teil 3*

Karlson P, et al (2005) Biochemie. Thieme, Stuttgart *ad Teil 1*

Katz B (1987) Nerv, Muskel und Synapse. 5. Aufl. Thieme, Stuttgart *ad Teil 3*

Krieger H (2004) Grundlagen der Strahlungsphysik und des Strahlenschutzes. Teubner, Stuttgart *ad Teil 4.5*

Lewin B (2002) Molekularbiologie der Gene. Spektrum, Heidelberg *ad Teile 1,4*

Lodish H, et al (2001) Molekulare Zellbiologie. Spektrum, Heidelberg *ad Teile 1,3*

Lottspeich F, Zorbas H (1998) Bioanalytik. Spektrum, Heidelberg *ad Teil 2*

Madigan MT, et al (2008) Brock Mikrobiologie. Pearson *ad Teil 1*

Malmivuo J, Plonsey R (1995) Bioelectromagnetism. Oxford Univ. Press, Oxford *ad Teile 3,4*

Mulisch M, Welsch U (Hrsg) (2010) Romeis Mikroskopische Technik. Spektrum , Heidelberg *ad Teil 2.1*

Nicholls GN (2001) From Neuron to Brain. Pilgrave Macmillan, USA *ad Teil 3*

Phillips R, Kondev J, Theriot J (2010) Physical Biology of Cell. Garland Science, New York *ad Teil 1*

Popper KR, Eccles JC (1982) Das Ich und sein Gehirn. Piper, München *ad Teil 3*

Pschyrembel Klinisches Wörterbuch. Walter de Gruyter, Berlin (2010) *Medizinische Basis*

Schünemann V (2005) Biophysik. Springer, Berlin *ad Teile 1,2,3*

Shinitzky M (1997) Biomembranes. Wiley-VCH *ad Teile 1,3*

Suzuki DT, Griffiths AJF, Miller JH, Lewontin RC(1991) Genetik. Wiley-VCH, Weinheim *ad Teile 1,2,4*

Thews G, Mutschler E, Vaupel P (2007) Anatomie, Physiologie, Pathophysiologie des Menschen. Wissenschaftliche Verlags Gesell., Stuttgart *Physiologische Basis*

Vollhardt KPC, et al (2005) Organische Chemie. Wiley-VCH, Weinheim *ad Teil 1*

Wadas RS (1991) Biomagnetism. Ellis Horwood *ad Teile 2,4*

Walker JM, Rapley R (2000) Molecular Biology and Biotechnology. Springer *ad Teil 1*

Westermeier R (2001) Electrophoresis in Practice. Wiley-VCH, Weinheim *ad Teil 2*

Williamsom SJ, Kaufmann L (1981) Biomagnetism. Journal of Magnetism and Magnetic Materials 22: 129-201 *ad Teile 3,4*

Register

Anmerkung: Im Text finden sich Hinweise zu hier aufgelisteten Suchbegriffen unter Verwendung des Symbols „=>".

Printed in the United States
By Bookmasters